高等学校公共数学规划教材



# 高等数学

## （医药版）

主　编　张庆国　孙江洁
副主编　潘根安　黄　翔　侯丽英

本书资源使用说明

北京邮电大学出版社
·北京·

# 内容简介

本书是安徽省高等学校省级质量工程项目成果，为适应高等教育改革新形势的需要而编写。全书共8章，包括函数、极限与连续、导数与微分、微分中值定理与导数的应用、不定积分、定积分、定积分的应用、常微分方程。每节后附有思考与练习题，每章后附有习题，书后附有习题参考答案。本书根据编者多年的教学经验，注重对教学内容的整体优化，在讲解高等数学内容的同时，力求应用数学方法解决实际问题。

本书可作为医药类高等学校基础医学、临床医学、预防医学、口腔医学、药学等专业的本、专科高等数学教材，也可作为其他普通高等学校生物科学、生物技术等非数学类专业的高等数学教材和教学参考书，还可供研究生学习使用。本书精选了不同层次的例题和习题，配备了详细的积分表，以及电子教学资源，如教学课件等。

**图书在版编目(CIP)数据**

高等数学 ：医药版 / 张庆国，孙江洁主编.
北京 ：北京邮电大学出版社，2024.(2025 重印).
ISBN 978-7-5635-7396-7
Ⅰ. O13
中国国家版本馆 CIP 数据核字第 20245QC608 号

**策划编辑**：张 晗　　**责任编辑**：闵鸽鸽　　**封面设计**：义和文创

**出版发行**：北京邮电大学出版社
**社　　址**：北京市海淀区西土城路 10 号(100876)
**电话传真**：010-82333010　62282185(发行部)　010-82333009　62283578(传真)
**网　　址**：www.buptpress3.com
**电子信箱**：buptpress3@163.com
**经　　销**：各地新华书店
**印　　刷**：三河市骏杰印刷有限公司
**开　　本**：787 mm×1 092 mm　1/16
**印　　张**：14.75
**字　　数**：362 千字
**版　　次**：2024 年 12 月第 1 版
**印　　次**：2025 年 7 月第 2 次印刷

ISBN 978-7-5635-7396-7　　　　定价：43.00 元

**编　　委**（以姓氏拼音为序）
丁敏敏（安徽中医药大学）
方楠楠（安徽新华学院）
侯丽英（上海健康医学院）
侯婷悦（安徽医科大学临床医学院）
黄　翔（安徽中医药大学）
潘根安（合肥师范学院）
孙江洁（安徽医科大学）
唐兰兰（安徽医科大学临床医学院）
王西丽（安徽医科大学临床医学院）
王祝园（安徽医学高等专科学校）
张庆国（安徽医科大学临床医学院）
周　丽（江西中医药大学）
**学术秘书**　张雨晴（安徽医科大学）

# 前　　言

高等数学是高等学校本科教育的重要基础课，很多专业都开设了高等数学课程。对于医药类高等学校，作为通识教育必修课，高等数学不仅是公共健康卫生管理、物理、卫生统计、药物动力学等很多后继课程的重要基础，而且对培养学生的逻辑推理能力、分析计算能力有着不可或缺的作用。随着计算机软硬件的快速发展，学科交叉、人工智能、大数据、大模型等高科技手段和方法为当代医药学的科技赋能，使得数学及其应用在医药类高等学校本科教育中的重要性日渐突出。

基于安徽省高等学校省级质量工程项目（项目编号：2023jcjs187），我们编写了《高等数学（医药版）》。全书共8章，包括函数、极限与连续、导数与微分、微分中值定理与导数的应用、不定积分、定积分、定积分的应用、常微分方程。在每章开始的"学习要求"中，指出该章要了解、理解、掌握和运用的内容。另外，编者根据多年的教学经验和积累，在教学内容、例题和习题的选取与编写上，充分考虑知识点的相互联系和教学的基本要求，在每节配备了思考与练习题，每章配备了一些综合性习题，并附有参考答案，供教学时选用。

为了适应新形势下教学改革的需要，针对医药类高等学校的特点和需求，编者参考同类教材对高等数学内容进行了完善，在保证数学概念、定理严谨正确的前提下，增加了应用的内容，注重数学向医药科学领域的渗透。编者把定积分的应用单独作为一章来编写，介绍定积分在医学和其他领域中的应用，力求理论联系实际。由于目前医药类高等学校的高等数学课时减少，在内容选取上，编者以"需要、够用"为原则，力求使得本书更加简洁实用。另外，为了便于教学，编者还提供了每章内容的教学课件等电子资源，放在每章章末，读者可通过扫描书中的二维码获取。

本书第一章由孙江洁、侯丽英编写，第二章由张庆国编写，第三章由王祝园编写，第四章由周丽编写，第五章由黄翔、丁敏敏编写，第六章由方楠楠编写，第七章由唐兰兰、王西丽编写，第八章由潘根安编写，附录部分由侯婷悦编写。张雨晴担任学术秘书。

安徽医科大学临床医学院对本书的立项和编写提供了大力支持，北京邮电大学出版社对本书的出版给予了很多帮助，在此表示衷心的感谢。

编者在编写本书时参考了其他学者的成果，在此向他们表达谢意。由于编写时间比较仓促，加之编者水平有限，书中不妥之处在所难免，敬请广大读者批评指正，以便后期再版时加以改进。

张庆国

**2024 年 8 月于合肥**

# 前言

[illegible]

# 主编介绍

## 张庆国

教授，博士，硕士研究生导师，安徽医科大学临床医学院数学学科带头人。中国数学会生物数学专业委员会常务委员，中国生态学学会理事，安徽省学术技术带头人后备人选，国家自然科学基金委员会函审专家。获安徽省科学技术三等奖和安徽省教学成果二等奖(均为第一完成人)，主持完成国家自然科学基金面上项目 1 项，参加多项；主持完成安徽省自然科学基金项目、教育厅重点科研课题、科技厅软科学课题多项。发表论文 70 余篇(多篇被 SCI、EI 收录)。主持完成省级质量工程重点教研项目 1 项，主编教材 2 部。作为访问教授先后到美国加州大学戴维斯分校(Univ. of California at Davis)(1999 年)、新罕布什尔州立大学(Univ. of New Hampshire)(2005 年)开展合作研究，前往日本、巴西、葡萄牙、意大利、西班牙、波兰等国参加国际学术会议，开展学术交流。

## 孙江洁

安徽省教学名师，安徽医科大学教授，硕士研究生导师。国家社科基金评审专家库专家，安徽省科技厅科技评审专家库专家，中国科学技术大学优秀骨干访问学者。主持国家自然科学基金面上项目、安徽省自然科学基金面上项目、国家医保局年度委托课题、安徽省优秀教师重点培育项目、安徽省高校自然科学基金重点研究项目等 10 余项；主持安徽省教学示范课、省级智慧课堂、省级新医科项目、省级教学改革重点项目等累计 10 余项；以主要参与人完成国家社科基金一般项目、安徽省高校自然科学重大项目、重点项目等累计 10 余项；作为主编、副主编、参编，编写教材累计 10 余部；作为第一作者和通讯作者，发表科技论文 60 余篇(含 SSCI、SCI 论文近 30 篇，其中被 SSCI 收录的教学论文有 1 篇)；担任国际期刊《医疗保键》(*Medical Care*)、《衰老与心理健康》(*Aging and Mental Health*)、《公共卫生前沿》(*Frontiers in Public Health*)、《BMC 公共卫生》(*BMC Public Health*)等期刊审稿人；研究成果获得省级教学成果一等奖、二等奖、三等奖累计 7 次。

# 目　录

# 第一章　函　数

**学习要求**

1. **了解**　函数的定义、初等函数的概念.
2. **理解**　函数、隐函数、反函数、分段函数、复合函数及初等函数.
3. **掌握**　函数的单调性、奇偶性、周期性、有界性,以及函数的复合与复合函数的分解.
4. **运用**　函数的性质,解决函数在生物医药领域的应用问题.

函数是变量之间相互联系、相互制约关系的抽象表示,是事物运动、变化及相互影响的复杂关系在数量方面的反映.

## 第一节　函数的概念

函数是微积分的主要研究对象,而微积分研究的函数主要是在实数集上定义的函数,因此,本节首先复习与函数相关的基本概念:常量、变量及区间,其次在此基础上进一步讨论函数.

### 一、常量与变量

在实际生活中经常会遇到各种不同的量,如长度、质量、面积、温度、时间、距离等. 其中,有的量在某一现象或变化过程中始终保持同一数值,称为**常量**(constant);有的量在某一现象或变化过程中可取不同的数值,称为**变量**(variable).

一个量究竟是常量还是变量,不是绝对的,要根据具体过程和具体条件来确定. 同一个量,在某一过程或条件下可以认为是常量,而在另一过程或条件下就可能是变量. 如人的身高,在研究少儿发育成长的过程时,认为其是变量,而在研究中年人的健康状况时,通常认为其是常量. 随着年龄的增长,亦可认为老年人的身高是变量.

通常用字母 $a,b,c,\cdots$ 来表示常量,用字母 $x,y,z,\cdots$ 来表示变量. 特别地,常量也可看作一种特殊的变量,即在某一过程中,该变量都取相同的数值.

### 二、区间

在数学中,区间通常是指这样的一类实数集合,即在表达变量的取值范围时,具备不等式的表达功能.例如,满足不等式$a \leqslant x \leqslant b$的实数$x$的全体组成一个闭区间,记为$[a,b]$;满足不等式$a < x < b$的实数$x$的全体组成一个开区间$(a,b)$;而满足不等式$a < x \leqslant b$(或$a \leqslant x < b$)的实数$x$的全体组成一个半开半闭区间$(a,b]$(或$[a,b)$);如果变量$x$能够取实数轴上所有的数,则记为$\mathbf{R}$或$(-\infty,+\infty)$.

值得注意的是,区间具备"用不等式表示变量的取值范围"所不具备的功能,如区间在积分理论中起着重要作用.因为它们是最"简单"的实数集合,所以可以轻易地定义它们的"长度"或者"测度",然后开展应用或拓展新的理论,如血药浓度的平均值、线密度、测度理论(如勒贝格测度)等.同时,区间也是区间算术的核心概念(区间算术是一种数值分析方法,用于计算舍去误差),在医药学领域有广泛的应用.

以$x_0$为中心,长度为$2\delta$的开区间$(x_0-\delta,x_0+\delta)$,称为点$x_0$的$\delta$**邻域**(neighborhood),记为$U(x_0,\delta)$.点$x_0$称为邻域的**中心**,$\delta$称为邻域的**半径**.

将点$x_0$的$\delta$邻域去掉中心点$x_0$后,得到$(x_0-\delta,x_0)\cup(x_0,x_0+\delta)$,称为点$x_0$的**去心$\delta$邻域**(deleted $\delta$ neighborhood),记为$\mathring{U}(x_0,\delta)$,其中$(x_0-\delta,x_0)$称为点$x_0$的左$\delta$邻域,$(x_0,x_0+\delta)$称为点$x_0$的右$\delta$邻域.在后面章节的学习中,邻域是一个常用的概念.

## 三、函数

**定义1-1** 设$x,y$是同一变化过程中的两个变量,如果对于变量$x$的每一个允许的取值,按照一定的对应法则,变量$y$总有一个确定的值与之对应,则称变量$y$是变量$x$的**函数**(function),记为

$$y=f(x),\quad x\in D,$$

其中,变量$x$称为**自变量**(independent variable),变量$y$称为**因变量**(dependent variable).

自变量的所有允许取的值的集合称为函数的**定义域**(domain),记为$D(f)$或$D_f$.函数的定义域通常用区间来表示.如果$x_0$是函数$f(x)$定义域中的一点,我们也说函数$f(x)$在点$x_0$处有定义,与$x_0$对应的因变量的值称为函数值,记为$f(x_0)$,有时也记为$y|_{x=x_0}$,即$y|_{x=x_0}=f(x_0)$.所有函数值的集合称为函数$f(x)$的**值域**(range),记为$R_f$或$f(D)$.

对应法则和定义域是函数概念中的两大要素,只有当两个函数的对应法则和定义域都完全相同时,才认为它们是相同的函数.在函数的定义中,对应法则常用记号$f$表示,它具有广泛的含义,其表达方式通常有解析法、图形法和表格法;函数的定义域在实际中是由问题的实际意义确定的,在不考虑函数的实际意义时,函数的定义域是使函数的解析式有意义的一切实数所构成的数集.

根据定义1-1,若$y=f(x)$对定义域内每一个确定的$x$值,有唯一的$y$值与其对应,则称此函数为**单值函数**(single valued function),否则就称为**多值函数**(multiple valued function).多值函数可以认为是单值函数的一种拓展,以后如无特别说明,本书所用的函数都是指单值函数.

**例 1-1** 正常婴儿在出生后的 1 ～ 6 个月内，其体重（单位：kg）近似满足如下关系式：

$$y = 3 + 0.6x,$$

式中，$x$ 表示婴儿的月龄，是自变量；$y$ 表示婴儿的体重，是 $x$ 的函数. 该函数的定义域为[1,6]. 这是用解析法表达的函数关系. 若不考虑该问题的实际意义，函数 $y = 3 + 0.6x$ 的定义域为 $(-\infty, +\infty)$.

**例 1-2** 图 1-1 所示是一位心率正常的人的心电图. 心电图就是心脏跳动相对于时间变化情况的函数图形法表达方式. 医生可以根据患者的心电图来判断其心率是否正常.

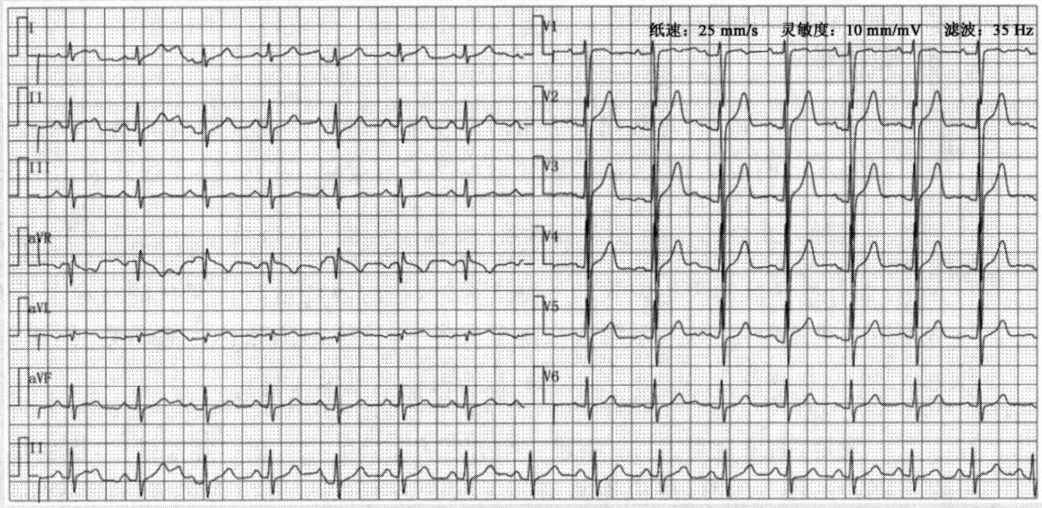


图 1-1

**例 1-3** 某地区统计了某年 1—12 月中当地流行性出血热的发病率，如表 1-1 所示. 可以看出，对于每一个月份 $t$，都有一个发病率 $y$ 与之对应. $y$ 是 $t$ 的函数，其定义域为 $\{1,2,\cdots,12\}$，对应规律则如表 1-1 所示，这是用表格法表达的函数关系.

表 1-1

| $t$/ 月份 | 1 | 2 | 3 | 4 | 5 | 6 | 7 | 8 | 9 | 10 | 11 | 12 |
|---|---|---|---|---|---|---|---|---|---|---|---|---|
| $y$/‰ | 16.6 | 8.3 | 7.1 | 6.5 | 7.0 | 10.0 | 2.5 | 3.5 | 5.7 | 10.0 | 17.1 | 7.0 |

由单值函数的定义可知：例 1-1、例 1-2 和例 1-3 中的函数均为单值函数. 下面列举一个多值函数的例子.

**例 1-4** 假定患者的手掌面积可用如下椭圆方程所围成的图形的面积近似计算得出（各变量单位：cm）：

$$\frac{x^2}{16}+\frac{y^2}{25}=1.$$

在上述椭圆方程中,对于每一个 $x\in(-4,4)$,都有两个 $y$ 值与之对应.因此,这里的椭圆方程确定了一个以 $x$ 为自变量、$y$ 为因变量的多值函数.

如果附加一些条件,将多值函数化为单值函数,这样得到的单值函数称为原来多值函数的单值分支.例如,限定 $y\geqslant 0$,则由方程 $\frac{x^2}{16}+\frac{y^2}{25}=1$ 确定的单值函数为 $y=5\sqrt{1-\frac{x^2}{16}}$,是原来多值函数的一个单值分支;同样地,$y=-5\sqrt{1-\frac{x^2}{16}}$ 是另一个单值分支.

## 四、隐函数

由定义 1-1 可知,函数用来表示两个变量 $y$ 与 $x$ 之间的对应关系,这种对应关系可以有不同的表达方式.如果因变量 $y$ 是用自变量 $x$ 的显性表达式表示出来的,则称用这种方式表达的函数为**显函数**.例如,$y=3+0.6x$ 和 $y=5\sqrt{1-\frac{x^2}{16}}$ 都是显函数.而有些函数的表达方式却不是这样的,它的因变量与自变量的对应关系是由一个方程确定的,函数关系隐含在这个方程中,这样的函数称为**隐函数**.例如,方程 $\frac{x^2}{16}+\frac{y^2}{25}=1$ 或 $\sin xy+y^3-1=0$ 都可以确定一个隐函数.

一般地,如果变量 $y$ 与 $x$ 满足一个方程 $F(x,y)=0$,在一定条件下,当变量 $x$ 取某区间内的任一值时,相应地总有满足这个方程的 $y$ 值与之对应,那么就说方程 $F(x,y)=0$ 在该区间内确定了以 $x$ 为自变量、$y$ 为因变量的隐函数.

有些隐函数可以化成显函数.例如,由方程 $\frac{x^2}{16}+\frac{y^2}{25}=1$ 解出 $y=\pm 5\sqrt{1-\frac{x^2}{16}}$,这样就把隐函数化成了显函数,简称隐函数的显化.隐函数的显化有时是很困难的,甚至是不可能的.例如,由方程 $\sin xy+y^3-1=0$ 或 $e^y+xy-e=0$ 确定了 $y$ 是 $x$ 的隐函数,要将这两个隐函数化为显函数非常困难.

## 五、反函数与分段函数

### (一)反函数

函数关系中的两个变量(自变量和因变量),其地位是不同的.但在实际问题中,两个变量中哪个看作自变量,哪个看作因变量,不是绝对的,这就引出了反函数的概念.

在例 1-1 中,如果已知婴儿的月龄 $x$,求其体重 $y$,则 $x$ 是自变量,$y$ 是因变量,它们之间的关系为

$$y=3+0.6x.$$

反过来,如果已知 1 ~ 6 个月的婴儿的体重 $y$,请预测婴儿的月龄 $x$,则需要由

$$y = 3 + 0.6x$$

求解出

$$x = \frac{5(y-3)}{3},$$

这里，$y$是自变量，$x$是因变量.这表明在一定的条件下，函数的自变量与因变量可以互相转化，转化后得到的新函数，称为原来函数的反函数.

**定义 1-2** 设函数 $y = f(x)$ 的定义域为$D$，值域为$R_f$，若对于任意 $y \in R_f$，都只有一个确定的 $x \in D$ 与之对应，且满足 $f(x) = y$，则这样确定的以 $y$ 为自变量、$x$ 为因变量的函数称为函数 $y = f(x)$ 的**反函数**(inverse function)，记为 $x = f^{-1}(y)$ 或$x = \varphi(y)$，而函数 $y = f(x)$ 称为直接函数.

事实上，直接函数 $y = f(x)$ 与其反函数 $x = f^{-1}(y)$ 在坐标平面内的图形是同一条曲线，但为了研究方便，对于反函数$x = f^{-1}(y)$，习惯上仍选用$x$作为自变量，$y$作为因变量，写成 $y = f^{-1}(x)$.这样，在同一坐标平面内，函数 $y = f(x)$ 的图形和它的反函数 $y = f^{-1}(x)$ 的图形关于直线 $y = x$ 对称，如图 1-2 所示.

不难证明，定义在实数集 $D$ 上的单值单调函数必有反函数(单调函数的概念见本章第二节).

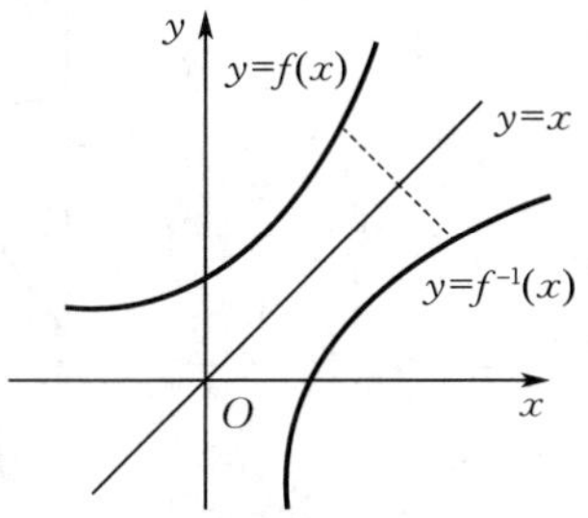


**图 1-2**

**例 1-5** 求下列函数的反函数：

(1)$y = 4x + 3$； (2)$y = x^3$.

**解** (1) 由 $y = 4x + 3$，解得 $x = \frac{y-3}{4}$，改换变量的记号，即得到 $y = 4x + 3$ 的反函数为 $y = \frac{x-3}{4}(x \in \mathbf{R})$.

(2) 由 $y = x^3$，解得 $x = \sqrt[3]{y}$，改换变量的记号，即得到 $y = x^3$ 的反函数为 $y = \sqrt[3]{x}(x \in \mathbf{R})$.

**注**：(1) 并不是任何函数 $y = f(x)$ 都有反函数，因为对于 $y$ 的某些值，满足 $y = f(x)$ 这一条件的 $x$ 的值可能不止一个.例如，函数 $y = x^2$ 在$(-\infty, +\infty)$ 内不存在反函数，因为对于值域$[0, +\infty)$ 中的每一个 $y$ 值(除 0 外)，通过关系式 $y = x^2$ 确定的 $x$ 不唯一.不过在许多情形下，当限定 $x$ 的取值范围时，仍有可能存在反函数.例如，对于函数 $y = x^2$，如果限定 $x \geqslant 0$，则存在反函数 $y = \sqrt{x}$.

(2) 有些函数的反函数存在，但不一定能用一个显函数表示出来，即由 $y = f(x)$ 可能解不出 $x = \varphi(y)$，但反函数存在，这时 $y = f(x)$ 的反函数表示为隐函数形式.

## (二) 分段函数

有些函数，当自变量的取值范围不同时，其解析式也不同，这类函数称为**分段函数**(piecewise function).分段函数在实际医学问题中也是常见的.

**例 1-6** 设某药物每天的用药剂量为 $y$(单位:mg),对于16岁以上(含16岁)的患者,每天的用药剂量是一个常数,为2 mg;而对于16岁以下的患者,每天的用药剂量 $y$ 与其年龄 $x$ 成正比,比例系数为0.125 mg/岁,其函数关系为

$$y=\begin{cases}0.125x, & 0<x<16,\\ 2, & x\geqslant 16,\end{cases}$$

这里,用药剂量 $y$ 是年龄 $x$ 的函数,但其函数关系是用两个解析式表示的.其函数图形如图1-3所示.

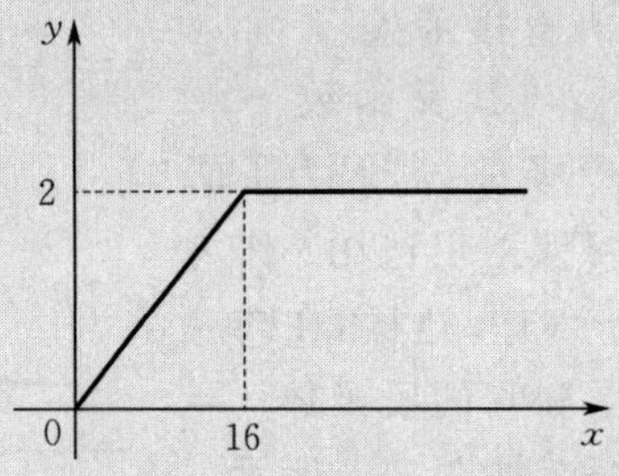


图 1-3

在 $x=16$ 的左、右两侧,函数的解析式不同,这个点称为分段函数的分段点(或分界点).

应该注意的是,分段函数是一个函数,而不是多个函数.求分段函数的函数值时,要将不同范围内的自变量的值代入相应范围内的解析式进行运算.分段函数的定义域是各段函数定义域的并集.

### 思考与练习 1-1

1.判断下列表述是否正确:

(1) 解析法、图形法和表格法是三种常用的函数表达方式;

(2) $f(x)=\dfrac{x-1}{x^2-1}$ 与 $g(x)=\dfrac{1}{x+1}$ 表示同一个函数.

2.求函数 $y=5x+6$ 的反函数.

## 第二节 函数的性质

学以致用是学习和研究的目的.要想很好地落实对函数的"学以致用",掌握函数的性质是学好函数的基本要求.

### 一、单调性

若函数 $y=f(x)$ 在区间 $(a,b)$ 内随着 $x$ 的增大而增大(或减小),即对于 $(a,b)$

内任意两点 $x_1$ 和 $x_2$，且 $x_1 < x_2$，有 $f(x_1) < f(x_2)$ [或 $f(x_1) > f(x_2)$]，则称函数 $y = f(x)$ 在 $(a,b)$ 内是**单调增加**的(或是**单调减少**的)，如图 1-4 和图 1-5 所示.

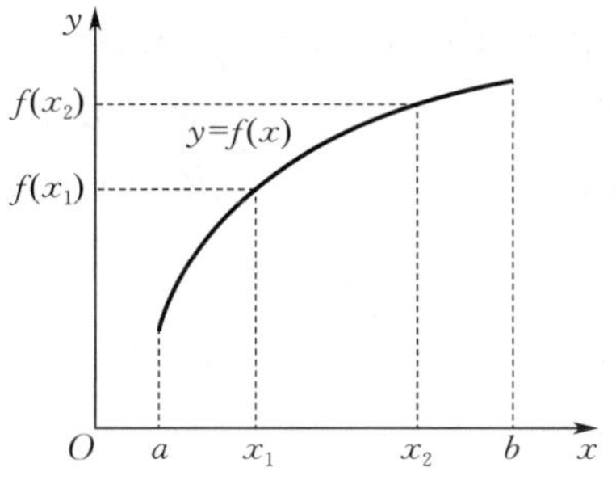


**图 1-4**

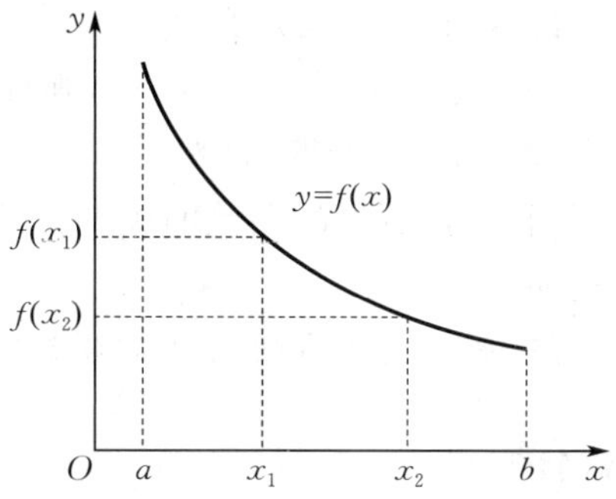


**图 1-5**

如函数 $y = 3^x$ 在区间 $(-\infty, +\infty)$ 内是单调增加的，函数 $y = \left(\frac{1}{3}\right)^x$ 在区间 $(-\infty, +\infty)$ 内是单调减少的，如图 1-6 所示.

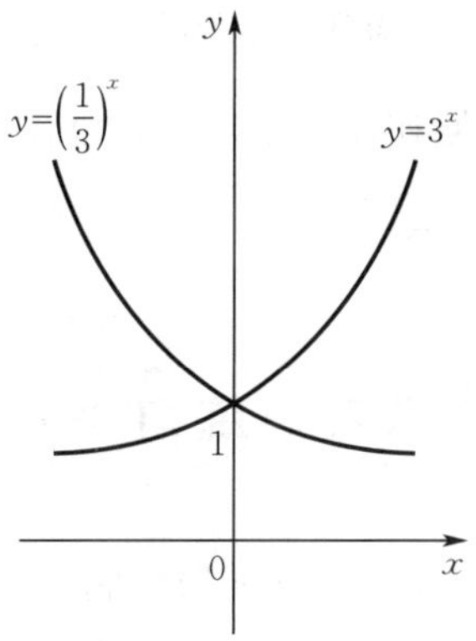


**图 1-6**

值得注意的是，讨论函数的单调性时，必须指明所讨论的区间. 单调增加和单调减少的函数统称为**单调函数**(monotone function).

## 二、奇偶性

设函数 $f(x)$ 的定义域 $D$ 关于原点对称(即若 $x \in D$，则 $-x \in D$). 对于任意 $x \in D$，若 $f(-x) = -f(x)$，则称函数 $f(x)$ 是**奇函数**(odd function)；若 $f(-x) = f(x)$，则称函数 $f(x)$ 是**偶函数**(even function).

奇函数的图形关于原点对称，偶函数的图形关于 $y$ 轴对称.

**注**：函数的定义域关于原点对称是其具有奇偶性的前提条件.

如函数 $y = \log_2 x$ 的定义域为 $(0, +\infty)$，不关于原点对称，故该函数不具有奇偶性，为非奇非偶函数.

## 三、周期性

设函数 $f(x)$ 的定义域为 $D$,如果存在非零常数 $T$,使得对于任意 $x \in D$,有 $(x \pm T) \in D$,且 $f(x \pm T) = f(x)$,则称函数 $f(x)$ 是**周期函数**(periodic function),$T$ 称为函数 $f(x)$ 的**周期**. 显然,若 $T$ 是函数 $f(x)$ 的周期,则 $2T, 3T, \cdots$ 也是函数 $f(x)$ 的周期. 通常所说的函数的周期指的是它的最小正周期. 如 $y = \sin x$ 是周期函数,其周期是 $2\pi$.

**注**:并不是所有的周期函数都有最小正周期.

## 四、有界性

设函数 $f(x)$ 的定义域为 $D$,数集 $X \subset D$. 如果存在一个正数 $M$,对于任意 $x \in X$,都有 $|f(x)| \leqslant M$,则称函数 $f(x)$ 在 $X$ 上有界,也称函数 $f(x)$ 是 $X$ 上的**有界函数**(bounded function);否则,称函数 $f(x)$ 是 $X$ 上的**无界函数**(unbounded function).

如函数 $y = \cos x$ 在定义域 $(-\infty, +\infty)$ 内是有界的,函数 $y = \log_2 x$ 在定义域 $(0, +\infty)$ 内是无界的. 讨论一个函数的有界性时,必须指明所讨论的区间. 如函数 $y = \dfrac{1}{x}$ 在区间 $(0,1)$ 内无界,但在区间 $[1,2]$ 上却有界.

**注**:有界性是一个相对的概念.

### 思考与练习 1-2

1. 判断函数 $f(x) = (2^x + 2^{-x})\cos x$ 的奇偶性.
2. 判断函数 $y = \sin \pi x + \cos \pi x$ 是不是周期函数,如果是,求出其周期.

# 第三节 初 等 函 数

## 一、基本初等函数

基本初等函数(basic elementary function)包括以下六种函数:常函数(constant function)、幂函数(power function)、指数函数(exponential function)、对数函数(logarithmic function)、三角函数(trigonometric function)和反三角函数(inverse trigonometric function).

### (一)常函数

常函数 $y = C$($C$ 为常数)的定义域为 $(-\infty, +\infty)$,值域为 $\{C\}$,它的图形是一条水平直线,如图 1-7 所示.

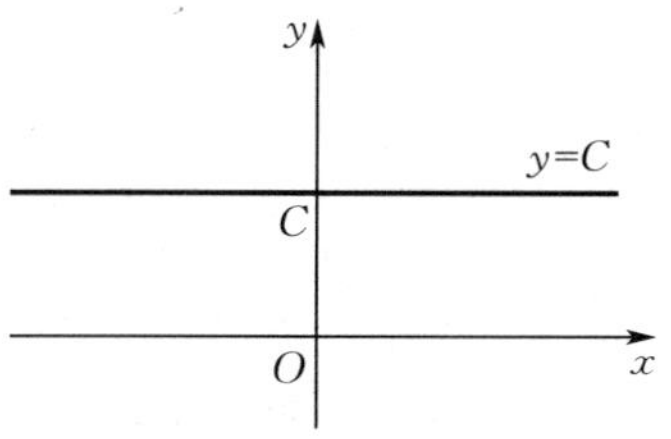


图 1-7

## （二）幂函数

幂函数 $y=x^{\mu}(\mu\in\mathbf{R})$ 的定义域随 $\mu$ 值的不同而不同.

当 $\mu$ 为正整数时，幂函数的定义域为 $(-\infty,+\infty)$.

当 $\mu$ 为负整数时，幂函数的定义域为 $(-\infty,0)\cup(0,+\infty)$.

当 $\mu$ 为既约正分数，且分母为偶数时，幂函数的定义域为 $[0,+\infty)$；分母为奇数时，幂函数的定义域为 $(-\infty,+\infty)$.

当 $\mu$ 为既约负分数，且分母为偶数时，幂函数的定义域为 $(0,+\infty)$；分母为奇数时，幂函数的定义域为 $(-\infty,0)\cup(0,+\infty)$.

当 $\mu$ 为零时，幂函数的定义域为 $(-\infty,0)\cup(0,+\infty)$.

常见幂函数的图形如图 1-8 和图 1-9 所示.

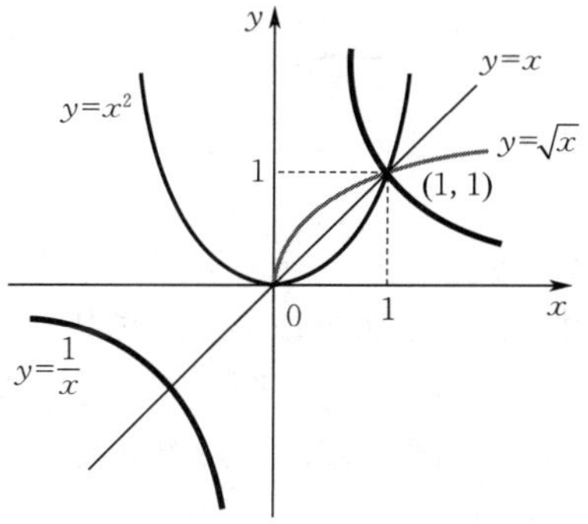


图 1-8

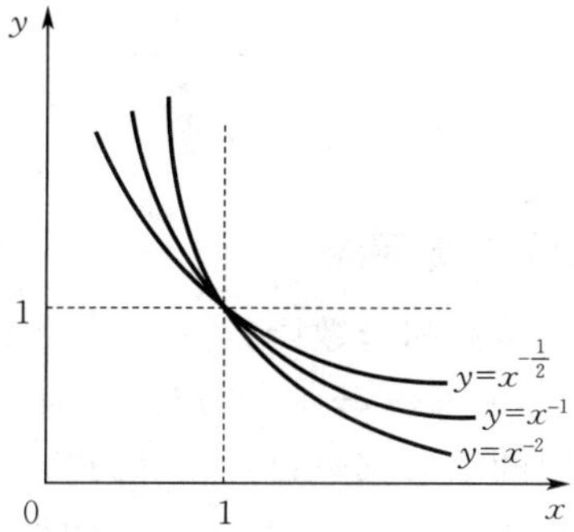


图 1-9

**注**：(1) 当 $x\in(1,+\infty)$ 时，指数越大，幂函数的图形越高.

(2) 当 $\mu>0$ 时，幂函数单调增加；当 $\mu<0$ 时，幂函数单调减少. 不论 $\mu$ 为何值，幂函数的图形都过点 $(1,1)$.

## （三）指数函数

指数函数 $y=a^{x}(a>0$ 且 $a\neq 1)$ 的定义域为 $(-\infty,+\infty)$，值域为 $(0,+\infty)$. 当 $a>1$ 时，指数函数单调增加；当 $0<a<1$ 时，指数函数单调减少. 指数函数的图形如图 1-10 所示.

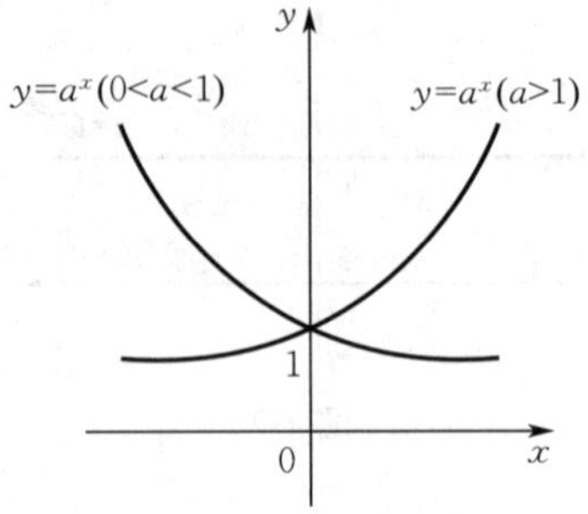


图 1-10

**注**:当 $x \in (0, +\infty)$ 时,底数越大,指数函数的图形越高,如图 1-11 所示.

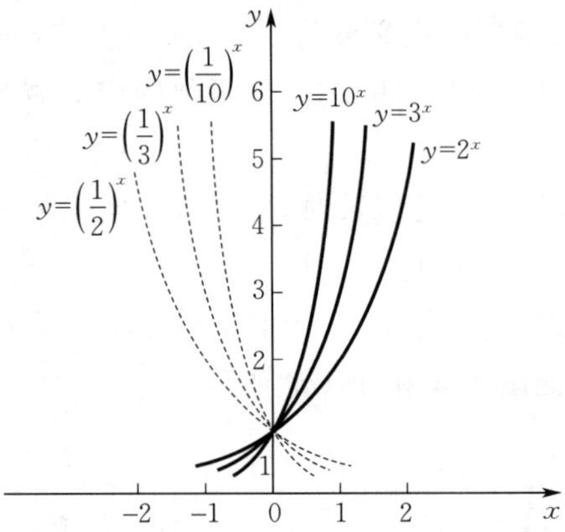


图 1-11

### (四) 对数函数

对数函数和指数函数互为反函数,因此由指数函数的性质知,对数函数 $y = \log_a x$ ($a > 0$ 且 $a \neq 1$) 的定义域为 $(0, +\infty)$,值域为 $(-\infty, +\infty)$. 不论 $a$ 取何值,对数函数的图形都经过点 $(1,0)$. 当 $a > 1$ 时,对数函数单调增加;当 $0 < a < 1$ 时,对数函数单调减少. 对数函数的图形如图 1-12 所示.

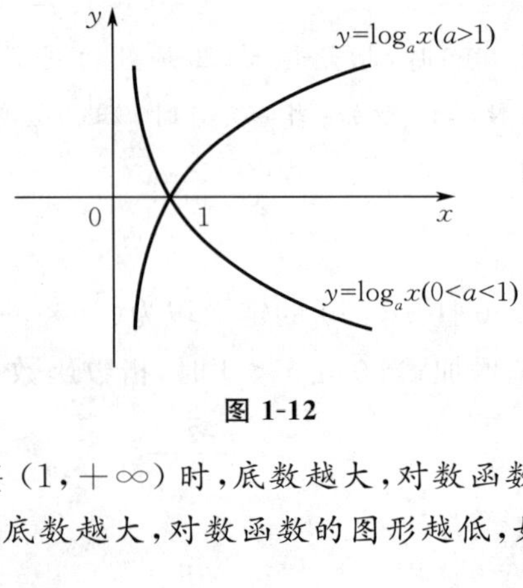


图 1-12

**注**:当 $a > 1$,且 $x \in (1, +\infty)$ 时,底数越大,对数函数的图形越低;当 $0 < a < 1$,且 $x \in (1, +\infty)$ 时,底数越大,对数函数的图形越低,如图 1-13 所示.

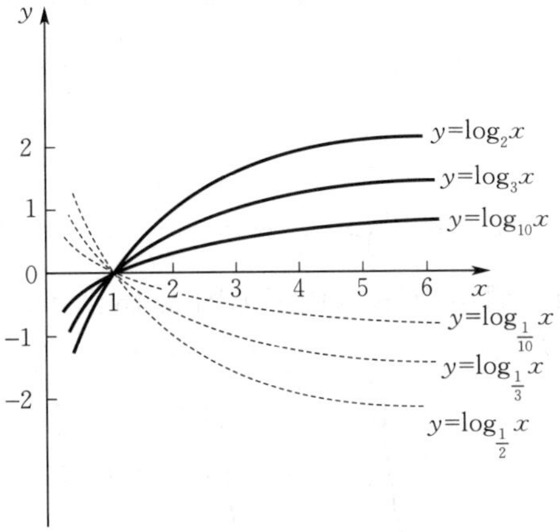


图 1-13

## （五）三角函数

常用的三角函数有六种，分别为正弦函数、余弦函数、正切函数、余切函数、正割函数和余割函数.

### 1. 正弦函数

正弦函数 $y = \sin x$ 的定义域为$(-\infty, +\infty)$，值域为$[-1,1]$，它是奇函数，又是周期函数，周期为 $2\pi$，其图形如图 1-14 所示.

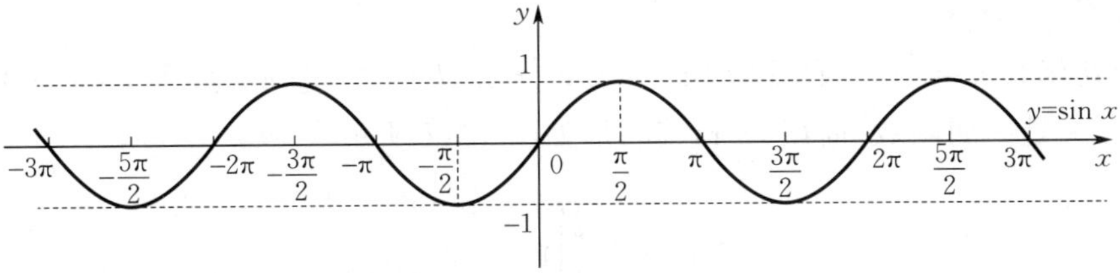


图 1-14

**注**：正弦函数的图形既是轴对称图形，又是中心对称图形，其对称轴为 $x = k\pi + \frac{\pi}{2}$，$k \in \mathbf{Z}$，对称中心为$(k\pi, 0)$，$k \in \mathbf{Z}$.

### 2. 余弦函数

余弦函数 $y = \cos x$ 的定义域为$(-\infty, +\infty)$，值域为$[-1,1]$，它是偶函数，又是周期函数，周期为 $2\pi$，其图形如图 1-15 所示.

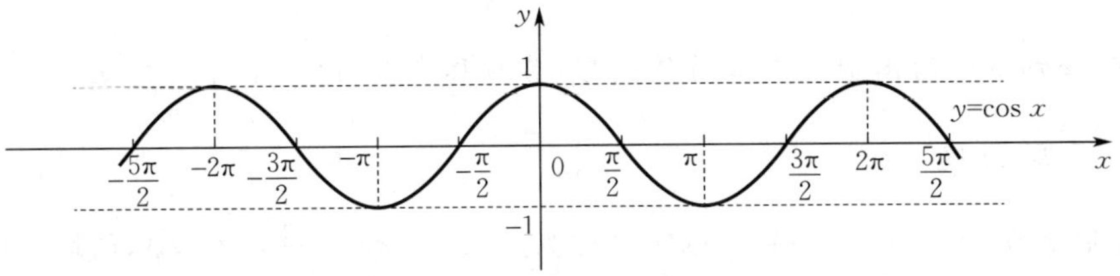


图 1-15

**注**：余弦函数的图形既是轴对称图形，又是中心对称图形，其对称轴为 $x=k\pi$，$k\in\mathbf{Z}$，对称中心为 $\left(k\pi+\dfrac{\pi}{2},0\right)$，$k\in\mathbf{Z}$.

3. 正切函数

正切函数 $y=\tan x$ 的定义域为 $\left\{x\,\middle|\,x\neq k\pi+\dfrac{\pi}{2},k\in\mathbf{Z}\right\}$，值域为 $(-\infty,+\infty)$，它是奇函数，又是周期函数，周期为 $\pi$，其图形如图 1-16 所示.

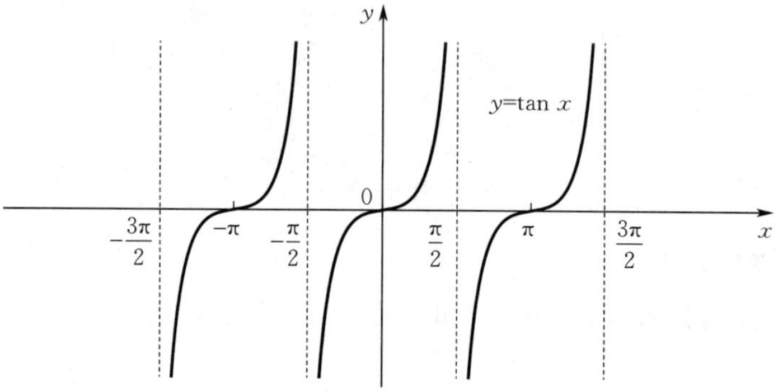


**图 1-16**

**注**：正切函数的图形是中心对称图形，其对称中心为 $\left(\dfrac{k\pi}{2},0\right)$，$k\in\mathbf{Z}$.

4. 余切函数

余切函数 $y=\cot x$ 的定义域为 $\{x\,|\,x\neq k\pi,k\in\mathbf{Z}\}$，值域为 $(-\infty,+\infty)$，它是奇函数，又是周期函数，周期为 $\pi$，其图形如图 1-17 所示.

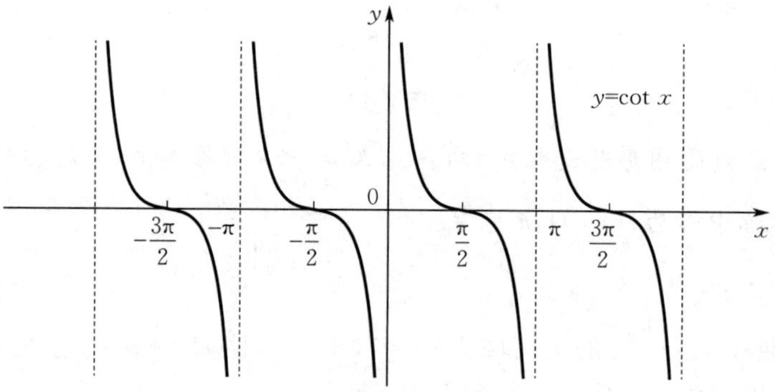


**图 1-17**

**注**：余切函数的图形是中心对称图形，其对称中心为 $\left(\dfrac{k\pi}{2},0\right)$，$k\in\mathbf{Z}$.

5. 正割函数

正割函数 $y=\sec x=\dfrac{1}{\cos x}$ 的定义域为 $\left\{x\,\middle|\,x\neq k\pi+\dfrac{\pi}{2},k\in\mathbf{Z}\right\}$，值域为 $(-\infty,-1]\cup[1,+\infty)$，它是偶函数，又是周期函数，周期为 $2\pi$，其图形如图 1-18 所示.

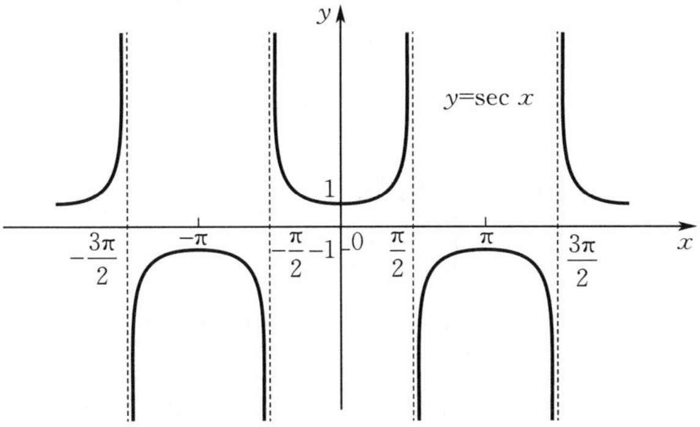


图 1-18

**注**:正割函数的图形是中心对称图形,其对称中心为$\left(k\pi+\frac{\pi}{2},0\right)$,$k\in\mathbf{Z}$.

6. 余割函数

余割函数 $y=\csc x=\frac{1}{\sin x}$ 的定义域为$\{x \mid x\neq k\pi,k\in\mathbf{Z}\}$,值域为$(-\infty,-1]\cup[1,+\infty)$,它是奇函数,又是周期函数,周期为 $2\pi$,其图形如图 1-19 所示.

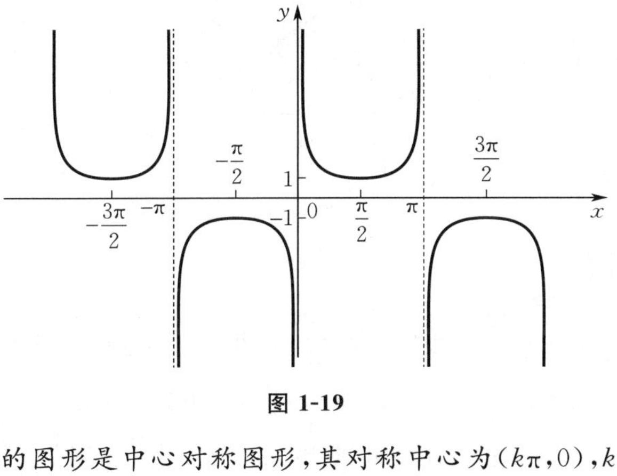


图 1-19

**注**:余割函数的图形是中心对称图形,其对称中心为$(k\pi,0)$,$k\in\mathbf{Z}$.

## (六) 反三角函数

由于三角函数都是周期函数,对于值域内的每个 $y$ 值,与之对应的 $x$ 值有无穷多个,因此在三角函数的整个定义域上,其反函数是不存在的,必须将它的定义域限定在某一个单调区间内,这样得到的函数就存在反函数,称为反三角函数. 下面分别在三角函数的一个单值分支上讨论反三角函数.

1. 反正弦函数

正弦函数 $y=\sin x$ 在区间$\left[-\frac{\pi}{2},\frac{\pi}{2}\right]$上单调增加,在此区间上其反函数存在,称此反函数为反正弦函数,记为 $y=\arcsin x$,它的定义域为$[-1,1]$,值域为$\left[-\frac{\pi}{2},\frac{\pi}{2}\right]$,它是奇函数,且单调增加,其图形如图 1-20 所示.

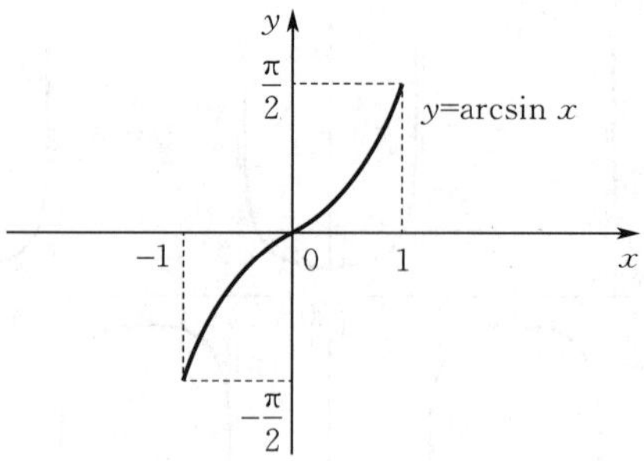


图 1-20

2. 反余弦函数

余弦函数 $y=\cos x$ 在区间 $[0,\pi]$ 上单调减少,在此区间上其反函数存在,称此反函数为反余弦函数,记为 $y=\arccos x$,它的定义域为 $[-1,1]$,值域为 $[0,\pi]$,它是单调减少的函数,其图形如图 1-21 所示.

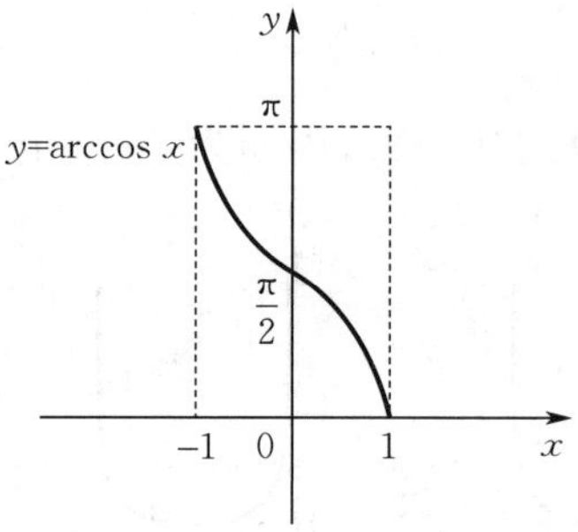


图 1-21

3. 反正切函数

正切函数 $y=\tan x$ 在区间 $\left(-\frac{\pi}{2},\frac{\pi}{2}\right)$ 内单调增加,在此区间内其反函数存在,称此反函数为反正切函数,记为 $y=\arctan x$,它的定义域为 $(-\infty,+\infty)$,值域为 $\left(-\frac{\pi}{2},\frac{\pi}{2}\right)$,它是奇函数,且单调增加,其图形如图 1-22 所示.

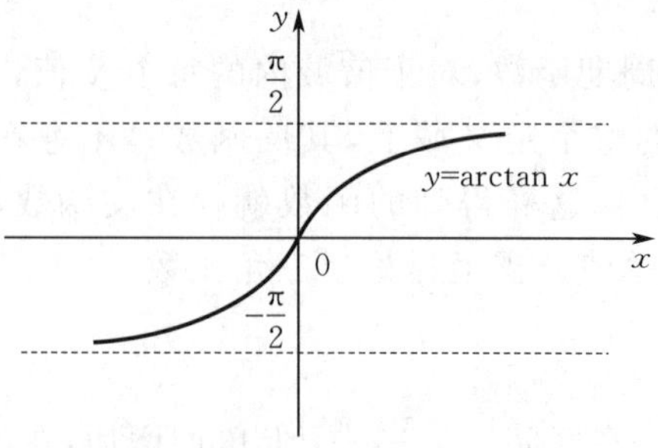


图 1-22

4. 反余切函数

余切函数 $y=\cot x$ 在区间 $(0,\pi)$ 内单调减少,在此区间内其反函数存在,称此反函数为反余切函数，记为 $y=\operatorname{arccot} x$，它的定义域为 $(-\infty,+\infty)$，值域为 $(0,\pi)$，它是单调减少的函数，其图形如图 1-23 所示.

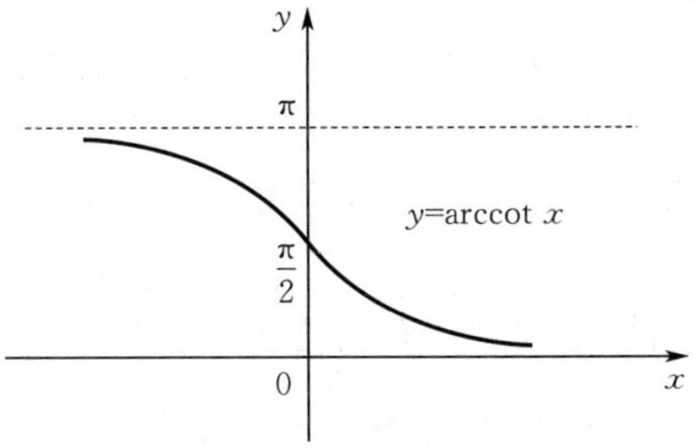


图 1-23

上述各反三角函数中，$y$ 所在的区间称为主值区间. 反正弦函数和反正切函数在主值区间内单调增加且是奇函数，反余弦函数和反余切函数在主值区间内单调减少.

## 二、复合函数

**定义 1-3**　设变量 $y$ 是变量 $u$ 的函数，变量 $u$ 又是变量 $x$ 的函数，即

$$y=f(u),\quad u=\varphi(x).$$

如果变量 $x$ 的某些值通过变量 $u$ 可以确定变量 $y$ 的值，则称 $y$ 是 $x$ 的**复合函数**(compound function)，记为

$$y=f[\varphi(x)],$$

其中，$f(u)$ 称为外函数，$\varphi(x)$ 称为内函数，变量 $u$ 称为中间变量.

复合函数的概念可以推广到多个函数的情况，此时函数是通过多个中间变量的传递而形成的.

**注**：$f$ 的定义域和 $\varphi$ 的值域的交集不等于空集是函数复合的前提条件.

**例 1-7**　试通过 $y=\log_2 u, u=\arctan v, v=x$，求出 $y$ 关于 $x$ 的复合函数.

**解**　已知 $y=\log_2 u, u=\arctan v, v=x$，则 $y$ 关于 $x$ 的复合函数为 $y=\log_2 \arctan x$，其定义域为 $(0,+\infty)$.

**例 1-8**　设 $f(x)=x^2+1, g(x)=\dfrac{x}{1-x}$，试求 $f[g(x)], f[f(x)], g[f(x)], g[g(x)]$.

**解**　$f[g(x)]=\left(\dfrac{x}{1-x}\right)^2+1,\quad f[f(x)]=(x^2+1)^2+1=x^4+2x^2+2,$

$$g[f(x)]=\frac{x^2+1}{1-(x^2+1)}=-\frac{x^2+1}{x^2},\quad g[g(x)]=\frac{\dfrac{x}{1-x}}{1-\dfrac{x}{1-x}}=\frac{x}{1-2x}.$$

如果由两个函数复合而成的函数的定义域为空集,则此复合函数无意义(或称它们不能复合).例如,由 $y=\arcsin u, u=3+x^2$ 复合而成的函数 $y=\arcsin(3+x^2)$,因 $3+x^2>1$,其定义域为空集,故函数 $y=\arcsin(3+x^2)$ 无意义.

以上是将多个函数"合成"为一个表达式.而在后面的很多计算问题中,往往需要把复合函数的中间变量找出来,将复合函数"分解"为若干个基本初等函数或由基本初等函数通过四则运算而得到的简单函数,以便利用公式进行计算.

**例 1-9** 下列函数是由哪些简单函数复合而成的?

(1) $y=a\cos(bx+c)$; (2) $y=\dfrac{a}{1+e^{kx}}$;

(3) $y=\log_2(1+\sqrt{1+\cos^2 x})$.

**解** (1) $y=a\cos(bx+c)$ 可以看成由 $y=a\cos u$ 和 $u=bx+c$ 复合而成.

(2) $y=\dfrac{a}{1+e^{kx}}$ 可以看成由 $y=\dfrac{a}{u}, u=1+e^v, v=kx$ 复合而成.

(3) $y=\log_2(1+\sqrt{1+\cos^2 x})$ 可以看成由 $y=\log_2 u, u=1+v, v=\sqrt{w}, w=1+\omega^2$, $\omega=\cos x$ 复合而成.

## 三、初等函数相关概念

**定义 1-4** 由基本初等函数经过有限次四则运算以及有限次复合所得到的仅用一个解析式表达的函数,称为**初等函数**(elementary function).

如函数 $y=e^{\sin\sqrt{x}}$, $y=\ln(x^2+1)$,双曲正弦函数 $y=\sinh x=\dfrac{e^x-e^{-x}}{2}$(见图 1-24),双曲余弦函数 $y=\cosh x=\dfrac{e^x+e^{-x}}{2}$(见图 1-24),双曲正切函数 $y=\tanh x=\dfrac{\sinh x}{\cosh x}=\dfrac{e^x-e^{-x}}{e^x+e^{-x}}$(见图 1-25),双曲余切函数 $y=\coth x=\dfrac{\cosh x}{\sinh x}=\dfrac{e^x+e^{-x}}{e^x-e^{-x}}$(见图 1-25),多项式函数 $P_n(x)=a_0+a_1x+\cdots+a_nx^n$ 都是初等函数.

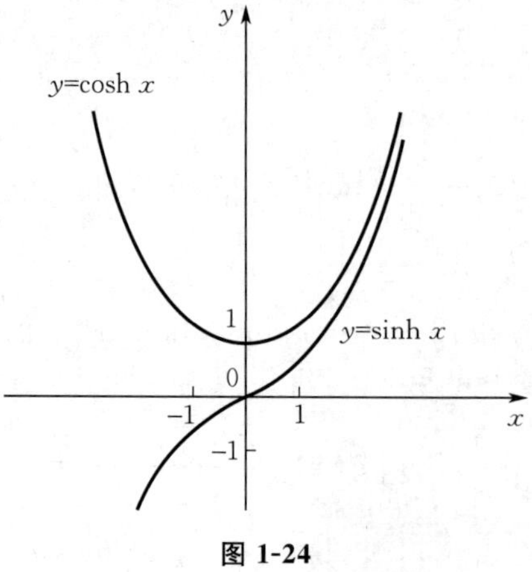


图 1-24

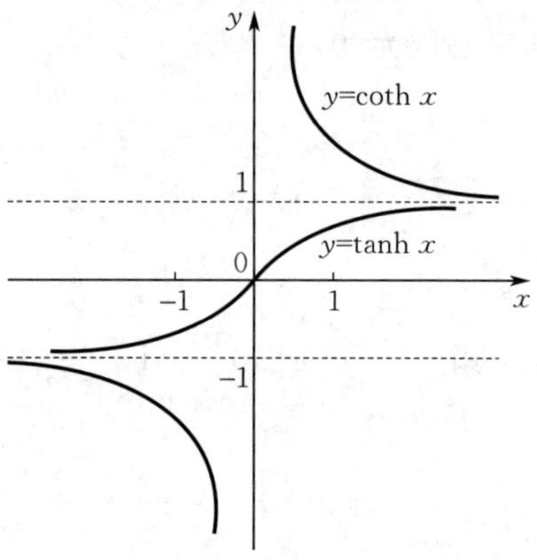


图 1-25

**注**:本书中讨论的函数基本上都是初等函数.特别地,分段函数一般不是初等函数.

例如,符号函数

$$y = \operatorname{sgn} x = \begin{cases} 1, & x > 0, \\ 0, & x = 0, \\ -1, & x < 0, \end{cases}$$

其图形如图 1-26 所示.

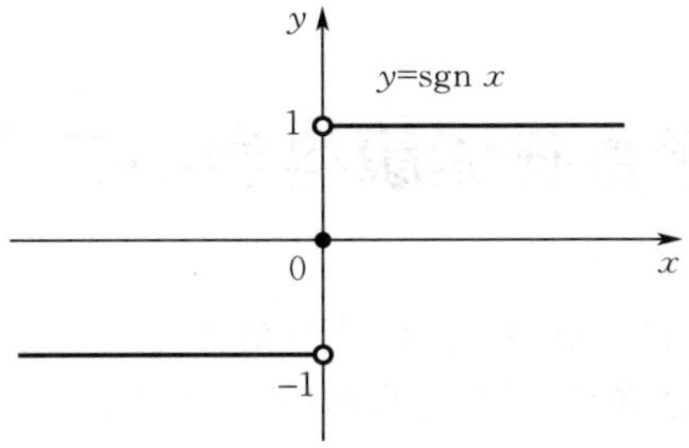


图 1-26

再如,狄利克雷函数

$$y = D(x) = \begin{cases} 1, & x \text{ 为有理数}, \\ 0, & x \text{ 为无理数}, \end{cases}$$

其定义域为$(-\infty, +\infty)$,值域为$\{0,1\}$.由于无法在 $x$ 轴上将所有有理数和无理数的准确位置找出,因此这个函数的图形无法在坐标系中准确地描绘出来.

$D(x)$ 有很多有趣的性质,如 $D(x)$ 不仅是偶函数,还是周期函数,任何有理数 $T \neq 0$ 均是 $D(x)$ 的周期,但它没有最小正周期.

**注**:如果分段函数可以用一个统一的函数表达式来表示,则这个分段函数是初等函数.

例如,绝对值函数

$$y = |x| = \begin{cases} x, & x > 0, \\ 0, & x = 0, \\ -x, & x < 0, \end{cases}$$

其图形如图 1-27 所示,因为 $y = |x| = \sqrt{x^2}$ 的解析式唯一,所以它是初等函数.

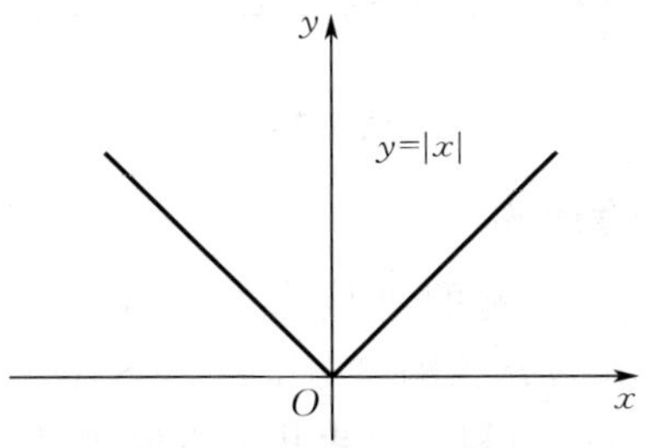


图 1-27

## 思考与练习 1-3

1. 已知函数 $y=\arcsin[\ln(x+1)]$.

(1) 分析该函数的复合结构;(2) 求该函数的定义域.

2. 请画出函数 $y=[x]$,$x\in(-\infty,+\infty)$ 的图形,其中$[x]$表示不超过 $x$ 的最大整数,称为**取整函数**.

# 第四节　函数在健康科学中的几个常见应用

数学与国家实力
(张恭庆 院士)

科学知识对人类社会的发展和进步起着至关重要的作用. 介绍函数在健康科学中的简单应用,有利于创新思维的培养和后续知识的学习.

## 一、幂函数在健康科学中的应用

1. 相对生长曲线

赫胥黎(A. F. Huxley) 于 1924 年首先奠定了相对生长定量分析的基础,他以幂函数关系式

$$y=bx^k$$

表达整个有机体的生长与其器官生长的相关关系(见图 1-28),明确提出了相对生长的一般定律. 其中,$x$ 和 $y$ 可分别表示有机体的质量和长度,$k$ 表示初始生长指数,$b$ 表示平衡常数.

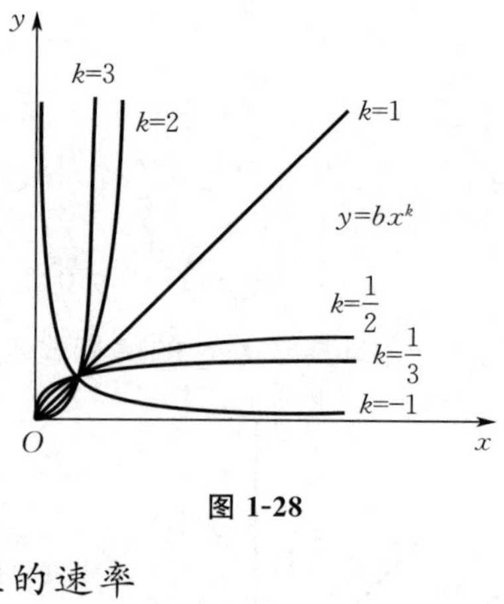


图 1-28

2. 细胞中生化反应的速率

细胞中的生化反应离不开酶的直接参与. 1913 年,酶学家米夏埃利斯(L. Michaelis) 和门藤(M. Menten) 认为酶(E) 和底物(S) 的作用开始时,可逆地反应生成复合体(C),然后分解成自由酶和一个或几个生成物(P),可用反应式表示如下:

$$E+S \rightleftharpoons C \longrightarrow E+P.$$

假定上述反应式中前式的反应要比后式的反应迅速得多,那么,E,S,C 之间总是保持平衡,根据质量作用定律可得下列米氏方程:

$$V=\frac{V_{\max}S}{S+K_{m}} \quad 或 \quad \frac{1}{V}=\frac{1}{V_{\max}}+\frac{K_{m}}{V_{\max}S},$$

式中,$V$ 为反应速度,$V_{\max}$ 为最大反应速度,$S$ 为底物浓度,$K_m$ 为米氏常数.$V$ 与 $S$ 的关系曲线如图 1-29 所示,随着 $S$ 的增加,$V$ 逐渐趋于最大反应速度 $V_{\max}$.

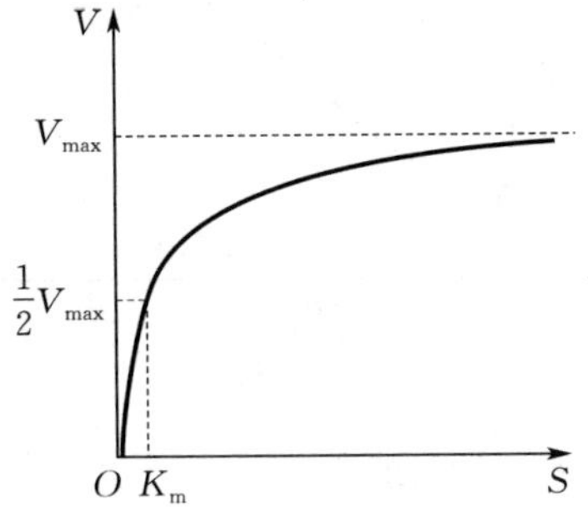


图 1-29

## 二、指数函数在健康科学中的应用

1. 血药浓度模型(肌内注射的血药浓度-时间曲线)

1949 年,海因茨(E. Heinz) 进行了一项重要的临床应用的理论研究,他阐明药物经肌肉注入机体后,在时刻 $t$,血液中的血药浓度 $y$ 可用下式表示:

$$y=\frac{A}{\sigma_2-\sigma_1}(e^{-\sigma_1 t}-e^{-\sigma_2 t}),$$

式中,$A,\sigma_1,\sigma_2$ 是大于零的常数,且 $\sigma_1<\sigma_2$.血液中的血药浓度 $y$ 随时间 $t$ 变化的图形如图 1-30 所示.其中,$y_{\max}$ 为血药浓度最大值,$T_{\max}$ 为血药浓度达到最大值所经过的时间.

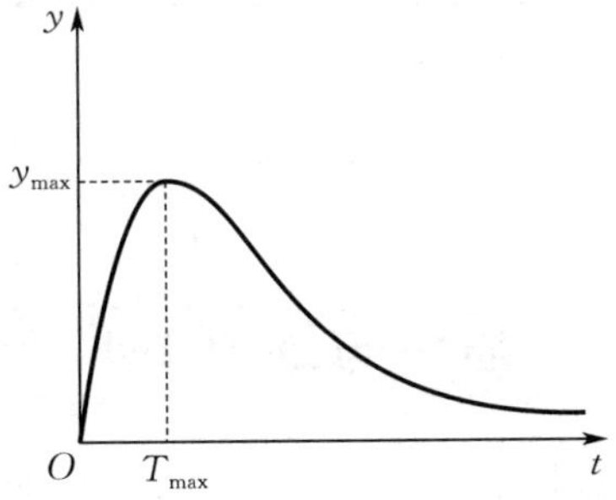


图 1-30

2. 逻辑斯谛生长模型

荷兰生物数学家费尔哈斯特(Verhulst) 在 1939 年首先研究了生物群体总数的生长规律,其模型如下:

$$W=W_0\frac{1+b}{1+be^{-kt}} \quad (b>0),$$

式中,$W_0$ 为生物群体总数初始值,$b$ 为平衡常数,$k$ 为已知初始生长指数,$t$ 为时间变量. 该模型称为**逻辑斯谛**(logistic) **生长模型**,又称为**逻辑斯谛方程**. 生物群体总数的生长规律如图 1-31 所示.

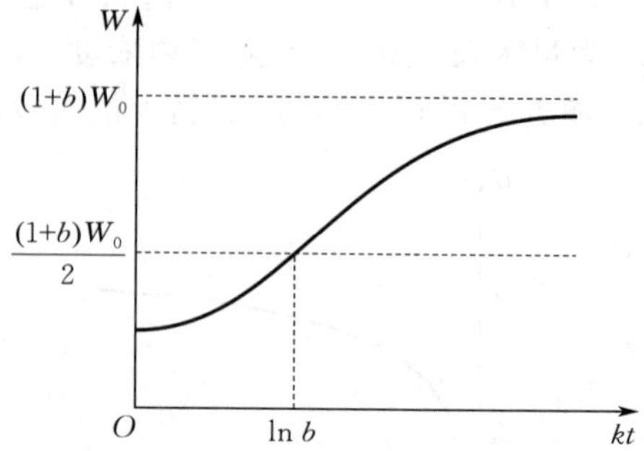


图 1-31

3. 机体肿瘤生长模型(冈珀茨曲线)

研究发现,人和动物的实体瘤只在较短的时间内符合指数生长的规律,而在较长的时间内,肿瘤的生长曲线逐渐趋向平坦,类似于冈珀茨(Gompertz) 曲线,其模型如下:

$$W = a\mathrm{e}^{-b\mathrm{e}^{-kt}},$$

式中,$a$,$b$ 和 $k$ 均为正常数. 肿瘤的生长曲线如图 1-32 所示.

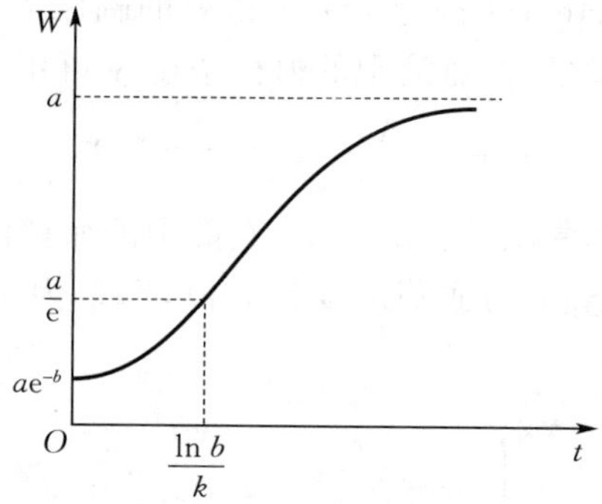


图 1-32

## 思考与练习 1-4

1. 请举例说明符号函数在健康科学中的应用.

2. 1970 年,帕日(Page) 在实验室饲养雌性小鼠,通过收集资料并分析,发现雌性小鼠的生长模型为

$$W = \frac{36}{1 + 30\mathrm{e}^{-\frac{2}{3}t}},$$

式中,$W$ 为 $t$ 时雌性小鼠的体重,$t$ 为雌性小鼠生长的时间.

(1) 分析函数的性质;(2) 请思考该模型的参考价值.

# 习 题 一

1. 求函数 $f(x)=\ln(\arcsin x)^2$ 和 $g(x)=2\ln(\arcsin x)$ 的定义域,并判断它们是不是同一个函数.

2. 设函数

$$f(x)=\begin{cases}x-1, & x<0,\\ x^2+1, & x\geqslant 0,\end{cases}$$

求 $f(0),f(-1),f(2)$,并作出函数 $f(x)$ 的图形.

3. 设函数 $f(x)=\dfrac{x}{\sqrt{1+x^2}}$,$g(x)=\dfrac{1}{\sqrt{1+x^2}}$,求复合函数 $f[g(x)]$ 和 $g[f(x)]$.

4. 求函数 $y=\begin{cases}\sqrt{1-x^2}, & -1\leqslant x<0,\\ x^2+1, & 0\leqslant x\leqslant 2\end{cases}$ 的反函数.

5. 设函数 $f(x+1)=\dfrac{x}{x+1}$,$x\neq -1$,求 $f^{-1}(x+1)$.

6. 试分析函数 $f(x)=xe^x$ 的单调性.

7. 判断下列函数的奇偶性:

(1) $f(x)=\ln(x+\sqrt{1+x^2})$;　　(2) $g(x)=x^2\cdot\dfrac{e^x+e^{-x}}{2}$.

8. 设函数 $f(x)$ 是奇函数,$g(x)$ 是偶函数,考察下列函数的奇偶性:

(1) $f(x)g(x)$;　　(2) $f[g(x)]$;

(3) $f[f(x)]$.

9. 下列函数中哪些是奇函数?哪些是偶函数?哪些是非奇非偶函数?

(1) $f(x)=x^3-|\sin x|$;　　(2) $f(x)=(2^x+2^{-x})\cos x$;

(3) $f(x)=\arctan(\sin x)$.

10. 指出下列函数中哪些是周期函数,并指出其周期:

(1) $f(x)=\arctan(\tan x)$;　　(2) $y=\sin \pi x+\cos \pi x$;

(3) $y=\sin\dfrac{1}{x}$.

11. 下列函数是由哪些简单函数复合而成的?

(1) $y=\cos 2x$;　　(2) $y=e^{\frac{1}{x}}$;

(3) $y=\sqrt{\ln(\arctan x^2)}$.

12. 设函数 $f(x)$ 的定义域为 $[0,1]$,求复合函数 $f[\ln(x+1)]$ 的定义域.

第一章教学课件

# 第二章 极限与连续

**学习要求**

1. **了解** 函数极限、数列极限的定义,闭区间上连续函数的性质.
2. **理解** 函数连续的概念、函数间断点的分类与判断、无穷大量与无穷小量.
3. **掌握** 极限的计算、无穷小量的比较、无穷小量的阶.
4. **运用** 两个重要极限、等价无穷小量的代换解决极限相关问题.

极限定义是由初等数学到高等数学的标志性飞跃.高等数学中的很多概念,如连续、导数、定积分等都要用到极限.因此,理解、掌握、运用好极限是学好高等数学的关键.连续是函数的一个重要性质,在后续的学习中经常用到.本章将介绍极限与连续的基本知识和相关性质,为今后的学习打下必要的基础.

## 第一节 极 限

我国古代极限思想的杰出代表“割圆术”

函数的极限就是当自变量连续变化时函数的变化趋势.我们知道定义在实数集 **R** 上的自变量可以趋于无穷大或者有限值,因此下面分别就这两种情况来讨论函数的极限,用数学语言给出函数极限的定义.

### 一、自变量趋于无穷大时函数的极限

**引例** 考察函数

$$f(x)=\frac{x-1}{x}\quad (x>0)$$

当自变量 $x$ 无限增大时的变化状态,如表 2-1 所示.

**表 2-1**

| $x$ | 1 | 3 | 8 | 100 | 10 000 | … |
|---|---|---|---|---|---|---|
| $f(x)$ | 0 | $\frac{2}{3}$ | $\frac{7}{8}$ | $\frac{99}{100}$ | $\frac{9\ 999}{10\ 000}$ | … |

由表 2-1 可知,当自变量 $x$ 越来越大时,$f(x)$ 越来越接近于 1.只要 $x$ 足够大,$|f(x)-1|=\left|\frac{x-1}{x}-1\right|=\left|\frac{1}{x}\right|$ 就可以小于任意给定的正数,或者说,当 $x$ 无限

增大时，$f(x)=\dfrac{x-1}{x}$ 就无限接近于常数 1. 下面用数学语言给出函数极限的定义.

**定义 2-1**（"$X$-$\varepsilon$"语言）　设有常数 $A$，当 $|x|$ 大于某一正数时函数 $f(x)$ 有定义. 若 $\forall$（对任意）$\varepsilon>0$，总是 $\exists$（存在）$X>0$，使得当 $|x|>X$ 时，恒有

$$|f(x)-A|<\varepsilon,$$

则称常数 $A$ 为函数 $f(x)$ 当 $x\to\infty$ 时的**极限**（limit），记作

$$\lim_{x\to\infty}f(x)=A \quad 或 \quad f(x)\to A（当 x\to\infty 时）.$$

如果不存在这样的常数 $A$，就说函数 $f(x)$ 当 $x\to\infty$ 时极限不存在，或者说函数 $f(x)$ 当 $x\to\infty$ 时**发散**（divergence）.

定义 2-1 也可简单表述为

$\lim\limits_{x\to\infty}f(x)=A\Leftrightarrow\forall\,\varepsilon>0,\exists\,X>0$，当 $|x|>X$ 时，恒有 $|f(x)-A|<\varepsilon$.

如果 $x>0$ 且无限增大（记作 $x\to+\infty$），那么只要把定义 2-1 中的 $|x|>X$ 改为 $x>X$，就可得到 $\lim\limits_{x\to+\infty}f(x)=A$ 的定义，即 $x$ **趋于正无穷时函数极限的定义**；同样地，如果 $x<0$ 且 $|x|$ 无限增大（记作 $x\to-\infty$），那么只要把定义 2-1 中的 $|x|>X$ 改为 $x<-X$，就可得到 $\lim\limits_{x\to-\infty}f(x)=A$ 的定义，即 $x$ **趋于负无穷时函数极限的定义**.

极限 $\lim\limits_{x\to+\infty}f(x)=A$ 与极限 $\lim\limits_{x\to-\infty}f(x)=A$ 称为**单侧极限**（unilateral limit）.

**定理 2-1**　$\lim\limits_{x\to\infty}f(x)=A$ **的充要条件是** $\lim\limits_{x\to+\infty}f(x)=\lim\limits_{x\to-\infty}f(x)=A$.

考察函数 $y=\arctan x$ 的值随自变量趋于无穷大时的变化趋势，其图形如图 2-1 所示.

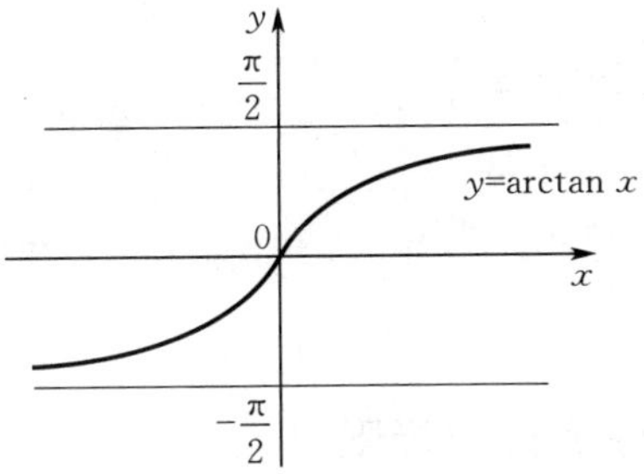


图 2-1

从图形上看，当 $x$ 趋于正无穷时，曲线 $y=\arctan x$ 上对应的点与直线 $y=\dfrac{\pi}{2}$ 的距离无限变小，即 $y=\arctan x$ 的值无限趋于 $\dfrac{\pi}{2}$，因此，$\lim\limits_{x\to+\infty}\arctan x=\dfrac{\pi}{2}$；当 $x$ 趋于负无穷时，曲线 $y=\arctan x$ 上对应的点与直线 $y=-\dfrac{\pi}{2}$ 的距离无限变小，即 $y=\arctan x$ 的值无限趋于 $-\dfrac{\pi}{2}$，因此，$\lim\limits_{x\to-\infty}\arctan x=-\dfrac{\pi}{2}$. 因为 $\lim\limits_{x\to+\infty}\arctan x\neq\lim\limits_{x\to-\infty}\arctan x$，所以 $\lim\limits_{x\to\infty}\arctan x$ 不存在.

**注**：定义 2-1 中的 $\varepsilon$ 刻画了 $f(x)$ 与 $A$ 的接近程度，$X$ 刻画了 $|x|$ 充分大的程度，$X$ 的选取与 $\varepsilon$ 有关.

$\lim\limits_{x\to\infty} f(x)=A$ 的几何意义:总是 $\exists X>0$,在区间$[-X,X]$外,函数 $y=f(x)$ 的图形总是在以两条直线 $y=A-\varepsilon$ 和 $y=A+\varepsilon$ 为边界的带状区域之内(见图 2-2).

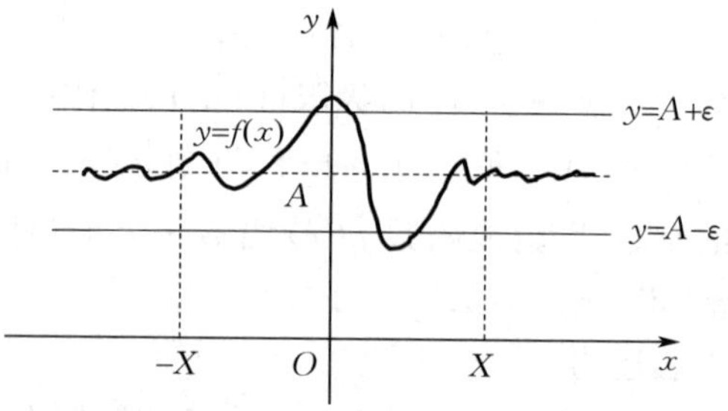


图 2-2

**例 2-1** 用极限的定义证明

$$\lim_{x\to\infty}\frac{x+\sin x}{x}=1.$$

**证** 因为

$$\left|\frac{x+\sin x}{x}-1\right|=\left|\frac{\sin x}{x}\right|\leqslant\frac{1}{|x|},$$

所以 $\forall\varepsilon>0$,要使 $\frac{1}{|x|}<\varepsilon$,只需要使 $|x|>\frac{1}{\varepsilon}$. 因此,可取 $X=\frac{1}{\varepsilon}$,则当 $|x|>X=\frac{1}{\varepsilon}$ 时,恒有

$$\left|\frac{x+\sin x}{x}-1\right|\leqslant\frac{1}{|x|}<\varepsilon,$$

故 $\lim\limits_{x\to\infty}\frac{x+\sin x}{x}=1$.

## 二、自变量趋于有限值时函数的极限

**引例** 考察函数

$$f(x)=\frac{x^2-1}{x-1},$$

显然,当 $x=1$ 时,函数 $f(x)$ 没有定义;当 $x\neq1$ 时,函数 $f(x)=x+1$. 从图 2-3 中可看出,当 $x$ 无限趋于 1,但总不等于 1 时,曲线 $y=f(x)$ 上的点$(x,f(x))$无限趋于(1,2),即函数值无限趋于 2,亦即当 $x\to1$ 时,函数 $f(x)=\frac{x^2-1}{x-1}$ 的极限是 2.

当 $x$ 无限趋于 1 时,函数 $f(x)$ 无限趋于 2 的意思是:当 $x$ 与 1 充分靠近,即当 $|x-1|$ 充分小时,$|f(x)-2|$ 的值可以任意小,即 $|f(x)-2|$ 可以小于预先给定的任何小正数.

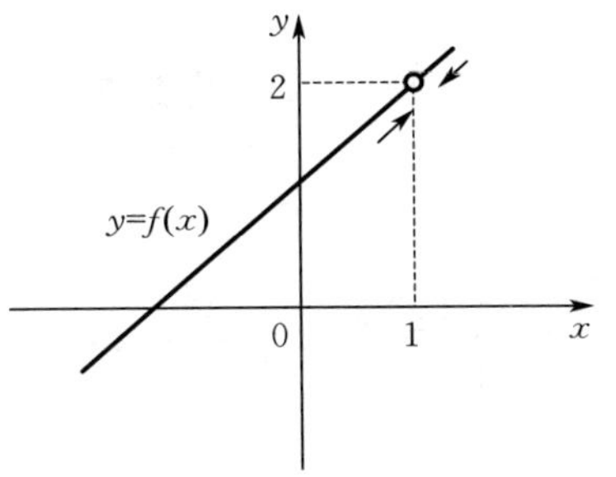


图 2-3

**定义 2-2**（“$\delta$-$\varepsilon$”语言）　设有常数 $A$，函数 $f(x)$ 在点 $x_0$ 的某一去心邻域内有定义. 若 $\forall \varepsilon > 0$，总是 $\exists \delta > 0$，使得当 $x$ 满足不等式 $0 < |x - x_0| < \delta$ 时，恒有

$$|f(x) - A| < \varepsilon,$$

则称常数 $A$ 为函数 $f(x)$ 当 $x \to x_0$ 时的**极限**，记作

$$\lim_{x \to x_0} f(x) = A \quad \text{或} \quad f(x) \to A(\text{当 } x \to x_0 \text{ 时}).$$

如果不存在这样的常数 $A$，就说函数 $f(x)$ 在点 $x_0$ 处的极限不存在，或者说函数 $f(x)$ 在点 $x_0$ 处**发散**.

定义 2-2 可简单表述为

$\lim\limits_{x \to x_0} f(x) = A \Leftrightarrow \forall \varepsilon > 0, \exists \delta > 0$，当 $0 < |x - x_0| < \delta$ 时，恒有 $|f(x) - A| < \varepsilon$.

**注**：(1) 函数 $f(x)$ 在点 $x_0$ 处有没有极限与 $f(x)$ 在点 $x_0$ 处是否有定义无关.

(2)$\delta$ 与任意给定的正数 $\varepsilon$ 有关.

$\lim\limits_{x \to x_0} f(x) = A$ 的几何意义：对于给定的正数 $\varepsilon$，存在点 $x_0$ 的一个去心邻域 $\mathring{U}(x_0, \delta)$，当 $x \in \mathring{U}(x_0, \delta)$ 时，函数 $f(x)$ 的图形总是在以两条直线 $y = A - \varepsilon$ 和 $y = A + \varepsilon$ 为边界的带状区域之内（见图 2-4）.

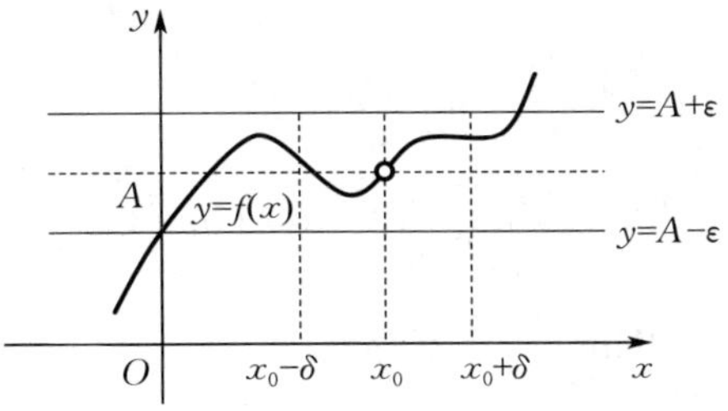


图 2-4

**例 2-2**　证明

$$\lim_{x \to 1} \frac{3(x^2 - 1)}{x - 1} = 6.$$

**证**　因为

$$\left| \frac{3(x^2 - 1)}{x - 1} - 6 \right| = |3(x + 1) - 6| = 3|x - 1|,$$

所以 $\forall \varepsilon>0$,要使 $\left|\frac{3(x^2-1)}{x-1}-6\right|=3|x-1|<\varepsilon$,只需要使 $|x-1|<\frac{\varepsilon}{3}$. 因此,可取 $\delta=\frac{\varepsilon}{3}$,当 $0<|x-1|<\delta=\frac{\varepsilon}{3}$ 时,恒有

$$\left|\frac{3(x^2-1)}{x-1}-6\right|=3|x-1|<\varepsilon,$$

故 $\lim\limits_{x\to 1}\frac{3(x^2-1)}{x-1}=6$.

若将定义 2-2 中的 $0<|x-x_0|<\delta$ 分成 $-\delta<x-x_0<0$ 和 $0<x-x_0<\delta$ 两个部分,即考察:

(1) 当 $x<x_0$ 且 $x\to x_0$ 时函数 $f(x)$ 的极限,称为函数 $f(x)$ 在点 $x_0$ 处的**左极限**(left limit),记作

$$\lim_{x\to x_0^-}f(x) \quad 或 \quad f(x_0-0);$$

(2) 当 $x>x_0$ 且 $x\to x_0$ 时函数 $f(x)$ 的极限,称为函数 $f(x)$ 在点 $x_0$ 处的**右极限**(right limit),记作

$$\lim_{x\to x_0^+}f(x) \quad 或 \quad f(x_0+0).$$

**定理 2-2** $\lim\limits_{x\to x_0}f(x)=A$ **的充要条件是** $\lim\limits_{x\to x_0^-}f(x)=\lim\limits_{x\to x_0^+}f(x)=A$.

由定理 2-2 可知,$\lim\limits_{x\to x_0^-}f(x)\neq\lim\limits_{x\to x_0^+}f(x)$ 或者 $\lim\limits_{x\to x_0^-}f(x)$,$\lim\limits_{x\to x_0^+}f(x)$ 中有一个不存在,均说明极限 $\lim\limits_{x\to x_0}f(x)$ 不存在.

**例 2-3** 证明 $\lim\limits_{x\to 0}\frac{|x|}{x}$ 不存在.

**证** 因为

$$\lim_{x\to 0^+}\frac{|x|}{x}=\lim_{x\to 0^+}\frac{x}{x}=1,$$

$$\lim_{x\to 0^-}\frac{|x|}{x}=\lim_{x\to 0^-}\frac{-x}{x}=-1,$$

左极限和右极限都存在但不相等,所以 $\lim\limits_{x\to 0}\frac{|x|}{x}$ 不存在.

**例 2-4** 设函数 $f(x)=\begin{cases}x, & x>0,\\ -x+1, & x\leqslant 0,\end{cases}$ 讨论 $\lim\limits_{x\to 0}f(x)$ 是否存在.

**解** 因为

$$\lim_{x\to 0^+}f(x)=\lim_{x\to 0^+}x=0,$$

$$\lim_{x\to 0^-}f(x)=\lim_{x\to 0^-}(-x+1)=1=f(0),$$

即
$$\lim_{x\to 0^+} f(x) \neq \lim_{x\to 0^-} f(x),$$
所以$\lim\limits_{x\to 0} f(x)$ 不存在(见图 2-5).

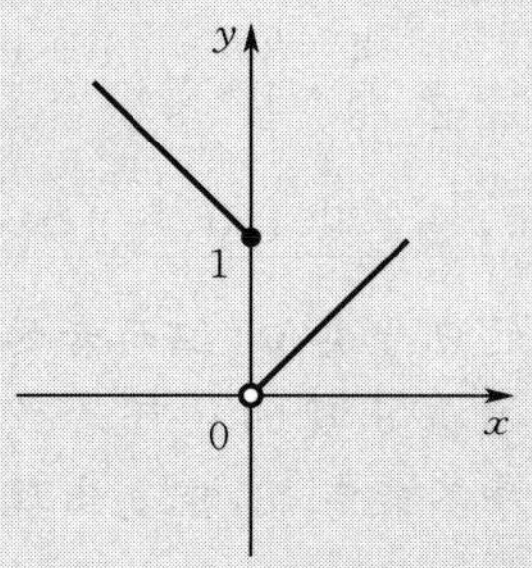


**图 2-5**

## 三、函数极限的性质

下面仅以 $x \to x_0$ 时函数的极限形式为代表给出函数极限的性质,至于其他形式的极限的性质,只要相应地作一些修改便可得出.

**定理 2-3(唯一性)**　若$\lim\limits_{x\to x_0} f(x)$ 存在,则该极限唯一.

**定理 2-4(局部有界性)**　若$\lim\limits_{x\to x_0} f(x) = A$,则存在常数 $M > 0$ 和 $\delta > 0$,使得当 $0 < |x - x_0| < \delta$ 时,恒有 $|f(x)| \leqslant M$.

**定理 2-5(局部保号性)**　若$\lim\limits_{x\to x_0} f(x) = A$,且 $A > 0$(或 $A < 0$),则存在常数 $\delta > 0$,使得当 $0 < |x - x_0| < \delta$ 时,恒有 $f(x) > 0$[或 $f(x) < 0$].

利用函数极限的定义,可以证明上述性质,请读者自己完成.

由定理 2-5 和反证法,易得以下推论.

**推论 2-1**　若$\lim\limits_{x\to x_0} f(x) = A$,且在点 $x_0$ 的某去心邻域内 $f(x) \geqslant 0$[或 $f(x) \leqslant 0$],则 $A \geqslant 0$(或 $A \leqslant 0$).

## 四、数列的极限

数列可以看作自变量为正整数的函数,因此数列的极限可以看作自变量趋于正无穷时函数极限的特例.下面先回顾一下数列的概念.

### (一) 数列的概念

**定义 2-3**　按一定次序排列的无穷多个数
$$x_1, x_2, \cdots, x_n, \cdots$$
称为无穷数列,简称**数列**(sequence of numbers),可简记为 $\{x_n\}$.

数列中的每一个数称为数列的项,第 $n$ 项 $x_n$ 称为数列的**通项**(一般项),$n$ 为项

$x_n$ 的下标.

下面给出几个简单的数列.

(1) $\{2n-1\}$: $1,3,5,\cdots,2n-1,\cdots$;

(2) $\left\{\frac{1}{2^n}\right\}$: $\frac{1}{2},\frac{1}{4},\frac{1}{8},\cdots,\frac{1}{2^n},\cdots$;

(3) $\left\{\frac{n+(-1)^{n+1}}{n}\right\}$: $2,\frac{1}{2},\frac{4}{3},\frac{3}{4},\cdots,\frac{n+(-1)^{n+1}}{n},\cdots$;

(4) $\left\{\sin\frac{(n+1)\pi}{2}\right\}$: $0,-1,0,1,0,-1,\cdots,\sin\frac{(n+1)\pi}{2},\cdots$.

**注**:尽管数列与数集的记号类似,但两者的概念有很大的区别.在数集中,元素之间没有次序关系,所以重复出现的数可看成同一个元素;但在数列中,每一个数都有确定的编号,前后次序不能混乱,重复出现的数不可以舍去.

例如,上述数列 $\left\{\sin\frac{(n+1)\pi}{2}\right\}$ 中,三个数 $0,-1$ 与 $1$ 无限次重复交替出现,反映了这个数列的一种特殊的变化规律,显然不能把该数列仅仅看作由 $0,-1$ 与 $1$ 所构成的一个数集.

数列 $\{x_n\}$ 可看作自变量为正整数 $n$ 的函数(即整标函数):

$$x_n=f(n),\quad n\in\mathbf{N}_+.$$

当自变量 $n$ 依次取正整数 $1,2,3,\cdots$ 时,对应的函数值就排成数列 $\{x_n\}$.它可看作数轴上的一个动点,在数轴上的取值依次为 $x_1,x_2,\cdots,x_n,\cdots$.因此数列也有类似于函数的一些性质,如单调性、有界性.

1. 单调数列

对于数列 $\{x_n\}$,若 $x_1\leqslant x_2\leqslant\cdots\leqslant x_n\leqslant\cdots$,则称数列 $\{x_n\}$ 为**单调增加数列**;反之,称数列 $\{x_n\}$ 为**单调减少数列**.单调增加数列和单调减少数列统称为**单调数列**.

例如,数列 $\{2n-1\}$, $\left\{\frac{1}{2^n}\right\}$ 均为单调数列.

2. 有界数列

对于数列 $\{x_n\}$,如果存在正数 $M$,使得 $\forall n\in\mathbf{N}_+$,恒有

$$|x_n|\leqslant M,$$

则称数列 $\{x_n\}$ 为**有界数列**;否则,称数列 $\{x_n\}$ 为**无界数列**.

例如,数列 $\left\{\frac{1}{2^n}\right\}$, $\left\{\frac{n+(-1)^{n+1}}{n}\right\}$, $\left\{\sin\frac{(n+1)\pi}{2}\right\}$ 均为有界数列.

### (二) 数列极限的定义

数列的极限可以看作自变量趋于正无穷时函数极限的特例,根据函数极限的定义,可以给出数列极限的定量描述.

**定义 2-4**("$N$-$\varepsilon$"语言) 设有数列 $\{x_n\}$ 和常数 $a$,若 $\forall\varepsilon>0$,总是 $\exists N\in\mathbf{N}_+$,使得当 $n>N$ 时,恒有

$$|x_n-a|<\varepsilon$$

成立,则称常数 $a$ 是数列 $\{x_n\}$ 的**极限**,或称数列 $\{x_n\}$ **收敛**于常数 $a$,记作

$$\lim_{n\to\infty}x_n=a \quad 或 \quad x_n\to a(n\to\infty).$$

如果数列$\{x_n\}$没有极限，就称数列$\{x_n\}$是发散的.

关于数列极限的定义，有以下几点说明：

(1) 任意小的正数$\varepsilon$刻画了数列$\{x_n\}$与常数$a$的接近程度，这时$\frac{\varepsilon}{2}$，$2\varepsilon$，$\varepsilon^2$等也可以任意小，可用它们代替$\varepsilon$；

(2) 正整数$N$与$\varepsilon$有关，但$N$的选取不唯一；

(3) 当$n>N$时，$|x_n-a|<\varepsilon$成立，即$x_N$以后的一切$x_n$都满足下列不等式：

$$|x_{N+1}-a|<\varepsilon,\ |x_{N+2}-a|<\varepsilon,\ |x_{N+3}-a|<\varepsilon,\cdots;$$

(4) 数列$\{x_n\}$收敛与否，以及收敛数列的极限是什么，与数列前有限项无关，因此改变数列前有限项，不影响数列的收敛性及收敛数列的极限.

数列$\{x_n\}$极限的定义可简单表述为

$\lim\limits_{n\to\infty}x_n=a \Leftrightarrow \forall\varepsilon>0,\exists N\in\mathbf{N}_+$，当$n>N$时，恒有$|x_n-a|<\varepsilon$.

数列$\{x_n\}$以$a$为极限的几何解释：对任意小的正数$\varepsilon$，$x_N$以后的无限多个点$x_{N+1}$，$x_{N+2}$，$\cdots$都落在$a$的邻域$U(a,\varepsilon)$内，而只有有限个(最多有$N$个)点$x_1$，$x_2$，$\cdots$，$x_N$落在这个邻域之外，并且可以发现数列$\{x_n\}$随着$n$的增大而聚集在点$a$的近旁(见图 2-6).

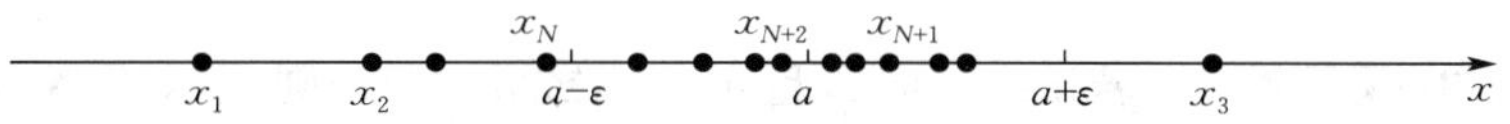


**图 2-6**

**例 2-5**　用极限的定义证明$\lim\limits_{n\to\infty}\frac{n}{n+3}=1$.

**证**　$\forall\varepsilon>0$，要使

$$\left|\frac{n}{n+3}-1\right|=\frac{3}{n+3}<\varepsilon,$$

只需

$$n>\frac{3}{\varepsilon}-3.$$

因此$N$可以取大于$\frac{3}{\varepsilon}-3$的任意正整数，不妨取$N=\left[\frac{3}{\varepsilon}-3\right]+1$，这样就保证了$N>\frac{3}{\varepsilon}-3$，则当$n>N>\frac{3}{\varepsilon}-3$时，恒有

$$\left|\frac{n}{n+3}-1\right|=\frac{3}{n+3}<\frac{3}{N+3}<\frac{3}{\frac{3}{\varepsilon}-3+3}=\varepsilon,$$

即
$$\lim_{n\to\infty}\frac{n}{n+3}=1.$$

上述证明过程并未给出求极限的方法，只是利用极限的定义论证了数列$\{x_n\}$的极限为$a$，此方法常称为“$N$-$\varepsilon$”论证法.

**例 2-6** 设 $x_n>0$,且$\lim\limits_{n\to\infty}x_n=a>0$,证明$\lim\limits_{n\to\infty}\sqrt{x_n}=\sqrt{a}$.

**证** 由条件$\lim\limits_{n\to\infty}x_n=a$,按极限的定义可知,$\forall\varepsilon_1>0,\exists N\in\mathbf{N}_+$,当$n>N$时,恒有

$$|x_n-a|<\varepsilon_1,$$

这时

$$|\sqrt{x_n}-\sqrt{a}|=\frac{|x_n-a|}{\sqrt{x_n}+\sqrt{a}}<\frac{|x_n-a|}{\sqrt{a}}<\frac{\varepsilon_1}{\sqrt{a}}=\varepsilon,$$

即$\lim\limits_{n\to\infty}\sqrt{x_n}=\sqrt{a}$.

**注**:有时找 $N$ 比较困难,这时可把$|x_n-a|$适当地变形、放大(不可缩小),若放大后小于$\varepsilon$,那么必有$|x_n-a|<\varepsilon$.

### (三) 收敛数列的性质

**定理 2-6(唯一性)　若数列$\{x_n\}$收敛,则其极限必唯一.**

**定理 2-7(有界性)　若数列$\{x_n\}$收敛,则其必有界.**

**注**:定理 2-7 的逆否命题是成立的,即无界数列一定发散;定理 2-7 的逆命题未必成立,如数列$\left\{\sin\frac{(n+1)\pi}{2}\right\}$有界,但并不收敛.

**定理 2-8(保号性)　若$\lim\limits_{n\to\infty}x_n=a$,且$a>0$(或$a<0$),则$\exists N\in\mathbf{N}_+$,当$n>N$时,恒有$x_n>0$(或$x_n<0$).**

利用数列极限的定义,可以证明上述性质,请读者自己完成.

利用定理 2-8 和反证法,易得以下推论.

**推论 2-2**　若$\lim\limits_{n\to\infty}x_n=a$,且$\exists N\in\mathbf{N}_+$,当$n>N$时,恒有$x_n\geqslant0$(或$x_n\leqslant0$),则$a\geqslant0$(或$a\leqslant0$).

## 五、无穷小量与无穷大量

下面介绍两类特殊且重要的变量:无穷小量与无穷大量.

### (一) 无穷小量

**定义 2-5**　若$\lim\limits_{x\to x_0}f(x)=0$[或$\lim\limits_{x\to\infty}f(x)=0$],则称函数$f(x)$为$x\to x_0$(或$x\to\infty$)时的**无穷小量**(infinitesimal),简称**无穷小**.

根据函数极限的“$\delta$-$\varepsilon$”(或“$X$-$\varepsilon$”)语言,可以给出无穷小量的定义如下:

$\forall\varepsilon>0,\exists\delta>0$(或$X>0$),当$0<|x-x_0|<\delta$(或$|x|>X$)时,恒有$|f(x)|<\varepsilon$.

例如:

(1) 因为$\lim\limits_{x\to2}(2-x)^3=0$,所以函数$f(x)=(2-x)^3$为$x\to2$时的无穷小量;

(2) 因为$\lim\limits_{x\to\infty}\frac{1}{10+x}=0$,所以函数$f(x)=\frac{1}{10+x}$为$x\to\infty$时的无穷小量;

(3) 因为$\lim\limits_{x\to-\infty}e^x=0$,所以函数$f(x)=e^x$为$x\to-\infty$时的无穷小量;

(4) 因为$\lim\limits_{n\to\infty}\frac{(-1)^n}{1+n}=0$,所以数列$\left\{\frac{(-1)^n}{1+n}\right\}$为$n\to\infty$时的无穷小量.

关于无穷小量，有以下几点说明：

(1) 无穷小量是相对于 $x$ 的某个变化过程而言的，例如，上面的举例(2)中，当 $x\to\infty$ 时，$\frac{1}{10+x}$ 是无穷小量，但当 $x\to 1$ 时，$\frac{1}{10+x}$ 不是无穷小量；

(2) 无穷小量是一个变量，可以任意小，不要把无穷小量与很小的数(如千万分之一)混为一谈，但零是可以作为无穷小量的唯一常数.

**定理 2-9** $\lim\limits_{x\to x_0} f(x)=A$ **的充要条件是**

$$f(x)=A+\alpha,$$

**式中，$\alpha$ 为 $x\to x_0$ 时的无穷小量.**

**证 必要性.** 设 $\lim\limits_{x\to x_0} f(x)=A$，则 $\forall\varepsilon>0$，$\exists\delta>0$，当 $0<|x-x_0|<\delta$ 时，恒有

$$|f(x)-A|<\varepsilon,$$

令 $\alpha=f(x)-A$，则 $\alpha$ 是当 $x\to x_0$ 时的无穷小量，且

$$f(x)=A+\alpha.$$

**充分性.** 设 $f(x)=A+\alpha$，其中 $A$ 为常数，$\alpha$ 是当 $x\to x_0$ 时的无穷小量，于是

$$|f(x)-A|=|\alpha|.$$

因为 $\alpha$ 是当 $x\to x_0$ 时的无穷小量，所以 $\forall\varepsilon>0$，$\exists\delta>0$，当 $0<|x-x_0|<\delta$ 时，恒有 $|\alpha|<\varepsilon$，即

$$|f(x)-A|<\varepsilon,$$

从而 $\lim\limits_{x\to x_0} f(x)=A$.

**注**：类似地，可以证明定理 2-9 在 $x\to\infty$ 等情形下也成立.

## (二) 无穷大量

**定义 2-6** 若 $\lim\limits_{x\to x_0} f(x)=\infty$ [或 $\lim\limits_{x\to\infty} f(x)=\infty$]，则称函数 $f(x)$ 为 $x\to x_0$ (或 $x\to\infty$) 时的**无穷大量**(infinity)，简称**无穷大**.

类似地，可以给出无穷大量的定义如下：

$\forall M>0$，$\exists\delta>0$ (或 $X>0$)，当 $0<|x-x_0|<\delta$ (或 $|x|>X$) 时，恒有 $|f(x)|>M$.

**注**：这里的 $M$ 是任意大的正数，而记法"$\lim\limits_{x\to x_0} f(x)=\infty$ [或 $\lim\limits_{x\to\infty} f(x)=\infty$]"只是表示函数的一种形态，实际上，这时函数 $f(x)$ 的极限是不存在的.

如果将上述"$\delta$-$M$"定义中的 $|f(x)|>M$ 换成 $f(x)>M$ [或 $f(x)<-M$]，则称函数 $f(x)$ 为 $x\to x_0$ (或 $x\to\infty$) 时的正无穷大量(或负无穷大量)，记作

$$\lim_{\substack{x\to x_0\\(x\to\infty)}} f(x)=+\infty \left[\text{或} \lim_{\substack{x\to x_0\\(x\to\infty)}} f(x)=-\infty\right].$$

例如，从正切函数 $y=\tan x$ 的图形可以看出：

$$\lim_{x\to\frac{\pi}{2}}\tan x=\infty,\quad \lim_{x\to\frac{\pi}{2}^-}\tan x=+\infty,\quad \lim_{x\to\frac{\pi}{2}^+}\tan x=-\infty.$$

同样要注意，无穷大量($\infty$)不是数，不能与很大的数(如 1 000 万、100 亿等)混为一谈.

**例 2-7** 证明$\lim\limits_{x\to 1}\dfrac{1}{x-1}=\infty$.

**证** $\forall M>0$,要使

$$\left|\frac{1}{x-1}\right|>M,$$

只要

$$|x-1|<\frac{1}{M}.$$

所以,可取$\delta=\dfrac{1}{M}$,当$0<|x-1|<\delta=\dfrac{1}{M}$时,恒有

$$\left|\frac{1}{x-1}\right|>\frac{1}{\delta}=M,$$

即$\lim\limits_{x\to 1}\dfrac{1}{x-1}=\infty$.

**定理 2-10　在自变量的同一变化过程中,无穷大量的倒数为无穷小量;非零无穷小量的倒数为无穷大量.**

利用无穷小量和无穷大量的定义,类似于例 2-7,可以证明定理 2-10,请读者自行完成.

### (三) 无穷小量的性质

根据无穷小量的定义,可得下面的定理.

**定理 2-11　有限个无穷小量的代数和是无穷小量.**

**定理 2-12　有界函数与无穷小量的乘积是无穷小量.**

根据定理 2-12,可得以下推论.

**推论 2-3**　常数与无穷小量的乘积是无穷小量.

**推论 2-4**　有限个无穷小量的乘积是无穷小量.

## 思考与练习 2-1

1. 设函数$y=\dfrac{x^2-1}{x-1}$. 问$\delta$等于多少,可使当$|x-1|<\delta$时,$|y-2|<0.5$?

2. 当$x\to\infty$时,$y=\dfrac{x^2-1}{x^2+3}\to 1$. 问$X$等于多少,可使当$|x|>X$时,$|y-1|<0.01$?

3. 写出下列数列的通项,并观察判断其中收敛数列的极限值:

(1)$1,\dfrac{1}{2},\dfrac{1}{6},\dfrac{1}{24},\dfrac{1}{120},\cdots$;

(2)$3,\dfrac{5}{2},\dfrac{7}{3},\dfrac{9}{4},\dfrac{11}{5},\cdots$;

(3) $-1,\frac{1}{2},-\frac{1}{3},\frac{1}{4},-\frac{1}{5},\cdots$;

(4) $\frac{1}{3},\frac{5}{9},\frac{19}{27},\frac{65}{81},\frac{211}{243},\cdots$.

*4. 用函数极限的定义证明：

(1) $\lim\limits_{x\to\infty}\frac{2x+3}{3x}=\frac{2}{3}$;　　(2) $\lim\limits_{x\to+\infty}\frac{\sin x}{\sqrt{x}}=0$;

(3) $\lim\limits_{x\to2}(3x+4)=10$;　　(4) $\lim\limits_{x\to1}\frac{x^2-1}{x^2-x}=2$;

(5) $\lim\limits_{x\to+\infty}\left(\frac{1}{2}\right)^x=0$;　　(6) $\lim\limits_{x\to a}\cos x=\cos a$.

5. 设函数

$$f(x)=\begin{cases}1-x, & x\leqslant1,\\ 1+x, & x>1,\end{cases}$$

求$\lim\limits_{x\to1}f(x)$.

6. 证明：函数 $f(x)=x\operatorname{sgn}x$ 当 $x\to0$ 时的极限为零.

*7. 根据数列极限的定义证明：

(1) $\lim\limits_{n\to\infty}\frac{3n+1}{4n-1}=\frac{3}{4}$;　　(2) $\lim\limits_{n\to\infty}\frac{1}{\sqrt{n}}=0$;

(3) $\lim\limits_{n\to\infty}\frac{\sqrt{n^2+a^2}}{n}=1$;　　(4) $\lim\limits_{n\to\infty}a^{\frac{1}{n}}=1$.

8. 设数列$\{x_n\}$的通项 $x_n=\frac{1}{n}\sin\frac{n\pi}{2}$. 问$\lim\limits_{n\to\infty}x_n$ 为多少？求出 $N$，使得当 $n>N$ 时，$x_n$ 与其极限之差的绝对值小于正数 $\varepsilon=0.0001$.

9. 设数列$\{x_n\}$有界，又$\lim\limits_{n\to\infty}y_n=0$，证明：$\lim\limits_{n\to\infty}x_ny_n=0$.

10. 证明：当 $|q|<1$ 时，$\lim\limits_{n\to\infty}q^n=0$.

11. 下列各种说法是否正确？为什么？

(1) 无穷小量是最小的常数；

(2) 非常大的数是无穷大量；

(3) 零是无穷小量；

(4) 无穷小量是零；

(5) 两个无穷大量的和一定是无穷大量；

(6) 无穷个无穷小量的和还是无穷小量；

(7) 两个无穷小量的商是无穷小量.

12. 下列各题中，哪些是无穷小量？哪些是无穷大量？

(1) $\frac{x^2-9}{x+3}(x\to3)$;　　(2) $\frac{x+1}{x^2-4}(x\to2)$;

(3) $\frac{1+(-1)^n}{n}(n\to\infty)$;　　(4) $2^{-x}-1(x\to0)$;

(5) $\lg x(x\to0^+)$;　　(6) $\frac{\sin x}{1+\cos x}(x\to0)$.

13. 根据定义证明：

(1) $y=\dfrac{x^2-4}{x+2}$ 为 $x\to 2$ 时的无穷小量；

(2) $y=x\sin\dfrac{1}{x}$ 为 $x\to 0$ 时的无穷小量.

14. 求下列极限：

(1) $\lim\limits_{x\to\infty}\dfrac{3x+2}{x}$；　　(2) $\lim\limits_{x\to 3}\dfrac{9-x^2}{3-x}$；

(3) $\lim\limits_{x\to 0}\dfrac{1}{1-\cos x}$.

*15. 判断 $\lim\limits_{x\to\infty}e^{\frac{1}{x}}$ 是否存在. 若将极限过程改为 $x\to 0$ 呢？

## 第二节　极限运算法则

本节主要建立极限的四则运算法则. 在下面的讨论中，记号“lim”没有标明自变量的变化过程，是指对 $x\to x_0$，$x\to\infty$ 以及单侧极限等情形均成立.

**定理 2-13（极限的四则运算法则）**　设 $\lim f(x)=A$，$\lim g(x)=B$，则

(1) $\lim[f(x)\pm g(x)]=\lim f(x)\pm\lim g(x)=A\pm B$；

(2) $\lim[f(x)\cdot g(x)]=\lim f(x)\cdot\lim g(x)=A\cdot B$；

(3) 如果又有 $B\neq 0$，那么

$$\lim\frac{f(x)}{g(x)}=\frac{\lim f(x)}{\lim g(x)}=\frac{A}{B}.$$

**证**　关于(1)的证明，建议读者作为练习. 下面证明(2).

由条件，根据定理 2-9 的必要性，有

$$f(x)=A+\alpha,\quad g(x)=B+\beta,$$

式中，$\alpha$ 及 $\beta$ 均为无穷小量. 于是

$$f(x)\cdot g(x)=(A+\alpha)(B+\beta)=AB+(A\beta+B\alpha+\alpha\beta).$$

由无穷小量的性质知，$A\beta+B\alpha+\alpha\beta$ 是无穷小量. 再根据定理 2-9 的充分性，$\lim[f(x)\cdot g(x)]=A\cdot B=\lim f(x)\cdot\lim g(x)$ 成立.

**注**：利用四则运算法则计算极限时，每个函数的极限必须存在，并且在商的运算中，还要求分母的极限不为零.

定理 2-13 中的(1)和(2)可推广到有限个函数的情形. 例如，若 $\lim f(x)$，$\lim g(x)$，$\lim h(x)$ 都存在，则有

$$\lim[f(x)-g(x)+h(x)]=\lim f(x)-\lim g(x)+\lim h(x),$$

$$\lim[f(x)\cdot g(x)\cdot h(x)]=\lim f(x)\cdot\lim g(x)\cdot\lim h(x).$$

运用定理 2-13 中的(2)，可以得到如下推论.

**推论 2-5**　若 $\lim f(x)$ 存在，而 $c$ 为常数，则

$$\lim[cf(x)]=c\lim f(x).$$

**推论 2-6**　若 $\lim f(x)$ 存在，而 $n$ 为正整数，则

$$\lim[f(x)]^n = [\lim f(x)]^n.$$

事实上，

$$\begin{aligned}\lim[f(x)]^n &= \lim[f(x)\cdot f(x)\cdot\cdots\cdot f(x)]\\ &= \lim f(x)\cdot\lim f(x)\cdot\cdots\cdot\lim f(x) = [\lim f(x)]^n.\end{aligned}$$

**定理 2-14**　**若** $f(x)\geqslant g(x)$，**且** $\lim f(x) = A$，$\lim g(x) = B$，**则** $A\geqslant B$.

**证**　令 $\varphi(x) = f(x) - g(x)$，则 $\varphi(x)\geqslant 0$，由定理 2-5 的推论 2-1，有 $\lim\varphi(x)\geqslant 0$，另由极限的四则运算法则得

$$\begin{aligned}\lim\varphi(x) &= \lim[f(x) - g(x)]\\ &= \lim f(x) - \lim g(x) = A - B,\end{aligned}$$

故 $A - B\geqslant 0$，即 $A\geqslant B$.

**例 2-8**　求 $\lim\limits_{x\to 2}(x^2 - 5x + 7)$.

**解**

$$\begin{aligned}\lim_{x\to 2}(x^2 - 5x + 7) &= \lim_{x\to 2}x^2 - \lim_{x\to 2}5x + \lim_{x\to 2}7\\ &= (\lim_{x\to 2}x)^2 - 5\lim_{x\to 2}x + \lim_{x\to 2}7\\ &= 2^2 - 5\cdot 2 + 7 = 1.\end{aligned}$$

**例 2-9**　求 $\lim\limits_{x\to 3}\dfrac{3x^2 - 4}{x^3 + x - 6}$.

**解**　因为分母的极限为

$$\begin{aligned}\lim_{x\to 3}(x^3 + x - 6) &= (\lim_{x\to 3}x)^3 + \lim_{x\to 3}x - \lim_{x\to 3}6\\ &= 3^3 + 3 - 6 = 24\neq 0,\end{aligned}$$

所以

$$\lim_{x\to 3}\frac{3x^2 - 4}{x^3 + x - 6} = \frac{\lim\limits_{x\to 3}(3x^2 - 4)}{\lim\limits_{x\to 3}(x^3 + x - 6)} = \frac{3\,(\lim\limits_{x\to 3}x)^2 - \lim\limits_{x\to 3}4}{24} = \frac{23}{24}.$$

**注**：一般地，当 $x\to x_0$ 时，对多项式函数或有理分式函数（分母极限不为零）求极限，只要将函数中的 $x$ 用 $x_0$ 代替即可.

**例 2-10**　求 $\lim\limits_{x\to 1}\dfrac{4x - 9}{x^2 + 2x - 3}$.

**解**　因为分母的极限 $\lim\limits_{x\to 1}(x^2 + 2x - 3) = 0$，所以不能用商的运算法则计算. 但因

$$\lim_{x\to 1}\frac{x^2 + 2x - 3}{4x - 9} = \frac{1^2 + 2\cdot 1 - 3}{4\cdot 1 - 9} = 0,$$

故$\dfrac{x^2+2x-3}{4x-9}$为 $x \to 1$ 时的无穷小量.根据无穷小量与无穷大量的关系,有

$$\lim_{x\to 1}\frac{4x-9}{x^2+2x-3}=\infty.$$

**例 2-11** 求$\lim\limits_{x\to 4}\dfrac{x^2-6x+8}{x^2-5x+4}$.

**解** 当 $x \to 4$ 时,分子和分母的极限都是零.此时,应先约去趋于零但不为零的公因子 $x-4$ 后再求极限.于是

$$\lim_{x\to 4}\frac{x^2-6x+8}{x^2-5x+4}=\lim_{x\to 4}\frac{(x-4)(x-2)}{(x-4)(x-1)}=\lim_{x\to 4}\frac{x-2}{x-1}=\frac{2}{3}.$$

**注**:一般地,对于 $x \to x_0$ 时的$\dfrac{0}{0}$型未定式(将在第四章介绍),都是设法约去其公因子 $x-x_0$ 后再求极限.

**例 2-12** 求$\lim\limits_{x\to\infty}\dfrac{5x^3+2x^2+3}{6x^4-7x^3+8}$.

**解** 当 $x \to \infty$ 时,分子和分母都趋于无穷大.先将分子和分母同时除以 $x^4$,再求极限.于是

$$\lim_{x\to\infty}\frac{5x^3+2x^2+3}{6x^4-7x^3+8}=\lim_{x\to\infty}\frac{\dfrac{5}{x}+\dfrac{2}{x^2}+\dfrac{3}{x^4}}{6-\dfrac{7}{x}+\dfrac{8}{x^4}}=\frac{0}{6}=0.$$

**注**:一般地,对于 $x \to \infty$ 时的$\dfrac{\infty}{\infty}$型未定式,可以先将分子和分母同时除以分母中自变量的最高次幂,然后求极限.

当 $a_0 \neq 0, b_0 \neq 0, m$ 和 $n$ 为非负整数时,一般有

$$\lim_{x\to\infty}\frac{a_0x^m+a_1x^{m-1}+\cdots+a_m}{b_0x^n+b_1x^{n-1}+\cdots+b_n}=\begin{cases}0, & n>m,\\ \dfrac{a_0}{b_0}, & n=m,\\ \infty, & n<m.\end{cases}$$

**例 2-13** 已知静脉注射某药物 $n$ 次后,血药浓度的最高水平 $C_{\max}$ 和最低水平 $C_{\min}$ 分别为

$$C_{\max}=\frac{a(1-r^n)}{1-r},\quad C_{\min}=\frac{ar(1-r^n)}{1-r},$$

其中 $r = e^{-kT}$，$a$，$k$，$T$ 均为正常数.

(1) 计算 $\lim\limits_{n\to\infty} C_{\max}$ 和 $\lim\limits_{n\to\infty} C_{\min}$；

(2) 如果临床要求血药浓度达到稳定状态(即达到极限浓度)时，最高血药浓度和最低血药浓度分别为 $\lambda$ 和 $\mu$，问 $a$ 和 $T$ 应取什么值？

**解** (1) 因为 $k$，$T$ 均为正常数，$0 < r = e^{-kT} < 1$，所以 $\lim\limits_{n\to\infty} r^n = 0$，于是

$$\lim_{n\to\infty} C_{\max} = \frac{a(1-\lim\limits_{n\to\infty} r^n)}{1-r} = \frac{a}{1-r}, \quad \lim_{n\to\infty} C_{\min} = \frac{ar(1-\lim\limits_{n\to\infty} r^n)}{1-r} = \frac{ar}{1-r}.$$

(2) 由题意及(1) 的计算知，

$$\frac{a}{1-r} = \lambda, \quad \frac{ar}{1-r} = \mu,$$

解得

$$r = \frac{\mu}{\lambda}, \quad a = \lambda - \mu.$$

因为 $r = e^{-kT} = \dfrac{\mu}{\lambda}$，解得 $T = \dfrac{1}{k}(\ln \lambda - \ln \mu)$.

**例 2-14** 求 $\lim\limits_{x\to 1}\left(\dfrac{1}{x-1} - \dfrac{3}{x^3-1}\right)$.

**解** 当 $x \to 1$ 时，$\dfrac{1}{x-1}$ 和 $\dfrac{3}{x^3-1}$ 都是无穷大量，不能运用极限的差的运算法则，事实上

$$\begin{aligned}\lim_{x\to 1}\left(\frac{1}{x-1} - \frac{3}{x^3-1}\right) &= \lim_{x\to 1}\frac{x^2+x-2}{x^3-1} \\ &= \lim_{x\to 1}\frac{(x-1)(x+2)}{(x-1)(x^2+x+1)} \\ &= \lim_{x\to 1}\frac{x+2}{x^2+x+1} = 1.\end{aligned}$$

**注**：对于 $\infty - \infty$ 型未定式，一般是将式子通过通分、有理化等方法变形为 $\dfrac{0}{0}$ 型或 $\dfrac{\infty}{\infty}$ 型未定式后再求解.

## 思考与练习 2-2

1. 计算下列极限：

(1) $\lim\limits_{x\to 2}\dfrac{3x-5}{4x^2-x+1}$； (2) $\lim\limits_{x\to\infty}\dfrac{x^2+6}{4x^2-3x+1}$；

(3) $\lim\limits_{x\to 2}\dfrac{2+x}{2-x}$； (4) $\lim\limits_{x\to 1}\dfrac{x^2-1}{x^2-5x+4}$；

(5) $\lim\limits_{h\to 0}\dfrac{(x+h)^3-x^3}{h}$； (6) $\lim\limits_{x\to\infty}\left(6+\dfrac{3}{x}-\dfrac{1}{x^2}\right)$；

(7) $\lim\limits_{x\to 1}\dfrac{x^3-1}{x^2-1}$；　　(8) $\lim\limits_{x\to 9}\dfrac{x-2\sqrt{x}-3}{x-9}$；

(9) $\lim\limits_{x\to 1}\left(\dfrac{2}{1-x^2}-\dfrac{1}{1-x}\right)$；　　(10) $\lim\limits_{x\to +\infty}(\sqrt{x+1}-\sqrt{x})$；

(11) $\lim\limits_{n\to\infty}\dfrac{2n+1}{\sqrt{n^2+n}}$；　　(12) $\lim\limits_{n\to\infty}\dfrac{1+2+3+\cdots+(n-2)}{n^2}$；

(13) $\lim\limits_{n\to\infty}\left(1+\dfrac{1}{n}\right)\left(3-\dfrac{1}{n^2}\right)$；　　(14) $\lim\limits_{x\to +\infty}x(\sqrt{1+x^2}-x)$.

2. 计算下列极限：

(1) $\lim\limits_{x\to\infty}\dfrac{x^2\cdot\sin x}{1+x^3}$；　　(2) $\lim\limits_{x\to\infty}\dfrac{\arctan x}{x}$；

(3) $\lim\limits_{n\to\infty}\left(1+\dfrac{1}{3}+\dfrac{1}{3^2}+\cdots+\dfrac{1}{3^n}\right)$；

(4) $\lim\limits_{n\to\infty}\left[\dfrac{1}{1\cdot 2}+\dfrac{1}{2\cdot 3}+\cdots+\dfrac{1}{n(n+1)}\right]$.

3. 设函数

$$f(x)=\begin{cases}3x+2, & x\leqslant 0,\\ x^2+1, & 0<x\leqslant 1,\\ \dfrac{2}{x}, & x>1.\end{cases}$$

分别讨论 $x\to 0$ 及 $x\to 1$ 时 $f(x)$ 的极限是否存在,并求 $\lim\limits_{x\to -\infty}f(x)$ 及 $\lim\limits_{x\to +\infty}f(x)$.

4. 若 $\lim\limits_{x\to 3}\dfrac{x^2-2x+k}{x-3}=4$,求 $k$ 的值.

5. 若 $\lim\limits_{x\to 2}\dfrac{x^3+ax+b}{x^2-4}=4$,求 $a,b$ 的值.

## 第三节　极限存在准则　两个重要极限

本节主要介绍判定极限存在的两个准则,并应用这两个准则,讨论两个重要极限:$\lim\limits_{x\to 0}\dfrac{\sin x}{x}=1$ 及 $\lim\limits_{x\to\infty}\left(1+\dfrac{1}{x}\right)^x=\mathrm{e}$. 这两个极限以后经常要用到.

### 一、极限存在准则

**准则 Ⅰ(夹逼准则)**　设在点 $x_0$ 的某一去心邻域 $\mathring{U}(x_0)$ 内,有

(1) $g(x)\leqslant f(x)\leqslant h(x)$；

(2) $\lim\limits_{x\to x_0}g(x)=\lim\limits_{x\to x_0}h(x)=A$,

则 $\lim\limits_{x\to x_0}f(x)$ 存在,且 $\lim\limits_{x\to x_0}f(x)=A$.

**证**　因为 $\lim\limits_{x\to x_0}g(x)=\lim\limits_{x\to x_0}h(x)=A$,则 $\forall\varepsilon>0$,$\exists\delta_1,\delta_2>0$,使得

当 $0<|x-x_0|<\delta_1$ 时，有 $|g(x)-A|<\varepsilon$，即

$$A-\varepsilon<g(x)<A+\varepsilon;$$

当 $0<|x-x_0|<\delta_2$ 时，有 $|h(x)-A|<\varepsilon$，即

$$A-\varepsilon<h(x)<A+\varepsilon.$$

可取 $\delta=\min\{\delta_1,\delta_2\}$，于是当 $0<|x-x_0|<\delta$ 时，同时有

$$A-\varepsilon<g(x)<A+\varepsilon,\quad A-\varepsilon<h(x)<A+\varepsilon,$$

从而 $A-\varepsilon<g(x)\leqslant f(x)\leqslant h(x)<A+\varepsilon$，即

$$|f(x)-A|<\varepsilon,$$

由极限的定义可知 $\lim\limits_{x\to x_0}f(x)=A$.

**注**：数列的极限、其他如 $x\to\infty$ 等自变量变化形式下的极限，也有类似于准则 Ⅰ 的结论.

**例 2-15**　求 $\lim\limits_{n\to\infty}\left(\dfrac{1}{\sqrt{n^2+1}}+\dfrac{1}{\sqrt{n^2+2}}+\cdots+\dfrac{1}{\sqrt{n^2+n}}\right)$.

**解**　设 $x_n=\dfrac{1}{\sqrt{n^2+1}}+\dfrac{1}{\sqrt{n^2+2}}+\cdots+\dfrac{1}{\sqrt{n^2+n}}$，则有

$$\frac{n}{\sqrt{n^2+n}}\leqslant x_n\leqslant\frac{n}{\sqrt{n^2+1}}.$$

而

$$\lim_{n\to\infty}\frac{n}{\sqrt{n^2+n}}=\lim_{n\to\infty}\frac{1}{\sqrt{1+\frac{1}{n}}}=1,$$

$$\lim_{n\to\infty}\frac{n}{\sqrt{n^2+1}}=\lim_{n\to\infty}\frac{1}{\sqrt{1+\frac{1}{n^2}}}=1.$$

由数列形式的夹逼准则，有

$$\lim_{n\to\infty}\left(\frac{1}{\sqrt{n^2+1}}+\frac{1}{\sqrt{n^2+2}}+\cdots+\frac{1}{\sqrt{n^2+n}}\right)=1.$$

**例 2-16**　求 $\lim\limits_{x\to0}\cos x$.

**解**　因 $0\leqslant1-\cos x=2\sin^2\dfrac{x}{2}\leqslant2\cdot\left(\dfrac{x}{2}\right)^2=\dfrac{x^2}{2}$，且 $\lim\limits_{x\to0}\dfrac{x^2}{2}=0$，故由夹逼准则得

$$\lim_{x\to0}(1-\cos x)=0,$$

即 $\lim\limits_{x\to0}\cos x=1$.

**准则 Ⅱ**　单调有界数列必有极限.

由定理 2-7 可知，收敛的数列一定有界，但有界的数列不一定收敛. 准则 Ⅱ 表明，如果一个数列不仅有界，而且单调，则该数列一定收敛.

对准则 Ⅱ 不进行证明，仅给出如下几何解释：

从数轴上看(见图 2-7),单调增加数列$\{x_n\}$的点只可能向右边移动,而数列$\{x_n\}$有上界 $M$,因此单调有界数列$\{x_n\}$只能无限趋于某一定数 $A$,说明此数列有极限.

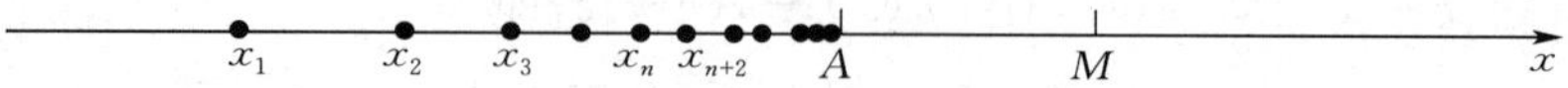


图 2-7

## 二、两个重要极限

**重要极限 Ⅰ** 作为准则 Ⅰ 的应用,下面证明第一个重要极限:

$$\lim_{x\to 0}\frac{\sin x}{x}=1.$$

**证** 由于$\frac{\sin x}{x}$是偶函数,故只需讨论 $x\to 0^+$ 的情形,不妨考虑 $0<x<\frac{\pi}{2}$.

作单位圆(见图 2-8),设圆心角 $\angle AOB=x$,由于

$$\triangle OAB \text{ 的面积} < \text{扇形 } OAB \text{ 的面积} < \mathrm{Rt}\triangle OAD \text{ 的面积},$$

所以$\frac{1}{2}\sin x<\frac{1}{2}x<\frac{1}{2}\tan x$,即

$$\sin x<x<\tan x,\quad x\in\left(0,\frac{\pi}{2}\right),$$

整理得

$$\cos x<\frac{\sin x}{x}<1,\quad x\in\left(0,\frac{\pi}{2}\right).$$

而$\lim\limits_{x\to 0^+}\cos x=1$,$\lim\limits_{x\to 0^+}1=1$,由夹逼准则得

$$\lim_{x\to 0}\frac{\sin x}{x}=\lim_{x\to 0^+}\frac{\sin x}{x}=1.$$

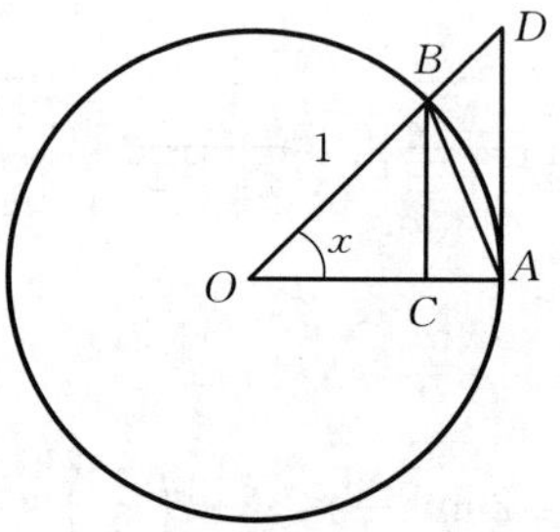


图 2-8

**例 2-17** 求$\lim\limits_{x\to 0}\frac{\sin 5x}{x}$.

**解** 
$$\lim_{x\to 0}\frac{\sin 5x}{x}=\lim_{x\to 0}\left(\frac{\sin 5x}{5x}\cdot 5\right)$$
$$=5\cdot\lim_{x\to 0}\frac{\sin 5x}{5x}=5\cdot 1=5.$$

**例 2-18**　求$\lim\limits_{x\to 0}\dfrac{1-\cos x}{x^2}$.

**解**　$$\lim_{x\to 0}\frac{1-\cos x}{x^2}=\lim_{x\to 0}\frac{2\sin^2\frac{x}{2}}{x^2}=\frac{1}{2}\cdot\lim_{x\to 0}\frac{\sin^2\frac{x}{2}}{\left(\frac{x}{2}\right)^2}$$

$$=\frac{1}{2}\cdot\lim_{x\to 0}\left(\frac{\sin\frac{x}{2}}{\frac{x}{2}}\right)^2=\frac{1}{2}\cdot 1^2=\frac{1}{2}.$$

**例 2-19**　求$\lim\limits_{x\to+\infty}x\sin\dfrac{1}{x}$.

**解**　令$t=\dfrac{1}{x}$,则当$x\to+\infty$时,有$t\to 0$.于是

$$\lim_{x\to+\infty}x\sin\frac{1}{x}=\lim_{x\to+\infty}\left(\frac{\sin\frac{1}{x}}{\frac{1}{x}}\right)$$

$$=\lim_{t\to 0}\frac{\sin t}{t}=1.$$

**注**:重要极限 Ⅰ 为$\dfrac{0}{0}$型未定式,可表示为

$$\lim_{\square\to 0}\frac{\sin\square}{\square}=1,$$

式中,方框□中的变量要相同,且$\square\to 0$.

**重要极限 Ⅱ**　作为准则 Ⅱ 的应用,下面讨论第二个重要极限:

$$\lim_{x\to\infty}\left(1+\frac{1}{x}\right)^x=\mathrm{e}.$$

对这个极限不进行证明,只通过表格直观地观察函数$\left(1+\dfrac{1}{x}\right)^x$在$x$逐渐增大时的变化趋势(见表 2-2).

**表 2-2**

| $x$ | 1 | 2 | 3 | 10 | 100 | 1 000 | 10 000 | 100 000 | … |
|---|---|---|---|---|---|---|---|---|---|
| $\left(1+\frac{1}{x}\right)^x$ | 2 | 2.25 | 2.370 4 | 2.593 7 | 2.704 8 | 2.716 9 | 2.718 1 | 2.718 2 | … |

从表 2-2 中可以看出,随着自变量$x$逐渐增大,函数$\left(1+\dfrac{1}{x}\right)^x$的值也逐渐增大,但增大的速度越来越慢,且逐渐与一个常数无限接近,这个常数就是无理数 e,即

$$\lim_{x\to\infty}\left(1+\frac{1}{x}\right)^x=\mathrm{e}.$$

可以利用准则 Ⅱ 证明这个极限成立.

无理数 e 是数学中一个重要的常数,其值为

$$\mathrm{e}=2.718\ 281\ 828\ 459\ 045\cdots.$$

指数函数 $y=\mathrm{e}^x$ 和自然对数函数 $y=\ln x$ 中的底数 e 就是这个常数.

**注**:重要极限 Ⅱ 为 $1^\infty$ 型未定式,可表示为

$$\lim_{\square\to\infty}\left(1+\frac{1}{\square}\right)^{\square}=\mathrm{e},$$

式中,方框 □ 中的变量要相同,且 $\square\to\infty$.

若令 $u=\dfrac{1}{x}$,可得重要极限 Ⅱ 的另一个形式:

$$\lim_{u\to 0}(1+u)^{\frac{1}{u}}=\mathrm{e}.$$

**例 2-20** 求 $\lim\limits_{x\to\infty}\left(1-\dfrac{2}{x}\right)^x$.

**解**

$$\lim_{x\to\infty}\left(1-\frac{2}{x}\right)^x=\lim_{x\to\infty}\left[\left(1-\frac{2}{x}\right)^{\frac{x}{-2}}\right]^{-2}=\left[\lim_{x\to\infty}\left(1+\frac{-2}{x}\right)^{\frac{x}{-2}}\right]^{-2}=\mathrm{e}^{-2}.$$

**注**:这里用到了连续函数的一个性质,即当函数 $f(x)$ 连续时,函数符号 $f$ 与极限符号 $\lim\limits_{\substack{x\to x_0\\(x\to\infty)}}$ 可以交换次序,见第四节定理 2-18.这里 $f(u)=u^{-2}$ 是连续函数.

**例 2-21** 求 $\lim\limits_{x\to 0}(1+5\sin x)^{\frac{2}{\sin x}}$.

**解**

$$\lim_{x\to 0}(1+5\sin x)^{\frac{2}{\sin x}}=\lim_{x\to 0}\left[(1+5\sin x)^{\frac{1}{5\sin x}}\right]^{5\cdot 2}=\left[\lim_{x\to 0}(1+5\sin x)^{\frac{1}{5\sin x}}\right]^{10}=\mathrm{e}^{10}.$$

**例 2-22** 求 $\lim\limits_{x\to\infty}\left(\dfrac{x-1}{x+1}\right)^x$.

**解**

$$\lim_{x\to\infty}\left(\frac{x-1}{x+1}\right)^x=\lim_{x\to\infty}\left(1-\frac{2}{x+1}\right)^{x+1}\left(\frac{x-1}{x+1}\right)^{-1}$$

$$=\lim_{x\to\infty}\left[\left(1+\frac{1}{\frac{x+1}{-2}}\right)^{\frac{x+1}{-2}}\right]^{-2}\cdot\lim_{x\to\infty}\left(\frac{x-1}{x+1}\right)^{-1}$$

$$=\left[\lim_{x\to\infty}\left(1+\frac{-2}{x+1}\right)^{\frac{x+1}{-2}}\right]^{-2}\cdot 1=\mathrm{e}^{-2}.$$

**例 2-23**　（**细胞分裂问题**）设某细胞的初始数量为 $C_0$，增长率为 $r$，则一个生长期后该细胞的数量为 $C_1 = C_0(1+r)$. 如果在一个生长期中该细胞有 $n$ 个分裂期，则该细胞每个分裂期的增长率为 $\frac{r}{n}$，一个生长期后该细胞的数量为 $C_n = C_0\left(1+\frac{r}{n}\right)^n$. 于是 $t$ 个生长期后该细胞共分裂 $nt$ 次，其数量总和为

$$C_n(t) = C_0\left(1+\frac{r}{n}\right)^{nt}.$$

令 $n \to \infty$，即该细胞分裂的时间间隔无限变小时，$t$ 个生长期后该细胞的数量总和为

$$C(t) = \lim_{n\to\infty} C_n(t) = \lim_{n\to\infty} C_0\left(1+\frac{r}{n}\right)^{nt} = C_0 \mathrm{e}^{rt}.$$

即在问题的假设下，该细胞的数量是呈指数增长的，式中的 $t$ 可视为连续变量.

在研究放射性元素的衰变、人口自然增长、连续复利、树木的生长等许多实际问题时都会遇到类似于细胞分裂问题的数学模型，因此该数学模型有很重要的实际意义.

## 三、无穷小量的比较

由定理 2-10 知，无穷大量的倒数是无穷小量，因此这里只讨论无穷小量的比较，无穷大量可以化为无穷小量来讨论. 无穷小量是以零为极限的变量，但不同的无穷小量趋于零的“快慢”程度不一定相同，例如，当 $x\to 0$ 时，$x, x^3, \sin x$ 都是无穷小量，而

$$\lim_{x\to 0}\frac{x^3}{x} = 0,\quad \lim_{x\to 0}\frac{x}{x^3} = \infty,\quad \lim_{x\to 0}\frac{\sin x}{x} = 1.$$

从中可以看出各无穷小量趋于零的“快慢”程度：$x^3$ 比 $x$“快些”，$x$ 比 $x^3$“慢些”，$\sin x$ 与 $x$“大致相同”. 即无穷小量之比的极限不同，反映了各无穷小量趋于零的“快慢”程度不同.

**定义 2-7**　设在自变量的同一变化过程中 $\alpha, \beta$ 是两个无穷小量，且 $\alpha \neq 0$.

(1) 若 $\lim \frac{\beta}{\alpha} = 0$，则称 $\beta$ 是比 $\alpha$ **高阶的无穷小量**，记作 $\beta = o(\alpha)$；

(2) 若 $\lim \frac{\beta}{\alpha} = \infty$，则称 $\beta$ 是比 $\alpha$ **低阶的无穷小量**，或者 $\alpha$ 是比 $\beta$ **高阶的无穷小量**，记作 $\alpha = o(\beta)$；

(3) 若 $\lim \frac{\beta}{\alpha} = c \neq 0$，则称 $\beta$ 与 $\alpha$ 是**同阶无穷小量**，记作 $\beta = O(\alpha)$；

特别地，当 $c = 1$，即 $\lim \frac{\beta}{\alpha} = 1$ 时，称 $\beta$ 与 $\alpha$ 是**等价无穷小量**，记作 $\alpha \sim \beta$.

例如，在 $x\to 0$ 时，$x^3$ 是比 $x$ 高阶的无穷小量，$x$ 是比 $x^3$ 低阶的无穷小量，而 $\sin x$ 与 $x$ 是等价无穷小量.

**例 2-24** 当 $x \to 0$ 时,比较下列各对无穷小量:

(1) $2x^2$ 与 $x - x^3 \tan x$; (2) $1 - \cos x$ 与 $x^2$;

(3) $\sin x - x^2$ 与 $x^2 - x^3$; (4) $\sin 2x$ 与 $2x$.

**解** (1) 因为

$$\lim_{x \to 0} \frac{2x^2}{x - x^3 \tan x} = \lim_{x \to 0} \frac{2x}{1 - x^2 \tan x} = 0,$$

所以当 $x \to 0$ 时,$2x^2$ 是比 $x - x^3 \tan x$ 高阶的无穷小量,即 $2x^2 = o(x - x^3 \tan x)$.

(2) 因为

$$\lim_{x \to 0} \frac{1 - \cos x}{x^2} = \frac{1}{2},$$

所以当 $x \to 0$ 时,$1 - \cos x$ 与 $x^2$ 是同阶无穷小量,即 $1 - \cos x = O(x^2)$.

(3) 因为

$$\lim_{x \to 0} \frac{\sin x - x^2}{x^2 - x^3} = \lim_{x \to 0} \frac{1}{x} \left( \frac{\frac{\sin x}{x} - x}{1 - x} \right) = \infty,$$

所以当 $x \to 0$ 时,$\sin x - x^2$ 是比 $x^2 - x^3$ 低阶的无穷小量.

(4) 因为

$$\lim_{x \to 0} \frac{\sin 2x}{2x} = 1,$$

所以当 $x \to 0$ 时,$\sin 2x$ 与 $2x$ 是等价无穷小量,即 $\sin 2x \sim 2x$.

关于等价无穷小量,有如下定理.

**定理 2-15(等价无穷小量代换定理)** **设在自变量的同一变化过程中,$\alpha, \alpha', \beta, \beta'$ 都是无穷小量,且 $\alpha \sim \alpha', \beta \sim \beta'$. 如果 $\lim \frac{\alpha'}{\beta'} = A$,那么**

$$\lim \frac{\alpha}{\beta} = \lim \frac{\alpha'}{\beta'} = A.$$

**证** 由题设 $\lim \frac{\alpha'}{\beta'} = A$,可得

$$\lim \frac{\alpha}{\beta} = \lim \left( \frac{\alpha}{\alpha'} \cdot \frac{\alpha'}{\beta'} \cdot \frac{\beta'}{\beta} \right) = \lim \frac{\alpha}{\alpha'} \cdot \lim \frac{\alpha'}{\beta'} \cdot \lim \frac{\beta'}{\beta}$$

$$= 1 \cdot \lim \frac{\alpha'}{\beta'} \cdot 1 = \lim \frac{\alpha'}{\beta'} = A.$$

在极限计算中,常常用到等价无穷小量代换,它可以使计算变得简单. 依据等价无穷小量的定义,可以证明,当 $x \to 0$ 时,有下列常用的等价无穷小量关系:

$\sin x \sim x, \tan x \sim x, \arcsin x \sim x, \arctan x \sim x, 1 - \cos x \sim \frac{x^2}{2}, \ln(1 + x) \sim x, e^x - 1 \sim x, a^x - 1 \sim x \ln a (a > 0), (1 + x)^k - 1 \sim kx$($k \neq 0$ 且为常数).

**例 2-25**　证明：当 $x \to 0$ 时，$e^x - 1 \sim x$.

**证**　令 $e^x - 1 = y$，则 $x = \ln(1+y)$，且当 $x \to 0$ 时，$y \to 0$，于是

$$\lim_{x\to 0}\frac{e^x-1}{x} = \lim_{y\to 0}\frac{y}{\ln(1+y)}$$

$$= \lim_{y\to 0}\frac{1}{\ln(1+y)^{\frac{1}{y}}} = \frac{1}{\ln e} = 1,$$

因此当 $x \to 0$ 时，$e^x - 1 \sim x$.

**注**：这里用到了 $\lim\limits_{x\to 0} e^x = 1$，利用思考与练习 2-1 第 7 题(4) 可以得到.

上述证明过程也表明了等价关系 $\ln(1+x) \sim x(x \to 0)$ 成立.

**例 2-26**　证明：当 $x \to 0$ 时，$(1+x)^k - 1 \sim kx$($k \neq 0$ 且为常数).

**证**　令 $(1+x)^k - 1 = y$，则当 $x \to 0$ 时，$y \to 0$，于是

$$\lim_{x\to 0}\frac{(1+x)^k-1}{kx} = \lim_{x\to 0}\left[\frac{(1+x)^k-1}{\ln(1+x)^k}\cdot\frac{\ln(1+x)^k}{kx}\right] = \lim_{y\to 0}\frac{y}{\ln(1+y)}\cdot\lim_{x\to 0}\frac{k\ln(1+x)}{kx}$$

$$= \lim_{y\to 0}\frac{1}{\ln(1+y)^{\frac{1}{y}}}\cdot\lim_{x\to 0}\ln(1+x)^{\frac{1}{x}} = \frac{1}{\ln e}\cdot\ln e = 1,$$

因此当 $x \to 0$ 时，$(1+x)^k - 1 \sim kx$($k \neq 0$ 且为常数).

**例 2-27**　求 $\lim\limits_{x\to 0}\dfrac{1-\cos x}{\sin 3x\cdot\tan 2x}$.

**解**　当 $x \to 0$ 时，$1-\cos x \sim \dfrac{x^2}{2}$，$\sin 3x \sim 3x$，$\tan 2x \sim 2x$，所以

$$\lim_{x\to 0}\frac{1-\cos x}{\sin 3x\cdot\tan 2x} = \lim_{x\to 0}\frac{\frac{x^2}{2}}{3x\cdot 2x} = \frac{1}{12}.$$

**例 2-28**　求 $\lim\limits_{x\to 0}\dfrac{\tan x-\sin x}{x\sin^2 x}$.

**解**　当 $x \to 0$ 时，$\tan x \sim x$，$1-\cos x \sim \dfrac{x^2}{2}$，所以 $\tan x - \sin x = \tan x(1-\cos x) \sim \dfrac{x^3}{2}$，于是

$$\lim_{x\to 0}\frac{\tan x-\sin x}{x\sin^2 x} = \lim_{x\to 0}\frac{\frac{x^3}{2}}{x^3} = \frac{1}{2}.$$

**注**：等价无穷小量代换只能用于无穷小量商、积的情况，不能用于无穷小量和、差的情况. 对于例 2-28，下面的做法就是错误的：

当 $x \to 0$ 时，$\sin x \sim x$，$\tan x \sim x$，所以 $\lim\limits_{x\to 0}\dfrac{\tan x-\sin x}{x\sin^2 x} = \lim\limits_{x\to 0}\dfrac{x-x}{x^3} = 0$.

## 思考与练习 2-3

1. 计算下列极限:

(1) $\lim\limits_{x\to 0}\dfrac{\tan x}{x}$;

(2) $\lim\limits_{x\to 0}\dfrac{\sin 3x}{\sin 4x}$;

(3) $\lim\limits_{x\to 0}\dfrac{x-\sin 2x}{x+\sin 2x}$;

(4) $\lim\limits_{x\to 0}x\cot kx\,(k\neq 0)$;

(5) $\lim\limits_{x\to 0}\dfrac{\tan x-\sin x}{x^3}$;

(6) $\lim\limits_{x\to 0}\dfrac{1-\cos 2x}{x\sin x}$;

(7) $\lim\limits_{x\to 0^+}\dfrac{x}{\sqrt{1-\cos x}}$;

(8) $\lim\limits_{x\to 0}\dfrac{2\arcsin x}{3x}$.

2. 计算下列极限:

(1) $\lim\limits_{x\to\infty}\left(1-\dfrac{1}{x}\right)^{kx}(k\in \mathbf{N}_+)$;

(2) $\lim\limits_{x\to 0}\sqrt[x]{1-2x}$;

(3) $\lim\limits_{x\to\infty}\left(1+\dfrac{2}{x}\right)^{3x+5}$;

(4) $\lim\limits_{x\to\infty}\left(1+\dfrac{1}{x+1}\right)^{x}$;

(5) $\lim\limits_{x\to 0}\left(1+\dfrac{x}{3}\right)^{\frac{1}{x}}$;

(6) $\lim\limits_{x\to\infty}\left(\dfrac{x}{x-1}\right)^{3x-3}$.

3. 已知$\lim\limits_{x\to\infty}\left(\dfrac{x+c}{x-c}\right)^{x}=3$,求 $c$ 的值.

4. 利用极限存在准则证明:

(1) $\lim\limits_{n\to\infty}n\left(\dfrac{1}{n^2+\pi}+\dfrac{1}{n^2+2\pi}+\cdots+\dfrac{1}{n^2+n\pi}\right)=1$;

(2) $\lim\limits_{x\to 0^+}x\left[\dfrac{1}{x}\right]=1$,式中$[x]$为 $x$ 的整数部分;

(3) 数列$\sqrt{3}$,$\sqrt{3+\sqrt{3}}$,$\sqrt{3+\sqrt{3+\sqrt{3}}}$,… 的极限存在.

5. 比较下列各对无穷小量:

(1) $x\sin x$ 与 $2x^3(x\to 0)$;

(2) $\dfrac{1}{2}(1-x^2)$ 与 $1-x(x\to 1)$;

(3) $\sqrt{1+\dfrac{x}{2}}-\sqrt{1+\dfrac{x}{4}}$ 与 $\dfrac{x}{3}(x\to 0)$;

(4) $\dfrac{1}{x^2}$ 与 $\sqrt{x^2+1}-x(x\to\infty)$.

6. 利用等价无穷小量代换定理求下列极限:

(1) $\lim\limits_{x\to 0}\dfrac{\sin 2x}{\sin\dfrac{x}{3}}$;

(2) $\lim\limits_{x\to 0}\dfrac{\ln(1+x)}{\sqrt{1+x}-1}$;

(3) $\lim\limits_{x\to 0}\dfrac{e^{3x}-1}{\arctan x}$;

(4) $\lim\limits_{x\to 0}\dfrac{\cos x-1}{\ln(1+x\tan x)}$;

(5) $\lim\limits_{x\to 0}\dfrac{3x^2+4x^3+5x^4}{\sqrt{1+x^2}-1}$;

(6) $\lim\limits_{x\to 0}\dfrac{5^x-1}{\arcsin x}$.

7. 设 $a>0$,$a\neq 1$,证明:$a^x-1\sim x\ln a(x\to 0)$.

8. 证明：$\beta$ 与 $\alpha$ 是等价无穷小量的充要条件是

$$\beta = \alpha + o(\alpha).$$

9. 孩子出生之后，父母拿出 $A_0$ 元作为初始投资，希望到孩子 20 岁生日时增长到 50 000 元，如果该投资的年利率为 6%，且是复利，则初始投资金额应该是多少？

# 第四节　函数的连续性

## 一、函数连续的概念

在现实世界中，很多变量都是连续不断地变化的，如血液的流动、植物的生长、河水的流动、一天内气温的变化等. 它们都有一种特点：当时间间隔很短时，这些量的变化也很小. 这种特点在函数关系上的反映就是**函数的连续性**. 为了更好地理解函数的连续性概念，先看下面两个函数的图形.

函数 $y = x^2$ 与 $y = \begin{cases} x+1, & x>0, \\ 0, & x=0, \\ x-1, & x<0 \end{cases}$ 的图形如图 2-9、图 2-10 所示，函数 $y = x^2$ 的图形连绵不断，而函数 $y = \begin{cases} x+1, & x>0, \\ 0, & x=0, \\ x-1, & x<0 \end{cases}$ 的图形却在原点处断开了. 不难发现，在原点处，当自变量增加的很小时，函数 $y = x^2$ 的值变化也很小，但函数 $y = \begin{cases} x+1, & x>0, \\ 0, & x=0, \\ x-1, & x<0 \end{cases}$ 的值变化却不小. 用这种方法给出函数连续性的定义，为此，首先引入增量的概念.

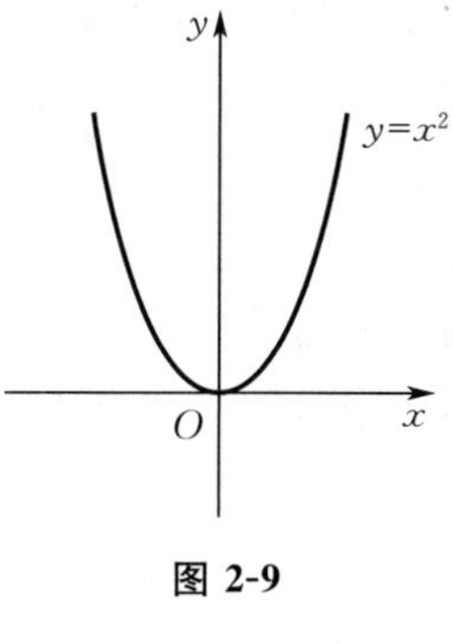


图 2-9

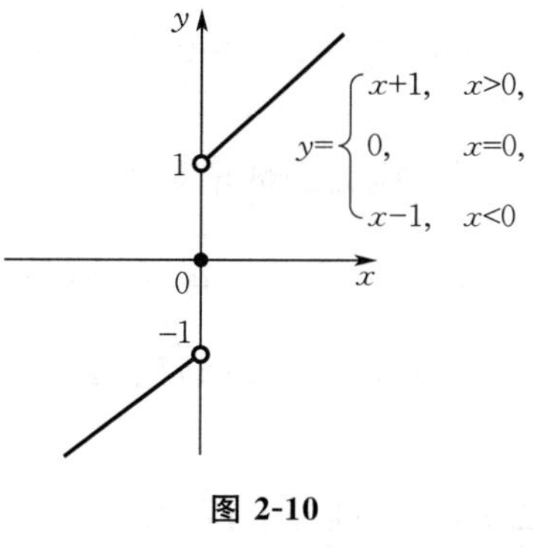


图 2-10

### （一）函数的增量

设函数 $y = f(x)$ 在点 $x_0$ 的某邻域内有定义，自变量 $x$ 在这邻域内从初值 $x_0$ 变到终值 $x = x_0 + \Delta x$，称终值与初值的差 $\Delta x = x - x_0$ 为自变量 $x$ 在点 $x_0$ 处的**增量**(increment)，相应地，函数 $y$ 从 $f(x_0)$ 变到 $f(x_0 + \Delta x)$，称

$$\Delta y = f(x_0 + \Delta x) - f(x_0)$$

为 $y = f(x)$ 对应于 $\Delta x$ 的**函数增量**.

函数增量的几何解释如图 2-11、图 2-12 所示.

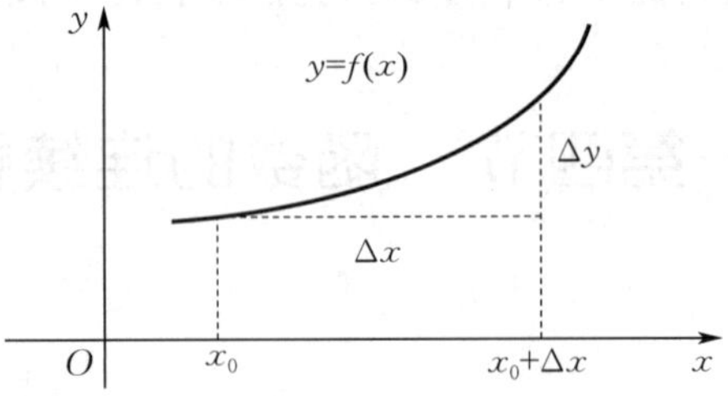


图 2-11

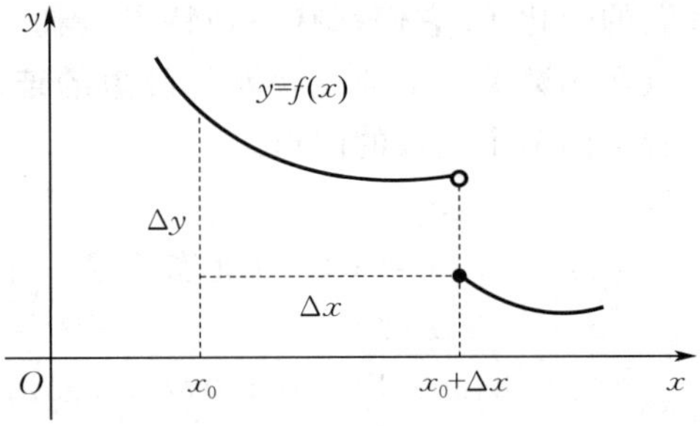


图 2-12

**注**:(1) 自变量的增量 $\Delta x$ 可正,可负,也可为零,函数增量 $\Delta y$ 也是如此.

(2) $\Delta x$,$\Delta y$ 都是整体不可分割的记号.

有了增量的概念,函数值变化多少就可用增量大小表示.

对于函数 $y = x^2$,在 $x_0$ 处,若自变量有增量 $\Delta x$,则对应的函数增量为

$$\Delta y = (x_0 + \Delta x)^2 - x_0^2 = (2x_0 + \Delta x)\Delta x,$$

且当 $\Delta x \to 0$ 时,有 $\Delta y \to 0$. 而函数 $y = \begin{cases} x+1, & x > 0, \\ 0, & x = 0, \\ x-1, & x < 0 \end{cases}$ 在 $x_0 = 0$ 处,若自变量有增量 $\Delta x$,则对应的函数增量为

$$\Delta y = f(x_0 + \Delta x) - f(x_0) = f(\Delta x) = \begin{cases} \Delta x + 1, & \Delta x > 0, \\ \Delta x - 1, & \Delta x < 0, \end{cases}$$

当 $\Delta x \to 0^+$ 时,有 $\Delta y \to 1$;当 $\Delta x \to 0^-$ 时,有 $\Delta y \to -1$. 所以当 $\Delta x \to 0$ 时,$\Delta y$ 不趋于 0.

### (二) 函数连续的定义

**定义 2-8** 设函数 $y = f(x)$ 在点 $x_0$ 的某一邻域内有定义,如果

$$\lim_{\Delta x \to 0} \Delta y = \lim_{\Delta x \to 0} [f(x_0 + \Delta x) - f(x_0)] = 0,$$

那么称函数 $f(x)$ 在点 $x_0$ 处**连续**(continuity),$x_0$ 称为函数 $f(x)$ 的**连续点**(continuous point).

由定义 2-8 知,函数 $y=x^2$ 在点 $x_0$ 处连续,函数 $y=\begin{cases}x+1, & x>0,\\ 0, & x=0,\\ x-1, & x<0\end{cases}$ 在 $x_0=0$ 处不连续.

因 $\Delta x=x-x_0$,故有 $x=x_0+\Delta x$,则 $\Delta x\to 0$ 就是 $x\to x_0$,又因

$$\Delta y=f(x_0+\Delta x)-f(x_0)=f(x)-f(x_0),$$

于是 $\Delta y\to 0$ 就是 $f(x)\to f(x_0)$,因此可得函数 $f(x)$ 在点 $x_0$ 处连续的另一等价定义.

**定义 2-9**　设函数 $y=f(x)$ 在点 $x_0$ 的某一邻域内有定义,如果

$$\lim_{x\to x_0}f(x)=f(x_0),$$

那么称函数 $f(x)$ 在点 $x_0$ 处**连续**.

由函数 $f(x)$ 当 $x\to x_0$ 时的极限的定义可知,函数 $f(x)$ 在点 $x_0$ 处连续的定义可用"$\delta$-$\varepsilon$"语言表述如下:

函数 $f(x)$ 在点 $x_0$ 处连续 $\Leftrightarrow \forall\varepsilon>0,\exists\delta>0$,使得当 $|x-x_0|<\delta$ 时,恒有

$$|f(x)-f(x_0)|<\varepsilon.$$

**例 2-29**　试证明函数 $f(x)=\begin{cases}x\sin\dfrac{1}{x}, & x\neq 0,\\ 0, & x=0\end{cases}$ 在 $x=0$ 处连续.

**证**　因为 $\lim\limits_{x\to 0}x\sin\dfrac{1}{x}=0$,又 $f(0)=0$,则

$$\lim_{x\to 0}f(x)=f(0),$$

所以函数 $f(x)$ 在 $x=0$ 处连续.

**例 2-30**　讨论函数 $f(x)=\begin{cases}x+2, & x\geqslant 0,\\ x-2, & x<0\end{cases}$ 在 $x=0$ 处的连续性.

**解**　因为

$$f(0)=2,$$

$$\lim_{x\to 0^+}f(x)=\lim_{x\to 0^+}(x+2)=2,$$

$$\lim_{x\to 0^-}f(x)=\lim_{x\to 0^-}(x-2)=-2,$$

$$\lim_{x\to 0^+}f(x)\neq\lim_{x\to 0^-}f(x),$$

即 $\lim\limits_{x\to 0}f(x)$ 不存在,所以函数 $f(x)$ 在 $x=0$ 处不连续(见图 2-13).

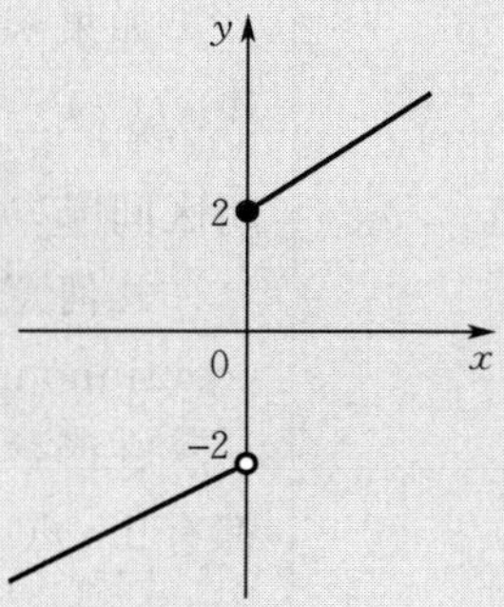


图 2-13

对于例 2-30,有 $\lim\limits_{x\to 0^+}f(x)=f(0)$,但 $\lim\limits_{x\to 0^-}f(x)\neq f(0)$,即在 $x=0$ 左右两侧函数的变化趋势是不同的,如图 2-13 所示. 故须讨论函数在 $x_0$ 两侧的连续性.

### (三)单侧连续性

若$\lim\limits_{x\to x_0^-} f(x) = f(x_0)$,则称函数 $f(x)$ 在点 $x_0$ 处**左连续**(continuity from left).

若$\lim\limits_{x\to x_0^+} f(x) = f(x_0)$,则称函数 $f(x)$ 在点 $x_0$ 处**右连续**(continuity from right).

由定理2-2,即$\lim\limits_{x\to x_0} f(x) = f(x_0) \Leftrightarrow \lim\limits_{x\to x_0^+} f(x) = \lim\limits_{x\to x_0^-} f(x) = f(x_0)$可得以下结论:

函数 $f(x)$ 在点 $x_0$ 处连续 $\Leftrightarrow$ 函数 $f(x)$ 在点 $x_0$ 处**既左连续又右连续**.

对于例2-30,有$\lim\limits_{x\to 0^+} f(x) = f(0) = 2 \neq \lim\limits_{x\to 0^-} f(x)$,故 $f(x)$ 在 $x=0$ 处仅右连续但不左连续,所以函数 $f(x)$ 在 $x=0$ 处不连续.

**例2-31** 当 $a$ 取何值时,函数 $f(x) = \begin{cases} \cos x, & x<0, \\ a+x, & x\geqslant 0 \end{cases}$ 在 $x=0$ 处连续?

**解** 由题可知,

$$f(0) = a,$$
$$\lim_{x\to 0^-} f(x) = \lim_{x\to 0^-}\cos x = 1,$$
$$\lim_{x\to 0^+} f(x) = \lim_{x\to 0^+}(a+x) = a.$$

要使函数 $f(x)$ 在 $x=0$ 处连续,必须有$\lim\limits_{x\to 0^+} f(x) = \lim\limits_{x\to 0^-} f(x) = f(0)$,即 $a=1$. 故当$a=1$时,函数 $f(x)$ 在 $x=0$ 处连续.

### (四)连续函数

如果函数$f(x)$在区间$(a,b)$内每一点$x$处都连续,则称函数$f(x)$在区间$(a,b)$内连续或称函数 $f(x)$ 是区间$(a,b)$内的**连续函数**. 区间$(a,b)$称为函数 $f(x)$ 的**连续区间**.

如果函数 $f(x)$ 是区间$(a,b)$内的连续函数,并且在左端点 $x=a$ 处右连续,即$\lim\limits_{x\to a^+} f(x) = f(a)$,在右端点 $x=b$ 处左连续,即$\lim\limits_{x\to b^-} f(x) = f(b)$,则称函数 $f(x)$ 在闭区间$[a,b]$上连续.

几何意义:连续函数 $y=f(x)$ 的图形是一条连续不断的曲线,称为**连续曲线**(continuous curve).

在函数极限中已证明:如果函数 $f(x)$ 是多项式函数,则 $\forall x_0 \in (-\infty,+\infty)$,都有$\lim\limits_{x\to x_0} f(x) = f(x_0)$,因此**多项式函数在区间$(-\infty,+\infty)$内连续**. 对有理分式函数 $f(x) = \dfrac{p(x)}{q(x)}$ 而言,只要 $q(x_0)\neq 0$,就有$\lim\limits_{x\to x_0} f(x) = f(x_0)$,因此**有理分式函数在其定义域内每一点处皆连续**.

**例2-32** 证明函数 $y=\sin x$ 在区间$(-\infty,+\infty)$内连续.

**证** 任取 $x\in(-\infty,+\infty)$,有

$$\Delta y = \sin(x+\Delta x) - \sin x = 2\sin\frac{\Delta x}{2}\cdot\cos\left(x+\frac{\Delta x}{2}\right),$$

因
$$\left|\cos\left(x+\frac{\Delta x}{2}\right)\right| \leqslant 1,$$

故
$$|\Delta y| \leqslant 2\left|\sin\frac{\Delta x}{2}\right| < |\Delta x|,$$

所以
$$\lim_{\Delta x\to 0}\Delta y = 0.$$

从而函数 $y=\sin x$ 对任意 $x\in(-\infty,+\infty)$ 都是连续的，故其在区间 $(-\infty,+\infty)$ 内连续.

同理可证明，函数 $y=\cos x$ 在区间 $(-\infty,+\infty)$ 内也是连续的.

**例 2-33** 证明函数 $y=a^x(a>0,a\neq 1)$ 在区间 $(-\infty,+\infty)$ 内连续.

**证** 利用思考与练习 2-1 第 7 题(4)，可以证明 $\lim\limits_{x\to 0}a^x=1$. 任取 $x_0\in(-\infty,+\infty)$，有

$$\lim_{x\to x_0}a^x = a^{x_0}\cdot\lim_{x\to x_0}a^{x-x_0} = a^{x_0}\cdot 1 = a^{x_0},$$

所以函数 $y=a^x(a>0,a\neq 1)$ 在区间 $(-\infty,+\infty)$ 内连续.

下面讨论函数不连续的情况.

## 二、函数的间断点

### （一）间断点的定义

若函数 $f(x)$ 在点 $x_0$ 处不连续，则称函数 $f(x)$ 在点 $x_0$ 处**间断**(discontinuity)，点 $x_0$ 称为函数 $f(x)$ 的**间断点**(discontinuous point) 或不连续点.

根据函数 $f(x)$ 在点 $x_0$ 处连续的定义，即 $\lim\limits_{x\to x_0}f(x)=f(x_0)$，如果函数 $f(x)$ 满足下列三种情形之一，点 $x_0$ 就是函数 $f(x)$ 的**间断点**：

(1) 函数 $f(x)$ 在 $x=x_0$ 处没有定义；

(2) 虽然函数 $f(x)$ 在 $x=x_0$ 处有定义，但 $\lim\limits_{x\to x_0}f(x)$ 不存在；

(3) 虽然函数 $f(x)$ 在 $x=x_0$ 处有定义，且 $\lim\limits_{x\to x_0}f(x)$ 存在，但 $\lim\limits_{x\to x_0}f(x)\neq f(x_0)$.

如例 2-30，因 $\lim\limits_{x\to 0}f(x)$ 不存在，故 $x=0$ 是函数 $f(x)$ 的间断点.

下面根据这三种情形归纳函数间断点的类型.

### （二）间断点的常见类型

1. 跳跃间断点

如果函数 $f(x)$ 当 $x\to x_0$ 时，左、右极限都存在，但不相等，即 $\lim\limits_{x\to x_0^+}f(x)\neq\lim\limits_{x\to x_0^-}f(x)$，则称点 $x_0$ 是函数 $f(x)$ 的**跳跃间断点**.

**例 2-34** 求函数 $f(x)=\begin{cases}-x, & x<0,\\ 1+x, & x>0\end{cases}$ 的间断点.

**解** 因函数 $f(x)$ 在 $x=0$ 处无定义,故 $x=0$ 是其间断点.又

$$\lim_{x\to 0^-}f(x)=\lim_{x\to 0^-}(-x)=0,\quad \lim_{x\to 0^+}f(x)=\lim_{x\to 0^+}(1+x)=1,$$

$$\lim_{x\to 0^-}f(x)\neq \lim_{x\to 0^+}f(x),$$

且函数 $f(x)$ 的图形在 $x=0$ 处产生跳跃现象(见图 2-14),所以称 $x=0$ 是函数 $f(x)$ 的跳跃间断点.

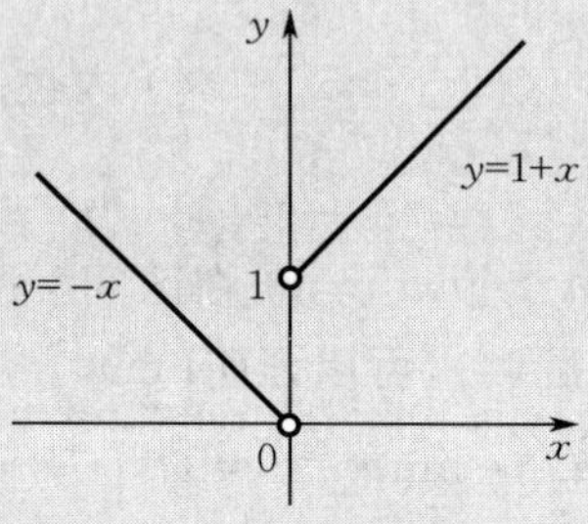


图 2-14

2. 可去间断点

如果 $\lim\limits_{x\to x_0}f(x)$ 存在,但 $\lim\limits_{x\to x_0}f(x)\neq f(x_0)$ 或函数 $f(x)$ 在点 $x_0$ 处无定义,则称点 $x_0$ 是函数 $f(x)$ 的**可去间断点**.

**例 2-35** 求函数 $f(x)=\begin{cases}2\sqrt{x}, & 0\leqslant x<1,\\ 1, & x=1,\\ 1+x, & x>1\end{cases}$ 的间断点.

**解** 由于

$$\lim_{x\to 1^-}f(x)=\lim_{x\to 1^-}2\sqrt{x}=2,\quad \lim_{x\to 1^+}f(x)=\lim_{x\to 1^+}(1+x)=2,$$

$$\lim_{x\to 1}f(x)=2\neq f(1)=1,$$

所以 $x=1$ 是函数 $f(x)$ 的间断点(见图 2-15).

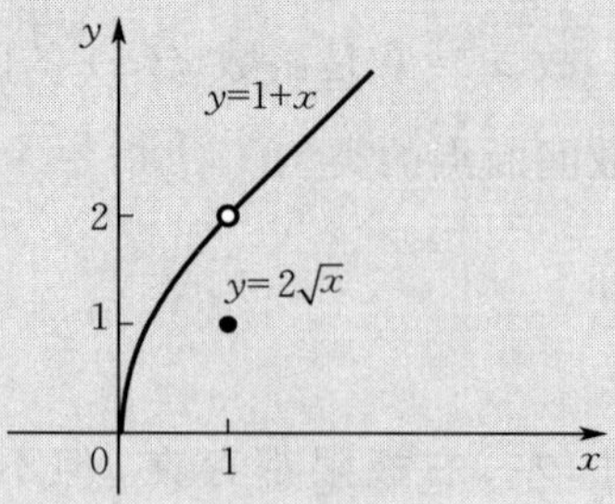


图 2-15

如果改变函数 $f(x)$ 在 $x=1$ 处的定义：令 $f(1)=2$，则函数 $f(x)$ 在 $x=1$ 处连续. 所以 $x=1$ 称为函数 $f(x)$ 的可去间断点.

**例 2-36**　求函数 $f(x)=x\cos\frac{1}{x}$ 的间断点.

**解**　因为函数 $f(x)$ 在 $x=0$ 处无定义，所以 $x=0$ 是函数 $f(x)$ 的间断点. 又

$$\lim_{x\to 0}f(x)=\lim_{x\to 0}x\cos\frac{1}{x}=0,$$

如果补充函数 $f(x)$ 在 $x=0$ 处的定义：令 $f(0)=0$，则函数 $f(x)$ 在 $x=0$ 处连续. 所以 $x=0$ 为函数 $f(x)$ 的可去间断点.

跳跃间断点和可去间断点的共同特点是函数在此类间断点处的左、右极限都存在，所以把它们统称为**第一类间断点**.

3. 第二类间断点

除第一类间断点外，函数的其他间断点统称为**第二类间断点**. 其特点是函数在此类间断点处的左、右极限中至少有一个不存在.

**例 2-37**　讨论函数 $f(x)=\begin{cases}\frac{1}{x}, & x>0,\\ x, & x\leqslant 0\end{cases}$ 在 $x=0$ 处的连续性.

**解**　虽然函数 $f(x)$ 在 $x=0$ 处有定义，但

$$\lim_{x\to 0^-}f(x)=\lim_{x\to 0^-}x=0,$$

$$\lim_{x\to 0^+}f(x)=\lim_{x\to 0^+}\frac{1}{x}=+\infty,$$

即当 $x\to 0$ 时，函数 $f(x)$ 的右极限不存在，所以 $x=0$ 是函数 $f(x)$ 的第二类间断点. 又 $\lim\limits_{x\to 0^+}f(x)=+\infty$，故也称 $x=0$ 是函数 $f(x)$ 的无穷间断点(见图 2-16).

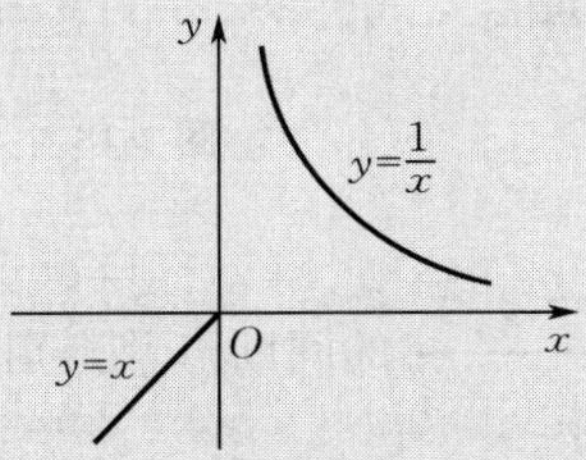


图 2-16

**例 2-38**　函数 $f(x)=\sin\frac{1}{x}$ 在 $x=0$ 处无定义，且 $\lim\limits_{x\to 0^+}\sin\frac{1}{x}$ 与 $\lim\limits_{x\to 0^-}\sin\frac{1}{x}$ 皆不存在，所以 $x=0$ 是函数 $f(x)$ 的第二类间断点.

又在 $x \to 0$ 的过程中,函数值在 $-1$ 与 $1$ 之间来回变动,所以 $x=0$ 称为函数 $f(x)$ 的振荡间断点(见图 2-17).

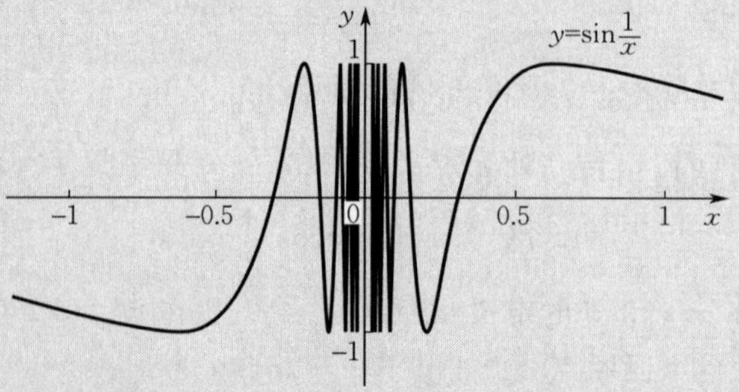


图 2-17

可把函数间断点的类型用图 2-18 直观地表示出来.

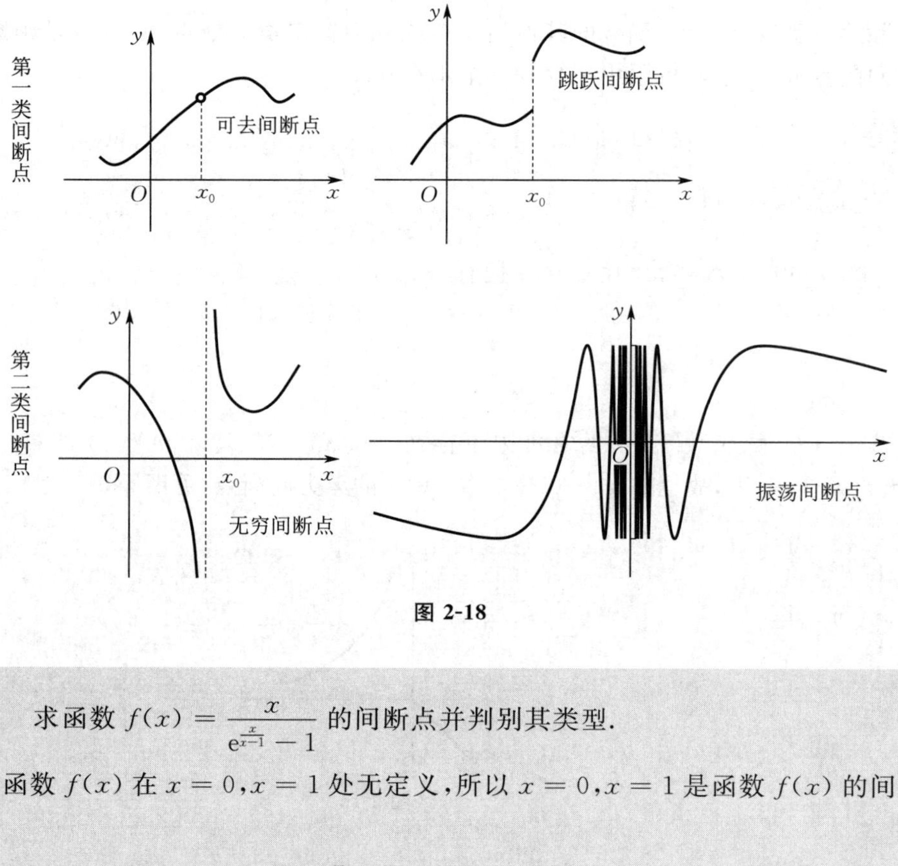


图 2-18

**例 2-39** 求函数 $f(x)=\dfrac{x}{e^{\frac{x}{x-1}}-1}$ 的间断点并判别其类型.

**解** 因为函数 $f(x)$ 在 $x=0,x=1$ 处无定义,所以 $x=0,x=1$ 是函数 $f(x)$ 的间断点.又

$$\lim_{x\to 0}f(x)=\lim_{x\to 0}\frac{x}{\dfrac{x}{x-1}}=\lim_{x\to 0}(x-1)=-1,$$

所以 $x=0$ 是函数 $f(x)$ 的可去间断点.

因为
$$\lim_{x\to1^-}\frac{x}{x-1}=-\infty,\quad \lim_{x\to1^+}\frac{x}{x-1}=+\infty,$$
$$\lim_{x\to1^-}f(x)=-1\neq\lim_{x\to1^+}f(x)=0,$$
所以 $x=1$ 是函数 $f(x)$ 的跳跃间断点.

**例 2-40** 求狄利克雷函数 $D(x)=\begin{cases}1, & x\text{ 为有理数},\\ 0, & x\text{ 为无理数}\end{cases}$ 的间断点并判别其类型.

**解** $\forall x_0\in(-\infty,+\infty)$，当 $x\to x_0$ 时，$\lim\limits_{x\to x_0}D(x)$ 不存在. 所以区间 $(-\infty,+\infty)$ 内的每一点都是狄利克雷函数 $D(x)$ 的间断点，且都是第二类间断点.

**注**：函数的间断点可以是无限个，充满一个区间.

## 三、连续函数的运算与初等函数的连续性

由极限的运算法则可得连续函数的运算性质.

### （一）连续函数的运算性质

**定理 2-16　若函数 $f(x)$，$g(x)$ 在点 $x_0$ 处连续，则函数 $f(x)\pm g(x)$，$f(x)\cdot g(x)$，$\dfrac{f(x)}{g(x)}[g(x_0)\neq0]$ 在点 $x_0$ 处连续.**

例 2-32 已经证明 $\sin x$，$\cos x$ 在区间 $(-\infty,+\infty)$ 内连续，由定理 2-16 可得，$\tan x=\dfrac{\sin x}{\cos x}$，$\cot x=\dfrac{\cos x}{\sin x}$，$\sec x=\dfrac{1}{\cos x}$，$\csc x=\dfrac{1}{\sin x}$ 在其定义域内连续.

总之，三角函数在其定义域内都连续.

### （二）反函数与复合函数的连续性

**定理 2-17（反函数的连续性）　如果函数 $y=f(x)$ 在区间 $I_x$ 上单调增加（或单调减少）且连续，那么它的反函数 $x=f^{-1}(y)$ 也在对应的区间 $I_y=\{y\mid y=f(x),x\in I_x\}$ 上单调增加（或单调减少）且连续.**

例如，由 $y=\sin x$ 在闭区间 $\left[-\dfrac{\pi}{2},\dfrac{\pi}{2}\right]$ 上单调增加且连续及定理 2-17 可得，它的反函数 $y=\arcsin x$ 在闭区间 $[-1,1]$ 上也单调增加且连续.

同样，由定理 2-17 可得，函数 $y=\arccos x$ 在闭区间 $[-1,1]$ 上单调减少且连续，$y=\arctan x$ 在区间 $(-\infty,+\infty)$ 内单调增加且连续，$y=\operatorname{arccot} x$ 在区间 $(-\infty,+\infty)$ 内单调减少且连续.

总之，**反三角函数 $y=\arcsin x$，$y=\arccos x$，$y=\arctan x$，$y=\operatorname{arccot} x$ 在其定义域内都是连续的.**

再如，由指数函数 $y=a^x(a>0,a\neq1)$ 在区间 $(-\infty,+\infty)$ 内的单调性和连续性及定理 2-17 可得，**对数函数 $y=\log_a x(a>0,a\neq1)$ 在区间 $(0,+\infty)$ 内单调且连续.**

**定理 2-18** 设函数 $y=f[g(x)]$ 由函数 $u=g(x)$ 与函数 $y=f(u)$ 复合而成，$\mathring{U}(x_0)$ 包含在 $f[g(x)]$ 的定义域内. 若 $\lim\limits_{x\to x_0}g(x)=u_0$，而函数 $y=f(u)$ 在 $u=u_0$ 处连续，则

$$\lim_{x\to x_0}f[g(x)]=f(u_0)=f[\lim_{x\to x_0}g(x)]. \tag{2-1}$$

**注**:(1) 式(2-1)表明，在定理 2-18 的条件下，如果作代换 $u=g(x)$，那么

$$\lim_{x\to x_0}f[g(x)]=\lim_{u\to u_0}f(u).$$

(2) 式(2-1)表明，在定理 2-18 的条件下，求复合函数 $f[g(x)]$ 的极限时，函数符号 $f$ 与极限符号 $\lim\limits_{x\to x_0}$ 可以交换次序. 在极限的计算中经常用到定理 2-18，如前面的例 2-21 和例 2-22 中就用到了这个定理.

(3) 把定理 2-18 中的 $x\to x_0$ 换成 $x\to\infty$，结论亦成立.

**例 2-41** 求 $\lim\limits_{x\to 0}\dfrac{\ln(1+x)}{x}$.

**解** 因 $y=\dfrac{\ln(1+x)}{x}=\ln(1+x)^{\frac{1}{x}}$，故 $y=\ln(1+x)^{\frac{1}{x}}$ 可看作由 $y=\ln u$ 与 $u=(1+x)^{\frac{1}{x}}$ 复合而成. 又 $\lim\limits_{x\to 0}(1+x)^{\frac{1}{x}}=\mathrm{e}$，且 $y=\ln u$ 在 $u=\mathrm{e}$ 处连续，因此

$$\lim_{x\to 0}\ln(1+x)^{\frac{1}{x}}=\lim_{u\to \mathrm{e}}\ln u=\ln\mathrm{e}=1.$$

上式也可以写成 $\lim\limits_{x\to 0}\ln(1+x)^{\frac{1}{x}}=\ln[\lim\limits_{x\to 0}(1+x)^{\frac{1}{x}}]=\ln\mathrm{e}=1$.

**定理 2-19(复合函数的连续性)** 设函数 $y=f[g(x)]$ 由函数 $u=g(x)$ 与函数 $y=f(u)$ 复合而成，$U(x_0)$ 包含在 $f[g(x)]$ 的定义域内. 若函数 $u=g(x)$ 在 $x=x_0$ 处连续，且 $g(x_0)=u_0$，而函数 $y=f(u)$ 在 $u=u_0$ 处连续，则复合函数 $y=f[g(x)]$ 在 $x=x_0$ 处也连续.

**证** 按照函数连续性的定义，要证复合函数 $y=f[g(x)]$ 在 $x=x_0$ 处连续，即要证 $\lim\limits_{x\to x_0}f[g(x)]=f[g(x_0)]$. 这只要在定理 2-18 中令 $g(x_0)=u_0$，则函数 $u=g(x)$ 在 $x=x_0$ 处连续，于是由式(2-1)得

$$\lim_{x\to x_0}f[g(x)]=f(u_0)=f[g(x_0)].$$

**例 2-42** 讨论函数 $y=\sin\dfrac{1}{x}$ 的连续性.

**解** 函数 $y=\sin\dfrac{1}{x}$ 可看作由函数 $u=\dfrac{1}{x}$ 及函数 $y=\sin u$ 复合而成. 函数 $u=\dfrac{1}{x}$ 在 $(-\infty,0)\cup(0,+\infty)$ 内连续，函数 $y=\sin u$ 在 $(-\infty,+\infty)$ 内连续，根据定理 2-19，函数 $y=\sin\dfrac{1}{x}$ 在 $(-\infty,0)\cup(0,+\infty)$ 内连续.

**例 2-43**　证明幂函数 $y = x^{\alpha}$（$\alpha$ 为实数）在 $(0, +\infty)$ 内连续.

**证**　当 $x > 0$ 时，函数 $y = x^{\alpha} = \mathrm{e}^{\alpha\ln x}$ 可看作由函数 $y = \mathrm{e}^{u}$ 与函数 $u = \alpha\ln x$ 复合而成. 函数 $u = \alpha\ln x$ 在 $(0, +\infty)$ 内连续，函数 $y = \mathrm{e}^{u}$ 在 $(-\infty, +\infty)$ 内连续，根据定理 2-19，函数 $y = x^{\alpha}$ 在 $(0, +\infty)$ 内连续.

幂函数 $y = x^{\alpha}$ 的定义域随 $\alpha$ 值的不同而改变. 如果对 $\alpha$ 的不同值分别加以讨论，可以证明：**幂函数在它的定义域内是连续的.**

### （三）初等函数的连续性

前面已经证明三角函数、反三角函数、指数函数、对数函数、幂函数分别在各自的定义域内连续. 也就是说，**基本初等函数在它们的定义域内都是连续的.**

由基本初等函数的连续性及本节定理 2-16、定理 2-19 可得初等函数的连续性：**一切初等函数在其定义区间内都是连续的.** 所谓定义区间，就是包含在定义域内的区间.

**注：**(1) 初等函数在其定义区间内都是连续的，但在其定义域内不一定连续.

例如，函数 $y = \sqrt{\cos x - 1}$ 的定义域是 $D: x = 0, \pm 2\pi, \pm 4\pi, \cdots$，其只是无穷个孤立点，在这些孤立点的邻域内函数没有定义，所以 $x = 0, \pm 2\pi, \pm 4\pi, \cdots$ 是函数 $y = \sqrt{\cos x - 1}$ 的间断点.

(2) 可利用初等函数的连续性求函数的极限. 若函数 $f(x)$ 是初等函数，且 $x_0$ 是函数 $f(x)$ 的定义区间内的点，则

$$\lim_{x \to x_0} f(x) = f(x_0).$$

(3) 因为分段函数通常不是初等函数，所以分段函数在其定义区间内不一定连续.

**例 2-44**　求 $\lim\limits_{x \to 1} \sin\sqrt{\mathrm{e}^{x} - 1}$.

**解**　因为 $x = 1$ 是初等函数 $y = \sin\sqrt{\mathrm{e}^{x} - 1}$ 的定义区间 $[0, 2]$ 内的点，所以

$$\lim_{x \to 1} \sin\sqrt{\mathrm{e}^{x} - 1} = \sin\sqrt{\mathrm{e}^{1} - 1} = \sin\sqrt{\mathrm{e} - 1}.$$

**例 2-45**　求 $\lim\limits_{x \to 0} (1 + x)^{\frac{2}{\tan x}}$.

**解**　因为 $(1 + x)^{\frac{2}{\tan x}} = (1 + x)^{\frac{1}{x} \cdot \frac{2x}{\tan x}} = \mathrm{e}^{\frac{2x}{\tan x}\ln(1+x)^{\frac{1}{x}}}$，根据定理 2-18 及极限的运算法则，可得

$$\lim_{x \to 0} (1 + x)^{\frac{2}{\tan x}} = \mathrm{e}^{\lim\limits_{x \to 0} \frac{2x}{\tan x}\ln(1+x)^{\frac{1}{x}}} = \mathrm{e}^{2}.$$

一般地，对于形如 $u(x)^{v(x)}$ $[u(x) > 0, u(x) \neq 1]$ 的函数，如果

$$\lim u(x) = a > 0, \quad \lim v(x) = b,$$

那么 $$\lim u(x)^{v(x)} = a^b.$$

**注**:这里的三个 lim 都表示在自变量同一变化过程中的极限.

**例 2-46** 讨论函数 $f(x) = \lim\limits_{n\to\infty} \dfrac{x^n - 1}{x^n + 1}$ 的连续性.

**解** 当 $|x| > 1$ 时,有 $f(x) = \lim\limits_{n\to\infty} \dfrac{x^n - 1}{x^n + 1} = 1$;

当 $|x| < 1$ 时,有 $f(x) = \lim\limits_{n\to\infty} \dfrac{x^n - 1}{x^n + 1} = -1$;

当 $x = -1$ 时,$f(x)$ 无定义,而 $f(1) = 0$.

于是
$$f(x) = \begin{cases} -1, & |x| < 1, \\ 0, & x = 1, \\ 1, & |x| > 1. \end{cases}$$

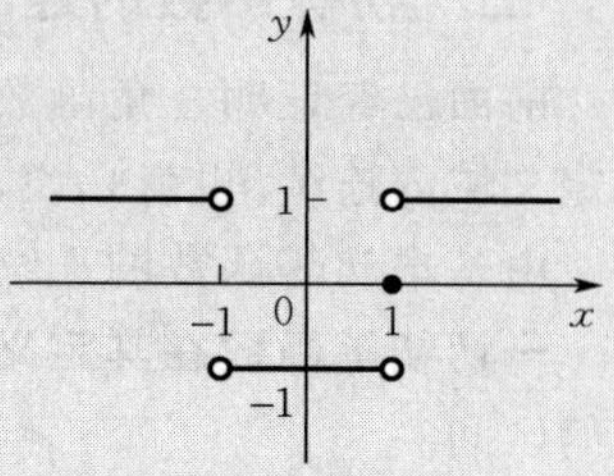

图 2-19

由图 2-19 可见,$x = \pm 1$ 是 $f(x)$ 的间断点,所以 $f(x)$ 在其定义域 $(-\infty, -1) \cup (-1, +\infty)$ 内不连续,而分别在定义区间 $(-\infty, -1), (-1, 1), (1, +\infty)$ 内连续.

## 四、闭区间上连续函数的性质

若函数 $f(x)$ 在闭区间 $[a,b]$ 上连续,则从它的几何图形(见图 2-20)中可以明显看出其具有一些性质,而这些性质在微积分的理论和应用中都有重要的作用.下面以定理形式分别介绍闭区间上连续函数的两个常用的重要性质.

1. 最大值与最小值性质

**定义 2-10** 设函数 $f(x)$ 在区间 $I$ 上有定义,如果存在 $x_0 \in I$,使得对于任一 $x \in I$,都有
$$f(x) \leqslant f(x_0) \quad [f(x) \geqslant f(x_0)],$$
则称 $f(x_0)$ 是函数 $f(x)$ 在区间 $I$ 上的**最大(小)值**.

**定理 2-20(最大值与最小值性质)** **在闭区间上连续的函数在该区间上一定有最大值与最小值.即若函数 $f(x)$ 在闭区间 $[a,b]$ 上连续,则至少 $\exists \xi_1, \xi_2 \in [a,b]$,使得 $\forall x \in [a,b]$,有**
$$f(\xi_1) \geqslant f(x), \quad f(\xi_2) \leqslant f(x),$$
**如图 2-20 所示.**

**注**:(1) 若区间是开区间,则定理 2-20 的结论不一定成立.

例如,函数 $y = \sin x$ 在开区间 $\left(0, \dfrac{\pi}{2}\right)$ 内连续,但在区间 $\left(0, \dfrac{\pi}{2}\right)$ 内既无最大值也无最小值,如图 2-21 所示.

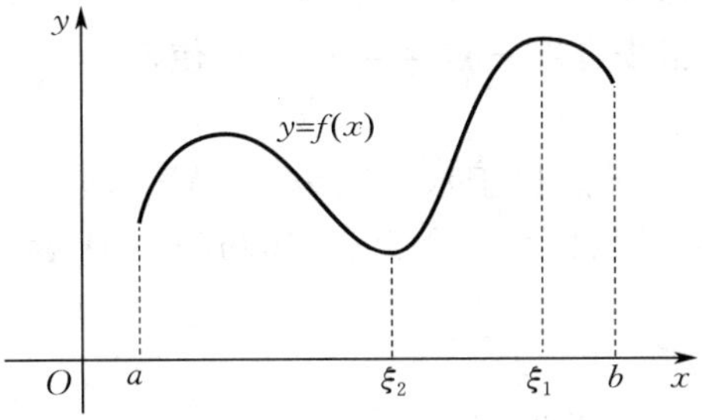


图 2-20

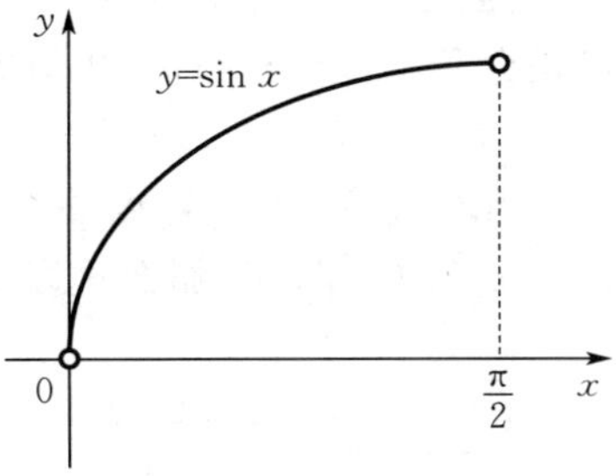


图 2-21

(2) 若区间内有间断点，则定理 2-20 的结论不一定成立.

例如，对于函数 $y=\begin{cases}1+x, & x\geqslant 0,\\ -x, & x<0,\end{cases}$ $x=0$ 是它的间断点，其在闭区间 $[-1,1]$ 上无最小值，如图 2-22 所示.

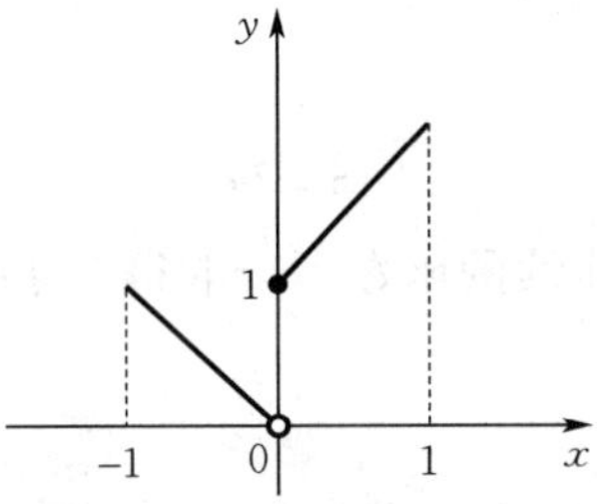


图 2-22

**推论 2-7**　在闭区间上连续的函数一定在该区间上有界.

2. 介值定理

观察图 2-23，函数 $f(x)$ 的图形与 $x$ 轴相交于三点 $\xi_1,\xi_2,\xi_3$，即 $f(\xi_1)=f(\xi_2)=f(\xi_3)=0$，称 $\xi_1,\xi_2,\xi_3$ 为函数 $f(x)$ 的零点.

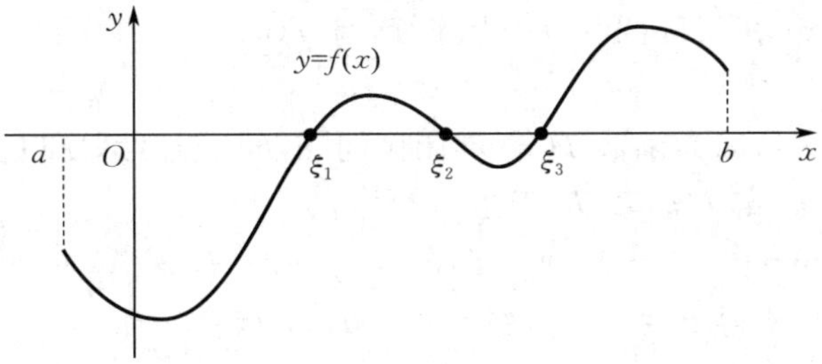


图 2-23

**定理 2-21(零点定理)**　**设函数 $f(x)$ 在闭区间 $[a,b]$ 上连续，且 $f(a)$ 与 $f(b)$ 异号，即 $f(a)\cdot f(b)<0$，那么函数 $f(x)$ 在开区间 $(a,b)$ 内至少有一个零点，即至少存在一点 $\xi\in(a,b)$，使得**

$$f(\xi)=0.$$

**也即 $\xi\in(a,b)$ 是方程 $f(x)=0$ 的一个实根.**

几何意义：如果连续曲线弧 $y=f(x)$ 的两个端点位于 $x$ 轴的两侧，那么这段曲线弧与 $x$ 轴至少有一个交点.

**定理 2-22(介值定理)** **设函数 $f(x)$ 在闭区间 $[a,b]$ 上连续,且 $f(a) \neq f(b)$,$C$ 是介于 $f(a)$ 与 $f(b)$ 之间的任意实数,那么至少存在一点 $\xi \in (a,b)$,使得**

$$f(\xi) = C.$$

几何意义:如果连续曲线弧 $y = f(x)$ 的两个端点位于水平直线 $y = C[f(a) < C < f(b)]$ 的两侧,那么这段曲线弧与直线 $y = C$ 至少有一个交点,如图 2-24 所示.

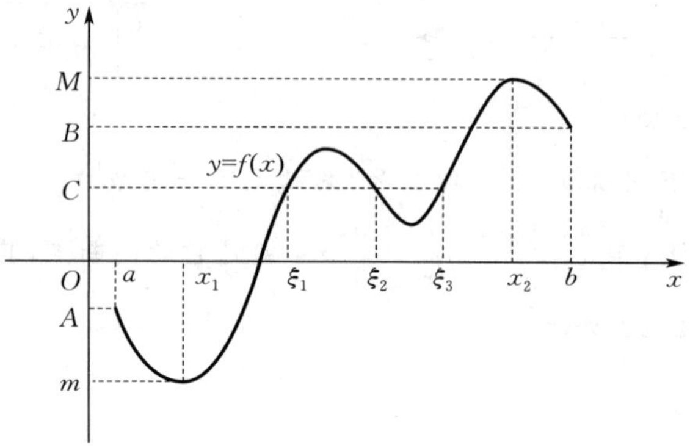


图 2-24

**推论 2-8** 在闭区间上连续的函数可以取得介于最大值 $M$ 与最小值 $m$ 之间的任何值.

**例 2-47** 证明:方程 $x^3 - 4x^2 + 1 = 0$ 在区间 $(0,1)$ 内至少有一个实根.

**证** 令 $f(x) = x^3 - 4x^2 + 1$,则函数 $f(x)$ 在闭区间 $[0,1]$ 上连续,又

$$f(0) = 1 > 0, \quad f(1) = -2 < 0,$$

由零点定理知,$\exists \xi \in (0,1)$,使得 $f(\xi) = 0$,即 $\xi^3 - 4\xi^2 + 1 = 0$,所以方程 $x^3 - 4x^2 + 1 = 0$ 在区间 $(0,1)$ 内至少有一个实根.

**例 2-48** 设函数 $f(x)$ 在闭区间 $[a,b]$ 上连续,且 $f(a) < a, f(b) > b$. 证明:$\exists \xi \in (a,b)$,使得 $f(\xi) = \xi$.

**证** 令 $F(x) = f(x) - x$,因为函数 $f(x)$ 在闭区间 $[a,b]$ 上连续,所以函数 $F(x)$ 在闭区间 $[a,b]$ 上连续. 而 $f(a) < a, f(b) > b$,于是

$$F(a) = f(a) - a < 0, \quad F(b) = f(b) - b > 0,$$

由零点定理知,$\exists \xi \in (a,b)$,使得 $F(\xi) = f(\xi) - \xi = 0$,即 $f(\xi) = \xi$.

## 思考与练习 2-4

1. 作出下列函数的图形并研究其连续性:

(1) $f(x) = \begin{cases} x, & |x| \leqslant 1, \\ 1, & |x| > 1; \end{cases}$

(2) $f(x)=\begin{cases}\dfrac{|x|}{x}, & x\neq 0,\\ 1, & x=0.\end{cases}$

2. 指出下列函数的间断点,并判别其类型:

(1) $f(x)=\dfrac{x^2-x}{|x|(x^2-1)}$;　　(2) $f(x)=\dfrac{\sin x}{x^2-x}$;

(3) $f(x)=\dfrac{1-e^{\frac{1}{x}}}{1+e^{\frac{1}{x}}}$;　　(4) $f(x)=\dfrac{x\arctan\dfrac{1}{x-1}}{\sin\dfrac{\pi}{2}x}$;

(5) $f(x)=\lim\limits_{n\to\infty}\dfrac{1-x^{2n}}{1+x^{2n}}$.

3. 试确定 $a$ 的值,使得下列函数 $f(x)$ 在指定点处连续:

(1) $f(x)=\begin{cases}\dfrac{2}{x}, & x\geqslant 1,\\ a\cos \pi x, & x<1,\end{cases}$ 在 $x=1$ 处;

(2) $f(x)=\begin{cases}(1-x)^{\frac{1}{x}}, & x\neq 0,\\ a, & x=0,\end{cases}$ 在 $x=0$ 处;

(3) $f(x)=\begin{cases}\dfrac{\ln(1+ax)}{x}, & x\neq 0,\\ 2, & x=0,\end{cases}$ 在 $x=0$ 处.

4. 若函数 $f(x)$ 在点 $x_0$ 处连续,则函数 $|f(x)|$,$f^2(x)$ 在点 $x_0$ 处是否连续?又若函数 $|f(x)|$,$f^2(x)$ 在点 $x_0$ 处连续,则函数 $f(x)$ 在点 $x_0$ 处是否连续?若连续,请说明理由;若不连续,请举出反例.

5. 求下列函数的连续区间:

(1) $f(x)=\dfrac{x-2}{|x-2|}$;　　(2) $f(x)=\begin{cases}\dfrac{\ln(1-x)}{x}, & x<0,\\ 0, & x=0,\\ \dfrac{\sin x}{x-1}, & x>0.\end{cases}$

6. 求下列极限:

(1) $\lim\limits_{x\to 0}\dfrac{\sqrt{1+x}-1}{x}$;　　(2) $\lim\limits_{x\to a}\dfrac{\sin x-\sin a}{x-a}$;

(3) $\lim\limits_{x\to\frac{\pi}{6}}\ln(2\cos 2x+\sqrt{2+x^2})$;　　(4) $\lim\limits_{x\to 0}(1+3\tan^2 x)^{\cot x}$;

(5) $\lim\limits_{x\to\infty}\left(\dfrac{2x-3}{2x+1}\right)^{x+1}$;　　(6) $\lim\limits_{t\to 1}\dfrac{2^t-2}{3^t-3}$;

(7) $\lim\limits_{x\to 0}\dfrac{3\sin x+x^2\cos\dfrac{1}{x}}{(1+\cos x)\ln(1+x)}$;

(8) $\lim\limits_{x\to 0}\left(\dfrac{a^x+b^x}{2}\right)^{\frac{3}{x}}$ ($a>0,b>0$,且均为常数).

7. 试确定 $a,b$ 的值,使得下列函数 $f(x)$ 在区间 $(-\infty,+\infty)$ 内连续:

(1) $f(x)=\begin{cases}\dfrac{1}{x}\sin x, & x<0,\\ a, & x=0,\\ \dfrac{1}{x}\sin x+b, & x>0;\end{cases}$

(2) 设 $f(x)=\varphi(x)+\psi(x)$,其中 $\varphi(x)=\begin{cases}x, & x<1,\\ a, & x\geqslant 1,\end{cases}$ $\psi(x)=\begin{cases}b, & x<0,\\ x+2, & x\geqslant 0.\end{cases}$

8. 证明:(1) 曲线 $y=e^x-2$ 与直线 $y=x$ 在区间 $(0,2)$ 内至少有一个交点;

(2) 方程 $x=a\sin x+b$(其中 $a>0,b>0$)至少有一个不超过 $a+b$ 的正根;

(3) 奇次方程 $P(x)=a_0x^{2n+1}+a_1x^{2n}+\cdots+a_{2n+1}=0(a_0\neq 0)$ 至少存在一个实根.

9. 设函数 $f(x)$ 在闭区间 $[a,b]$ 上连续,$a<c<d<b$. 证明:对于任意正数 $p$ 和 $q$,至少存在一点 $\xi\in(a,b)$,使得 $pf(c)+qf(d)=(p+q)f(\xi)$.

10. 下述命题是否正确?若正确,请说明理由;若不正确,请举出反例.

如果函数 $f(x)$ 在闭区间 $[a,b]$ 上有定义,在开区间 $(a,b)$ 内连续,且 $f(a)\cdot f(b)<0$,那么函数 $f(x)$ 在开区间 $(a,b)$ 内必有零点.

## 习 题 二

1. 填空题:

(1) $\lim\limits_{x\to 9}\dfrac{\sqrt[4]{x}-\sqrt{3}}{\sqrt{x}-3}=$ ________;

(2) $x=1$ 是函数 $y=\dfrac{x^2-1}{x-1}e^{\frac{1}{x-1}}$ 的第________类________间断点;

(3) 若 $\lim\limits_{x\to 1}\dfrac{x^3+a,}{(x-1)(x+2)}$ 存在,则 $a=$ ________;

(4) 若函数 $f(x)=\dfrac{x}{2^{\frac{1}{x}}+1}$ 在 $x=0$ 处连续,则 $f(0)=$ ________;

(5) 设函数 $f(x)=\begin{cases}1+x, & x<2,\\ 0, & x=2,\\ x^2-1, & x>2,\end{cases}$ 则 $f[\lim\limits_{x\to 1}f(x)]=$ ________.

2. 选择题:

(1) 设函数 $f(x)=\begin{cases}3e^x, & x<0,\\ x^2+2a, & x\geqslant 0\end{cases}$ 在 $x=0$ 处连续,则 $a$ 的值等于(　　);

A. 0　　B. 1　　C. $-\dfrac{3}{2}$　　D. $\dfrac{3}{2}$

(2) 当 $x \to 0^+$ 时,下列函数中与$\sqrt{x}$ 是等价无穷小量的是(　　);

A. $1-e^{\sqrt{x}}$　　　　B. $\ln(1+\sqrt{x})$

C. $\sqrt{1+\sqrt{x}}-1$　　　　D. $1-\cos\sqrt{x}$

(3) 设函数 $f(x)$ 在闭区间$[a,b]$上连续且无零点,$f(a)>0$,则下列说法中正确的是(　　);

A. $f(b)>0$　　　　B. $f(b)=0$

C. $f(b)<0$　　　　D. 不能确定 $f(b)$ 的符号

(4) 函数 $f(x)$ 在点 $x_0$ 处连续的充要条件是在 $x \to x_0$ 时(　　);

A. 函数 $f(x)$ 是无穷小量

B. 函数 $f(x)=f(x_0)+\alpha(x)$,$\alpha(x)$ 是当 $x \to x_0$ 时的无穷小量

C. 函数 $f(x)$ 的左、右极限存在

D. 函数 $f(x)$ 的极限存在

(5) 若函数 $f(x)=\lim\limits_{n\to\infty}\dfrac{1+x}{1+x^{2n}}$,则下列关于函数 $f(x)$ 的间断点的结论中,正确的是(　　).

A. 不存在间断点　　　　B. 存在间断点 $x=1$

C. 存在间断点 $x=0$　　　　D. 存在间断点 $x=-1$

3. 设函数 $f(x)=\begin{cases}1-x, & x\leqslant 0,\\ 1+x^2, & x>0,\end{cases}$ $g(x)=\begin{cases}x^2, & x<0,\\ -x^3, & x\geqslant 0,\end{cases}$ 求$\lim\limits_{x\to 0}f[g(x)]$.

4. 用极限的定义证明下列结论:

(1) $\lim\limits_{x\to -2}\dfrac{x+2}{x^2-4}=-\dfrac{1}{4}$;

(2) $\lim\limits_{x\to\infty}\dfrac{x+1}{x^2+2}=0$.

5. 用夹逼准则求下列极限:

(1) $\lim\limits_{n\to\infty}\dfrac{1}{n\sqrt{n}}(1+\sqrt[3]{2}+\sqrt[3]{3}+\cdots+\sqrt[3]{n})$;

(2) 设$[x]$表示不超过 $x$ 的最大整数,求$\lim\limits_{x\to 0}x\left[\dfrac{3}{x}\right]$.

6. 计算下列极限:

(1) $\lim\limits_{x\to+\infty}\dfrac{\sqrt{x+\sqrt{x+\sqrt{x}}}}{\sqrt{x+3}}$;　　　　(2) $\lim\limits_{x\to\infty}\dfrac{1}{x}\cos\dfrac{1}{x}$;

(3) $\lim\limits_{x\to\frac{\pi}{4}}\dfrac{\sqrt{2}-2\cos x}{\tan^2 x}$;　　　　(4) $\lim\limits_{x\to 0}\dfrac{\sqrt{1+\tan x}-\sqrt{1+\sin x}}{x\sqrt{1+\sin^2 x}-x}$;

(5) $\lim\limits_{x\to 0}\dfrac{(2+x)^x-2^x}{x^2}$;　　　　(6) $\lim\limits_{n\to\infty}\sqrt[n]{3^n+4^n+5^n}$.

7. 设函数 $f(x)=\dfrac{e^x-b}{(x-a)(x-1)}$.(1) 当 $a,b$ 为何值时,函数 $f(x)$ 有无穷间断点 $x=0$?

(2) 当 $a,b$ 为何值时,函数 $f(x)$ 有可去间断点 $x=1$?

8. 证明:若函数 $f(x)$ 在闭区间 $[a,b]$ 上连续,$a<x_1<x_2<\cdots<x_n<b$,则在 $[x_1,x_n]$ 上必存在 $\xi$,使得

$$\frac{f(x_1)+f(x_2)+\cdots+f(x_n)}{n}=f(\xi).$$

9. 证明:若函数 $f(x)$ 是以 $2\pi$ 为周期的连续函数,则存在 $\xi$,使得 $f(\xi)=f(\pi+\xi)$.

10. 求具有下列两个性质的函数 $f(x)$:

$$\lim_{x\to\infty}\frac{f(x)}{x^2-1}=1,\quad \lim_{x\to 1}\frac{f(x)}{x^2-1}=2.$$

第二章教学课件

# 第三章 导数与微分

**学习要求**

1. **了解** 导数与微分的概念、导数的几何意义.
2. **理解** 可导和连续的关系、隐函数的求导法则、高阶导数的概念.
3. **掌握** 函数的四则运算求导法则、取对数求导法则、二阶导数的求法、微分的计算.
4. **运用** 微分进行实际案例的近似计算及误差估计.

在了解函数与极限这两个概念的基础上,进一步介绍微积分的重要组成部分——微分学.微分学包括导数与微分,本章主要讨论导数与微分的概念,以及它们的运算法则等.导数与微分在医学中的应用涵盖了生理过程分析、疾病诊断、药物治疗、医学影像处理及生物信息学和基因表达等多个方面.通过对导数的分析和计算,医生可以获得与医学相关的关键信息,为疾病的预防、诊断和治疗提供有力的支持.

## 第一节 导数的概念

### 一、案例引入

在自然科学领域,在研究一些学科的过程中产生了相似的问题,例如,数学中曲线的切线斜率、函数的最大值与最小值问题,物理学中的变速运动的瞬时速度问题,医学中肿瘤的生长速率、药物的代谢率问题等.这些问题的解决不仅要求建立起变量之间的函数关系,而且需要研究分析函数相对于自变量的变化快慢程度,即函数的变化率.

导数概念引例中矛盾的个性与共性的辩证法

1. 曲线切线的斜率问题

设有曲线 $C$,如图 3-1 所示,如果点 $M$ 和点 $N$ 是曲线 $C$ 上邻近的两点,点 $M$ 是定点,当点 $N$ 沿着曲线 $C$ 无限地接近点 $M$ 时,割线 $MN$ 的极限位置 $MT$ 就叫作曲线 $C$ 在点 $M$ 处的切线,点 $M$ 叫作切点.如何求切线 $MT$ 的斜率呢?

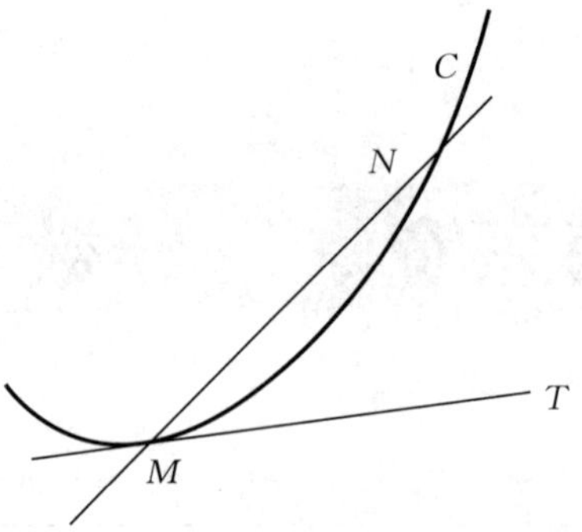


图 3-1

不妨构建平面直角坐标系,设曲线 $C$ 为函数 $y=f(x)$ 的图形,如图 3-2 所示,割线 $MN$ 的倾角为 $\varphi$,切线 $MT$ 的倾角为 $\alpha$. 显然,当点 $N$ 沿着曲线 $C$ 趋于点 $M$ 时,割线 $MN$ 的倾角 $\varphi$ 趋于切线 $MT$ 的倾角 $\alpha$,那么割线 $MN$ 的斜率 $\tan\varphi$ 也趋于切线 $MT$ 的斜率 $\tan\alpha$. 令点 $M,N$ 的坐标分别为 $(x_0,y_0)$,$(x_0+\Delta x,y_0+\Delta y)$,则割线 $MN$ 的斜率为

$$\tan\varphi=\frac{\Delta y}{\Delta x}=\frac{f(x_0+\Delta x)-f(x_0)}{\Delta x}.$$

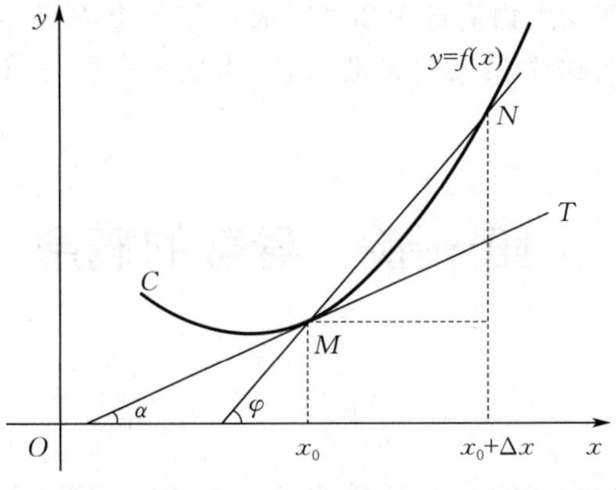


图 3-2

当点 $N$ 沿着曲线 $C$ 趋于点 $M$,即 $\Delta x\to 0$ 时,如果 $\tan\varphi$ 的极限存在,则此极限为曲线 $C$ 在点 $M$ 处的切线的斜率,即

$$k=\tan\alpha=\lim_{\Delta x\to 0}\frac{\Delta y}{\Delta x}=\lim_{\Delta x\to 0}\frac{f(x_0+\Delta x)-f(x_0)}{\Delta x}.$$

2. 肿瘤细胞的增长速度

设肿瘤细胞的总量 $N(t)$ 是关于时间 $t$ 的函数,现要求肿瘤细胞在 $t_0$ 时刻的瞬时增长速度. 首先考虑 $t_0$ 到 $t_0+\Delta t$ 的时间间隔内的平均增长速度,肿瘤细胞在 $\Delta t$ 时间间隔内的增长量为 $\Delta N=N(t_0+\Delta t)-N(t_0)$,那么肿瘤细胞在 $\Delta t$ 时间间隔的平均增长速度为 $\bar{v}=\dfrac{\Delta N}{\Delta t}=\dfrac{N(t_0+\Delta t)-N(t_0)}{\Delta t}$.

当 $\Delta t$ 很小时,可用肿瘤细胞的平均增长速度作为 $t_0$ 时刻瞬时增长速度的近似值，当 $\Delta t \to 0$ 时，如果 $\bar{v}$ 的极限存在，则此极限就是肿瘤细胞在 $t_0$ 时刻的瞬时增长速度，即

$$v_{t_0} = \lim_{\Delta t \to 0} \frac{\Delta N}{\Delta t} = \lim_{\Delta t \to 0} \frac{N(t_0 + \Delta t) - N(t_0)}{\Delta t}.$$

上述两个案例的具体含义虽然不同，但从抽象的数量关系上看，它们的实质是一样的，都是计算函数增量与自变量增量的比在自变量增量趋于零时的极限，由这种特殊形式的极限可抽象出导数的概念.

## 二、导数的定义

### 1. 函数在某一点 $x_0$ 处的导数

**定义 3-1**　设函数 $y = f(x)$ 在点 $x_0$ 的某邻域内有定义，当自变量 $x$ 在点 $x_0$ 处取得增量 $\Delta x$（点 $x_0 + \Delta x$ 仍在该邻域内）时，相应的函数取得增量 $\Delta y = f(x_0 + \Delta x) - f(x_0)$. 如果当 $\Delta x \to 0$ 时，极限

$$\lim_{\Delta x \to 0} \frac{\Delta y}{\Delta x} = \lim_{\Delta x \to 0} \frac{f(x_0 + \Delta x) - f(x_0)}{\Delta x} \tag{3-1}$$

存在，则称函数 $y = f(x)$ 在点 $x_0$ 处**可导**，并称此极限值为函数 $y = f(x)$ 在点 $x_0$ 处的**导数**(derivative)，记作 $f'(x_0)$，$y'\big|_{x=x_0}$，$\dfrac{\mathrm{d}f(x)}{\mathrm{d}x}\Big|_{x=x_0}$ 或 $\dfrac{\mathrm{d}y}{\mathrm{d}x}\Big|_{x=x_0}$.

如果 $\lim\limits_{\Delta x \to 0} \dfrac{\Delta y}{\Delta x}$ 不存在，则称函数 $y = f(x)$ 在点 $x_0$ 处**不可导**.

**注**：在式(3-1)中，若令 $\Delta x = h$，则有 $f'(x_0) = \lim\limits_{h \to 0} \dfrac{f(x_0 + h) - f(x_0)}{h}$；若令 $x = x_0 + \Delta x$，则有 $f'(x_0) = \lim\limits_{x \to x_0} \dfrac{f(x) - f(x_0)}{x - x_0}$.

根据导数的定义，前面介绍的两个实际案例可以叙述如下：

平面曲线 $C$ 在点 $M$ 处的切线斜率为函数 $y = f(x)$ 在点 $x_0$ 处的导数，即 $k = f'(x_0)$；肿瘤细胞在 $t_0$ 时刻的瞬时增长速度为函数 $N(t)$ 在点 $t_0$ 处的导数，即 $v_{t_0} = N'(t_0)$.

### 2. 单侧导数

在第二章中计算函数 $y = f(x)$ 在点 $x_0$ 处的极限时，$x \to x_0$ 的方向是包括左、右两侧的. 下面依据左极限和右极限的定义，给出左导数和右导数的定义.

**定义 3-2**　如果 $x$ 仅从左侧趋于 $x_0$，即 $\Delta x \to 0^-$ 或 $x \to x_0^-$，极限

$$\lim_{\Delta x \to 0^-} \frac{f(x_0 + \Delta x) - f(x_0)}{\Delta x} \quad 或 \quad \lim_{x \to x_0^-} \frac{f(x) - f(x_0)}{x - x_0}$$

存在，则称此极限值为函数 $y = f(x)$ 在点 $x_0$ 处的**左导数**(left derivative)，记作 $f'_-(x_0)$.

如果 $x$ 仅从右侧趋于 $x_0$，即 $\Delta x \to 0^+$ 或 $x \to x_0^+$，极限

$$\lim_{\Delta x \to 0^+} \frac{f(x_0 + \Delta x) - f(x_0)}{\Delta x} \quad 或 \quad \lim_{x \to x_0^+} \frac{f(x) - f(x_0)}{x - x_0}$$

存在，则称此极限值为函数 $y = f(x)$ 在点 $x_0$ 处的**右导数**(right derivative)，记作 $f'_+(x_0)$.

左导数和右导数统称为**单侧导数**.

由函数极限存在的充要条件,显然可以得到如下定理.

**定理 3-1　函数 $y=f(x)$ 在点 $x_0$ 处可导的充要条件是函数 $y=f(x)$ 在点 $x_0$ 处的左、右导数都存在且相等.**

由可导和连续的定义可以得到如下定理.

**定理 3-2　若函数 $y=f(x)$ 在点 $x_0$ 处可导,则函数 $y=f(x)$ 在点 $x_0$ 处连续.**

**证**　若函数 $y=f(x)$ 在点 $x_0$ 处可导,则 $\lim\limits_{\Delta x\to 0}\dfrac{\Delta y}{\Delta x}$ 存在. 于是

$$\lim_{\Delta x\to 0}\Delta y=\lim_{\Delta x\to 0}\frac{\Delta y}{\Delta x}\cdot\Delta x=\lim_{\Delta x\to 0}\frac{\Delta y}{\Delta x}\cdot\lim_{\Delta x\to 0}\Delta x=0,$$

故函数 $y=f(x)$ 在点 $x_0$ 处连续.

由中学的数学知识可知,若原命题成立,则其逆否命题一定成立. 因而,若函数 $y=f(x)$ 在点 $x_0$ 处不连续,则函数 $y=f(x)$ 在点 $x_0$ 处不可导. 如果函数 $y=f(x)$ 在点 $x_0$ 处连续,那么函数 $y=f(x)$ 在点 $x_0$ 处是否可导呢?

**例 3-1**　讨论函数 $f(x)=|x|=\begin{cases}x, & x\geqslant 0,\\ -x, & x<0\end{cases}$ 在 $x_0=0$ 处的连续性和可导性.

**解**　由图 3-3 知,函数 $f(x)=|x|$ 在 $x_0=0$ 处连续.

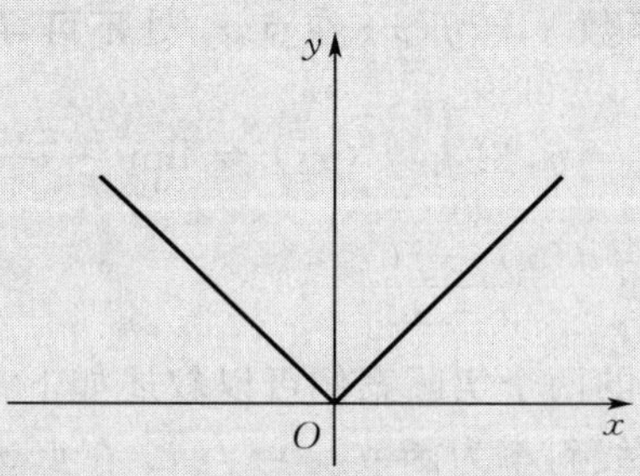


**图 3-3**

由于函数 $f(x)$ 是分段函数,在 $x_0=0$ 的两侧,函数的解析式不同,所以求 $x_0=0$ 处的导数时需要分别计算左导数和右导数.

左导数:

$$f'_-(0)=\lim_{x\to 0^-}\frac{f(x)-f(0)}{x-0}=\lim_{x\to 0^-}\frac{-x-0}{x-0}=\lim_{x\to 0^-}\frac{-x}{x}=-1;$$

右导数:

$$f'_+(0)=\lim_{x\to 0^+}\frac{f(x)-f(0)}{x-0}=\lim_{x\to 0^+}\frac{x-0}{x-0}=\lim_{x\to 0^+}\frac{x}{x}=1.$$

因为 $f'_-(0)\neq f'_+(0)$,所以函数 $f(x)=|x|$ 在 $x_0=0$ 处不可导.

**注**:可导一定连续,连续不一定可导,不连续一定不可导.

**例 3-2** 讨论函数 $f(x)=\begin{cases}x, & x\geqslant 0,\\ 2x+1, & x<0\end{cases}$ 在 $x_0=0$ 处的连续性和可导性.

**解** 因为 $\lim\limits_{x\to 0^+}f(x)=\lim\limits_{x\to 0^+}x=0$，$\lim\limits_{x\to 0^-}f(x)=\lim\limits_{x\to 0^-}(2x+1)=1$，所以 $\lim\limits_{x\to 0}f(x)$ 不存在，即函数 $f(x)$ 在点 $x_0$ 处不连续. 故函数 $f(x)$ 在点 $x_0$ 处不可导.

3. 函数在区间内的可导性

**定义 3-3** 若函数 $y=f(x)$ 在开区间 $(a,b)$ 内每一点处都可导，则称函数 $y=f(x)$ 在 $(a,b)$ 内可导. 此时，对于任一 $x\in(a,b)$，都有一个导数值 $f'(x)$ 与之对应，从而构成一个新的函数，即 $f'(x)$ 也是 $x$ 的函数，称为函数 $f(x)$ 的**导函数**(derived function)，简称导数，记作 $f'(x)$，$y'$，$\dfrac{\mathrm{d}f(x)}{\mathrm{d}x}$ 或 $\dfrac{\mathrm{d}y}{\mathrm{d}x}$.

**注**：函数 $y=f(x)$ 在点 $x_0$ 处的导数 $f'(x_0)$ 就是导函数 $f'(x)$ 在点 $x_0$ 处的值，即 $f'(x_0)=f'(x)\big|_{x=x_0}$.

进一步考虑闭区间 $[a,b]$，显然在区间端点处，函数 $y=f(x)$ 只能取单侧导数，因此得到结论：如果函数 $y=f(x)$ 在开区间 $(a,b)$ 内可导，且 $f'_+(a)$ 和 $f'_-(b)$ 都存在，那么称函数 $y=f(x)$ 在闭区间 $[a,b]$ 上可导.

4. 求导举例

由导数的定义可知，求函数 $y=f(x)$ 在点 $x$ 处的导数，一般分为以下三个步骤.

第一步：求函数增量 $\Delta y=f(x_0+\Delta x)-f(x_0)$；

第二步：求函数增量与自变量增量之比 $\dfrac{\Delta y}{\Delta x}=\dfrac{f(x+\Delta x)-f(x)}{\Delta x}$；

第三步：取极限 $f'(x)=\lim\limits_{\Delta x\to 0}\dfrac{f(x+\Delta x)-f(x)}{\Delta x}$.

**注**：在利用导数的定义计算函数的导数时，极限中的 $\Delta x$ 是变量，而 $x$ 是常量.

**例 3-3** 求函数 $f(x)=C$（$C$ 为常数）的导数.

**解** $f'(x)=\lim\limits_{\Delta x\to 0}\dfrac{f(x+\Delta x)-f(x)}{\Delta x}=\lim\limits_{\Delta x\to 0}\dfrac{C-C}{\Delta x}=0$，即

$$(C)'=0,$$

这就是说，常数的导数等于零.

**例 3-4** 求函数 $f(x)=x^n$（$n$ 为正整数）的导数.

**解** 
$$\begin{aligned}f'(x)&=\lim_{\Delta x\to 0}\frac{f(x+\Delta x)-f(x)}{\Delta x}=\lim_{\Delta x\to 0}\frac{(x+\Delta x)^n-x^n}{\Delta x}\\&=\lim_{\Delta x\to 0}\frac{C_n^0x^n+C_n^1x^{n-1}\Delta x+C_n^2x^{n-2}(\Delta x)^2+\cdots+C_n^n(\Delta x)^n-x^n}{\Delta x}\end{aligned}$$

$$= \lim_{\Delta x \to 0}[C_n^1 x^{n-1} + C_n^2 x^{n-2}\Delta x + \cdots + C_n^n (\Delta x)^{n-1}]$$
$$= nx^{n-1},$$

即
$$(x^n)' = nx^{n-1}.$$

更一般地,幂函数 $y = x^\mu$($\mu$ 为常数)的导数为

$$(x^\mu)' = \mu x^{\mu-1}.$$

这就是幂函数的导数公式.

例如,当 $\mu = \frac{1}{2}$ 时,$(\sqrt{x})' = (x^{\frac{1}{2}})' = \frac{1}{2}x^{\frac{1}{2}-1} = \frac{1}{2\sqrt{x}}$;

当 $\mu = -1$ 时,$\left(\frac{1}{x}\right)' = (x^{-1})' = (-1)x^{-1-1} = -\frac{1}{x^2}$.

**例 3-5** 求函数 $f(x) = \sin x$ 的导数.

**解** $$f'(x) = \lim_{\Delta x \to 0}\frac{f(x+\Delta x) - f(x)}{\Delta x} = \lim_{\Delta x \to 0}\frac{\sin(x+\Delta x) - \sin x}{\Delta x}$$
$$= \lim_{\Delta x \to 0}\frac{2\cos\left(x+\frac{\Delta x}{2}\right)\sin\frac{\Delta x}{2}}{\Delta x} = \lim_{\Delta x \to 0}\cos\left(x+\frac{\Delta x}{2}\right)\frac{\sin\frac{\Delta x}{2}}{\frac{\Delta x}{2}}$$
$$= \cos x,$$

即
$$(\sin x)' = \cos x.$$

同理可得
$$(\cos x)' = -\sin x.$$

这就是正弦函数和余弦函数的导数公式.

**例 3-6** 求函数 $f(x) = a^x (a > 0, a \neq 1)$ 的导数.

**解** $$f'(x) = \lim_{\Delta x \to 0}\frac{f(x+\Delta x) - f(x)}{\Delta x} = \lim_{\Delta x \to 0}\frac{a^{x+\Delta x} - a^x}{\Delta x}$$
$$= \lim_{\Delta x \to 0}\frac{a^x(a^{\Delta x} - 1)}{\Delta x} = \lim_{\Delta x \to 0}\frac{a^x(e^{\Delta x \ln a} - 1)}{\Delta x}$$
$$= a^x \lim_{\Delta x \to 0}\frac{\Delta x \ln a}{\Delta x} = a^x \ln a,$$

即
$$(a^x)' = a^x \ln a.$$

这就是指数函数的导数公式.

特殊地,当 $a = e$ 时,$f(x) = e^x$,则 $(e^x)' = e^x$.

**例 3-7** 求函数 $f(x) = \log_a x (a > 0, a \neq 1)$ 的导数.

**解** $$f'(x) = \lim_{\Delta x \to 0}\frac{f(x+\Delta x) - f(x)}{\Delta x} = \lim_{\Delta x \to 0}\frac{\log_a(x+\Delta x) - \log_a x}{\Delta x}$$

$$= \lim_{\Delta x \to 0} \frac{1}{\Delta x} \log_a \frac{x+\Delta x}{x} = \lim_{\Delta x \to 0} \frac{1}{x} \cdot \frac{x}{\Delta x} \log_a \left(1+\frac{\Delta x}{x}\right)$$

$$= \lim_{\Delta x \to 0} \frac{1}{x} \log_a \left(1+\frac{\Delta x}{x}\right)^{\frac{x}{\Delta x}} = \frac{1}{x} \log_a \mathrm{e}$$

$$= \frac{1}{x\ln a},$$

即

$$(\log_a x)' = \frac{1}{x\ln a}.$$

这就是对数函数的导数公式.

特殊地,当 $a=\mathrm{e}$ 时,$f(x)=\ln x$,则 $(\ln x)'=\frac{1}{x}$.

以上是由导数的定义推导出的导数公式,后面可以直接使用.

**例 3-8** 利用导数的定义求下列极限:

(1) 设 $f'(x_0)=2$,求 $\lim\limits_{h\to 0}\frac{f(x_0+2h)-f(x_0)}{h}$;

(2) 已知函数 $f(x)$ 在 $x=2$ 处可导,$f'(2)=1$ 且 $f(2)=0$,求 $\lim\limits_{x\to 2}\frac{f(x)}{x-2}$.

**解** (1) 原式 $=2\lim\limits_{h\to 0}\frac{f(x_0+2h)-f(x_0)}{2h}=2f'(x_0)=4$.

(2) 原式 $=\lim\limits_{x\to 2}\frac{f(x)-f(2)}{x-2}=f'(2)=1$.

## 三、导数的几何意义

根据对平面曲线的切线的讨论可知,如果函数 $y=f(x)$ 在点 $x_0$ 处可导,那么 $f'(x_0)$ 在几何上表示曲线 $y=f(x)$ 在点 $M(x_0,y_0)$ 处的切线的斜率 $k$,即 $k=\tan\alpha=f'(x_0)$,其中 $\alpha$ 是点 $M$ 处切线的倾角(见图 3-4).

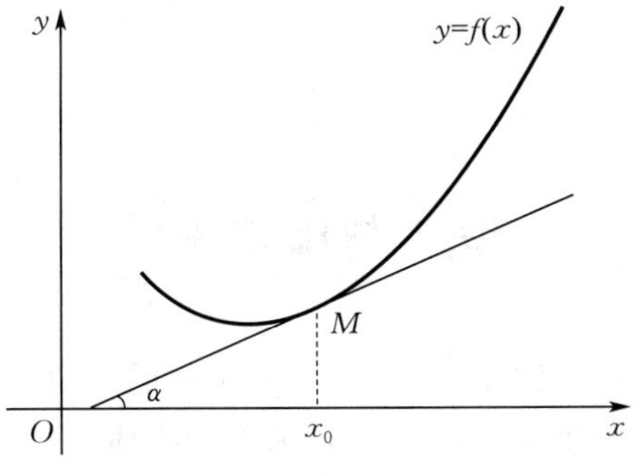


图 3-4

从而,由直线的点斜式方程可知,曲线 $y=f(x)$ 在点 $M(x_0,y_0)$ 处的切线方程

为

$$y - y_0 = f'(x_0)(x - x_0),$$

法线方程为

$$y - y_0 = -\frac{1}{f'(x_0)}(x - x_0).$$

当 $f'(x_0) = 0$,即切线斜率为 0 时,切线平行于 $x$ 轴,且切线方程为 $y = y_0$;

当 $f'(x_0) = \infty$,即切线斜率为 $\infty$ 时,切线垂直于 $x$ 轴,且切线方程为 $x = x_0$.

**例 3-9** 求曲线 $y = e^x$ 在点(0,1)处的切线方程和法线方程.

**解** 已知切点,所以求切线方程时只需求出其斜率,根据导数的几何意义,即计算函数在切点处的导数.

因为
$$y' = (e^x)' = e^x,$$
所以
$$y'|_{x=0} = 1,$$
故切线方程为
$$y - 1 = 1(x - 0),$$
即
$$x - y + 1 = 0;$$
法线方程为
$$y - 1 = -1(x - 0),$$
即
$$x + y - 1 = 0.$$

切线和法线如图 3-5 所示.

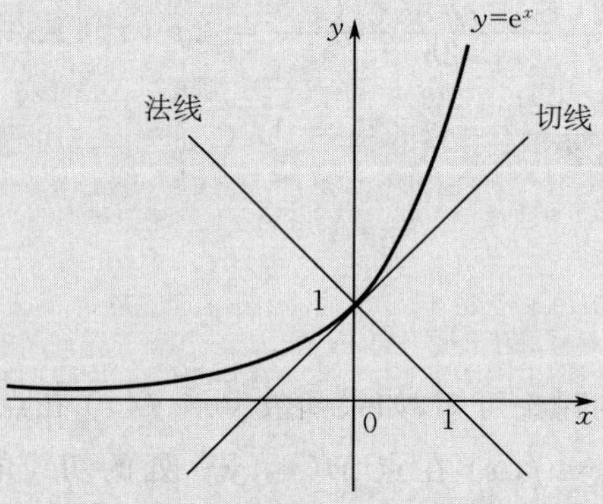


图 3-5

## 思考与练习 3-1

1. 利用导数的定义求函数 $y = x^2$ 在 $x = 1$ 处的导数.
2. 已知物体的运动规律为 $s = t^3$(m),求这个物体在 $t = 2$ s时的速度.
3. 设 $f'(x_0) = 1$,利用导数的定义求下列极限:

(1) $\lim\limits_{\Delta x \to 0} \dfrac{f(x_0 + 3\Delta x) - f(x_0)}{\Delta x}$；　　(2) $\lim\limits_{h \to 0} \dfrac{f(x_0 + h) - f(x_0 - h)}{h}$.

4. 求下列函数的导数：

(1) $y = x^5$；　(2) $y = \sqrt[5]{x^3}$；　(3) $y = \dfrac{1}{\sqrt{x}}$；　(4) $y = \dfrac{\sqrt[3]{x}}{\sqrt{x}}$.

5. 求曲线 $y = \sin x$ 在点 $\left(\dfrac{\pi}{4}, \dfrac{\sqrt{2}}{2}\right)$ 处的切线方程与法线方程.

6. 求曲线 $y = \ln x$ 在点 $(1,0)$ 处的切线方程与法线方程.

7. 设函数

$$f(x) = \begin{cases} x^2 + 1, & 0 \leqslant x < 1, \\ 3x - 1, & x \geqslant 1. \end{cases}$$

讨论函数 $f(x)$ 在 $x = 1$ 处的连续性与可导性.

8. 设函数

$$f(x) = \begin{cases} x^2, & x \leqslant 1, \\ ax + b, & x > 1. \end{cases}$$

当 $a, b$ 取何值时，函数 $f(x)$ 在 $x = 1$ 处可导？

# 第二节　函数的求导法则

利用导数的定义求函数的导数，是求导的最基本的方法，但计算会很烦琐，有时甚至是不可求的. 能否找到求导的一般法则或常用函数的求导公式，使求导的运算变得更加简单呢？本节将在导数的定义的基础上，推导出一些求导的基本法则和基本初等函数的导数公式，从而根据这些法则和公式计算一些常见初等函数的导数.

## 一、导数的四则运算法则

**定理 3-3**　**如果函数 $u = u(x)$ 和 $v = v(x)$ 都在点 $x$ 处可导，那么它们的和、差、积、商（分母不为零）都在点 $x$ 处可导，且**

(1) $[u(x) \pm v(x)]' = u'(x) \pm v'(x)$；

(2) $[u(x)v(x)]' = u'(x)v(x) + u(x)v'(x)$；

(3) $\left[\dfrac{u(x)}{v(x)}\right]' = \dfrac{u'(x)v(x) - u(x)v'(x)}{v^2(x)} [v(x) \neq 0]$.

**证**　在此只用导数的定义证明(2)，(1) 和(3) 请读者自行证明.

(2) $[u(x)v(x)]'$

$$= \lim_{\Delta x \to 0} \frac{u(x + \Delta x)v(x + \Delta x) - u(x)v(x)}{\Delta x}$$

$$= \lim_{\Delta x \to 0} \frac{u(x + \Delta x)v(x + \Delta x) - u(x)v(x + \Delta x) + u(x)v(x + \Delta x) - u(x)v(x)}{\Delta x}$$

$$= \lim_{\Delta x \to 0}\left[\frac{u(x+\Delta x)-u(x)}{\Delta x}\cdot v(x+\Delta x)+u(x)\cdot\frac{v(x+\Delta x)-v(x)}{\Delta x}\right]$$

$$= \lim_{\Delta x \to 0}\frac{u(x+\Delta x)-u(x)}{\Delta x}\cdot\lim_{\Delta x \to 0}v(x+\Delta x)+u(x)\cdot\lim_{\Delta x \to 0}\frac{v(x+\Delta x)-v(x)}{\Delta x}$$

$$= u'(x)v(x)+u(x)v'(x).$$

**注**:(1) 定理 3-3 中的法则(1) 和(2) 可推广到有限多个可导函数的情形. 例如,设 $u=u(x)$,$v=v(x)$ 和 $w=w(x)$ 都可导,则

$$(u\pm v\pm w)'=u'\pm v'\pm w';$$

$$(uvw)'=[(uv)w]'=(uv)'w+(uv)w'=u'vw+uv'w+uvw'.$$

(2) 在法则(2) 中,若 $v(x)=C$($C$ 为常数),则

$$(Cu)'=Cu'.$$

(3) 在法则(3) 中,若 $u(x)=C$($C$ 为常数),则

$$\left(\frac{C}{v}\right)'=-C\frac{v'}{v^2}.$$

**例 3-10** 设函数 $y=x^3-2x^2+\sqrt{x}+\ln 3$,求 $y'$.

**解** $y'=(x^3-2x^2+\sqrt{x}+\ln 3)'$

$$=(x^3)'-(2x^2)'+(\sqrt{x})'+(\ln 3)'$$

$$=3x^2-4x+\frac{1}{2\sqrt{x}}.$$

**例 3-11** 设函数 $y=2x\sin x$,求 $y'$ 和 $y'\Big|_{x=\frac{\pi}{2}}$.

**解** $y'=(2x\sin x)'=2[x'\sin x+x(\sin x)']=2(\sin x+x\cos x)$,

$$y'\Big|_{x=\frac{\pi}{2}}=2.$$

**例 3-12** 求函数 $y=\tan x$ 的导数.

**解** $y'=(\tan x)'=\left(\frac{\sin x}{\cos x}\right)'$

$$=\frac{(\sin x)'\cos x-\sin x(\cos x)'}{\cos^2 x}$$

$$=\frac{\cos^2 x+\sin^2 x}{\cos^2 x}=\frac{1}{\cos^2 x}=\sec^2 x,$$

即

$$(\tan x)'=\sec^2 x.$$

这就是正切函数的导数公式.

**例 3-13** 求函数 $y=\sec x$ 的导数.

**解** $y'=(\sec x)'=\left(\frac{1}{\cos x}\right)'$

$$=-\frac{(\cos x)'}{\cos^2 x}=\frac{\sin x}{\cos^2 x}$$

$$=\sec x\tan x,$$

即
$$(\sec x)'=\sec x\tan x.$$

这就是正割函数的导数公式.

同理可推导出余切函数和余割函数的导数公式：

$$(\cot x)'=-\csc^2 x,\quad (\csc x)'=-\csc x\cot x.$$

## 二、反函数的求导法则

**定理 3-4　如果函数 $x=f^{-1}(y)$ 在区间 $I_y$ 内单调、可导，且$[f^{-1}(y)]'\neq 0$，那么它的反函数 $y=f(x)$ 在区间 $I_x=\{x\,|\,x=f^{-1}(y),y\in I_y\}$ 内也可导，且**

$$f'(x)=\frac{1}{[f^{-1}(y)]'}\quad \text{或}\quad \frac{\mathrm{d}y}{\mathrm{d}x}=\frac{1}{\frac{\mathrm{d}x}{\mathrm{d}y}}.$$

**证**　因为函数 $x=f^{-1}(y)$ 在区间 $I_y$ 内单调、可导，从而函数 $x=f^{-1}(y)$ 在区间 $I_y$ 内单调、连续，所以其反函数 $y=f(x)$ 存在，且在区间 $I_x$ 内也单调、连续.

任取 $x\in I_x$，设 $x$ 取得增量 $\Delta x[\Delta x\neq 0,(x+\Delta x)\in I_x]$，则相应函数的增量为

$$\Delta y=f(x+\Delta x)-f(x)\neq 0,$$

又函数 $y=f(x)$ 在区间 $I_x$ 内连续，即

$$\lim_{\Delta x\to 0}\Delta y=0,$$

故
$$f'(x)=\lim_{\Delta x\to 0}\frac{\Delta y}{\Delta x}=\lim_{\Delta y\to 0}\frac{1}{\frac{\Delta x}{\Delta y}}=\frac{1}{[f^{-1}(y)]'}.$$

反函数的求导法则可简述为：反函数的导数等于直接函数导数的倒数.

**例 3-14**　求函数 $y=\arcsin x$ 的导数.

**解**　因为函数 $y=\arcsin x\,[x\in(-1,1)]$ 是函数 $x=\sin y\left[y\in\left(-\frac{\pi}{2},\frac{\pi}{2}\right)\right]$的反函数，且函数 $x=\sin y$ 在区间$\left(-\frac{\pi}{2},\frac{\pi}{2}\right)$内单调、可导，所以

$$y'=(\arcsin x)'=\frac{1}{(\sin y)'}=\frac{1}{\cos y}=\frac{1}{\sqrt{1-\sin^2 y}}=\frac{1}{\sqrt{1-x^2}},$$

即
$$(\arcsin x)'=\frac{1}{\sqrt{1-x^2}}.$$

这就是反正弦函数的导数公式.

同理可推导出反余弦函数的导数公式：

$$(\arccos x)'=-\frac{1}{\sqrt{1-x^2}}.$$

**例 3-15** 求函数 $y=\arctan x$ 的导数.

**解** 因为函数 $y=\arctan x[x\in(-\infty,+\infty)]$ 是函数 $x=\tan y\left[y\in\left(-\frac{\pi}{2},\frac{\pi}{2}\right)\right]$ 的反函数,且函数 $x=\tan y$ 在区间 $\left(-\frac{\pi}{2},\frac{\pi}{2}\right)$ 内单调、可导,所以

$$y'=(\arctan x)'=\frac{1}{(\tan y)'}=\frac{1}{\sec^2 y}=\frac{1}{1+\tan^2 y}=\frac{1}{1+x^2},$$

即
$$(\arctan x)'=\frac{1}{1+x^2}.$$

这就是反正切函数的导数公式.

同理可推导出反余切函数的导数公式:

$$(\operatorname{arccot} x)'=-\frac{1}{1+x^2}.$$

利用基本初等函数的导数公式和求导法则可以计算很多简单函数的导数,然而在计算 $y=(1+2x)^3$ 的导数时,先利用中学数学学过的二项式定理展开,然后利用四则运算法则求导,计算过于繁杂.下面介绍复合函数的求导法则.

## 三、复合函数的求导法则

**定理 3-5 如果函数 $u=\varphi(x)$ 在点 $x$ 处可导,而函数 $y=f(u)$ 在 $u=\varphi(x)$ 处可导,那么复合函数 $y=f[\varphi(x)]$ 在点 $x$ 处可导,且**

$$\frac{\mathrm{d}y}{\mathrm{d}x}=f'(u)\varphi'(x) \quad \text{或} \quad \frac{\mathrm{d}y}{\mathrm{d}x}=\frac{\mathrm{d}y}{\mathrm{d}u}\cdot\frac{\mathrm{d}u}{\mathrm{d}x}.$$

**证** 因为函数 $y=f(u)$ 在点 $u$ 处可导,所以

$$f'(u)=\lim_{\Delta u\to 0}\frac{\Delta y}{\Delta u}$$

存在.于是

$$\frac{\Delta y}{\Delta u}=f'(u)+\alpha,$$

式中,$\alpha$ 为 $\Delta u\to 0$ 时的无穷小量.由上式可知

$$\Delta y=f'(u)\Delta u+\alpha\Delta u,$$

上式两边同时除以 $\Delta x$,得

$$\frac{\Delta y}{\Delta x}=f'(u)\frac{\Delta u}{\Delta x}+\alpha\frac{\Delta u}{\Delta x},$$

又因为函数 $u=\varphi(x)$ 在点 $x$ 处可导,则函数 $u=\varphi(x)$ 在点 $x$ 处连续,所以

$$\lim_{\Delta x\to 0}\Delta u=0,\quad \varphi'(x)=\lim_{\Delta x\to 0}\frac{\Delta u}{\Delta x},$$

故
$$\lim_{\Delta x\to 0}\alpha\frac{\Delta u}{\Delta x}=0,$$

于是
$$\lim_{\Delta x\to 0}\frac{\Delta y}{\Delta x}=\lim_{\Delta x\to 0}\left[f'(u)\frac{\Delta u}{\Delta x}+\alpha\frac{\Delta u}{\Delta x}\right]$$

$$= f'(u)\lim_{\Delta x\to 0}\frac{\Delta u}{\Delta x}$$
$$= f'(u)u'(x).$$

**注**：复合函数的求导法则可简述为：复合函数的导数等于函数对中间变量的导数乘中间变量对自变量的导数. 该法则称为**链式法则**.

复合函数的求导法则可推广到多个中间变量的情形. 例如，设函数 $y=f(u)$，$u=\varphi(v)$，$v=\psi(x)$ 在相应点处的导数都存在，则复合函数 $y=f\{\varphi[\psi(x)]\}$ 的导数为

$$\frac{\mathrm{d}y}{\mathrm{d}x}=\frac{\mathrm{d}y}{\mathrm{d}u}\cdot\frac{\mathrm{d}u}{\mathrm{d}v}\cdot\frac{\mathrm{d}v}{\mathrm{d}x}.$$

**例 3-16**　求函数 $y=(1+2x)^3$ 的导数.

**解**　函数 $y=(1+2x)^3$ 可看作由 $y=u^3$ 和 $u=1+2x$ 复合而成，故

$$\frac{\mathrm{d}y}{\mathrm{d}x}=\frac{\mathrm{d}y}{\mathrm{d}u}\cdot\frac{\mathrm{d}u}{\mathrm{d}x}=3u^2\cdot 2=6(1+2x)^2.$$

**例 3-17**　求函数 $y=\mathrm{e}^{\sin^2 x}$ 的导数.

**解**　函数 $y=\mathrm{e}^{\sin^2 x}$ 可看作由 $y=\mathrm{e}^u$，$u=v^2$，$v=\sin x$ 复合而成，故

$$\frac{\mathrm{d}y}{\mathrm{d}x}=\frac{\mathrm{d}y}{\mathrm{d}u}\cdot\frac{\mathrm{d}u}{\mathrm{d}v}\cdot\frac{\mathrm{d}v}{\mathrm{d}x}=\mathrm{e}^u\cdot(2v)\cdot\cos x$$
$$=\mathrm{e}^{\sin^2 x}\cdot(2\sin x)\cdot\cos x=\mathrm{e}^{\sin^2 x}\sin 2x.$$

**注**：对复合函数求导时，首先要分清函数的复合层次，然后从外向里，逐层求导，不要遗漏，也不要重复. 刚开始求复合函数的导数时，可以先写出中间变量，按照步骤去做，在运用熟练后，可以不写出中间变量，直接求导. 在此基础上计算复杂的初等函数的导数就会变得容易.

**例 3-18**　求函数 $y=\sqrt{x^2+x}$ 的导数.

**解**　这里不写出中间变量，直接求导得

$$y'=(\sqrt{x^2+x})'=\frac{1}{2\sqrt{x^2+x}}\cdot(x^2+x)'=\frac{2x+1}{2\sqrt{x^2+x}}.$$

**例 3-19**　求函数 $y=\ln(x+\sqrt{a^2+x^2})$ 的导数.

**解**　$$y'=[\ln(x+\sqrt{a^2+x^2})]'=\frac{(x+\sqrt{a^2+x^2})'}{x+\sqrt{a^2+x^2}}=\frac{1+(\sqrt{a^2+x^2})'}{x+\sqrt{a^2+x^2}}$$

$$=\frac{1+\dfrac{(a^2+x^2)'}{2\sqrt{a^2+x^2}}}{x+\sqrt{a^2+x^2}}=\frac{1+\dfrac{2x}{2\sqrt{a^2+x^2}}}{x+\sqrt{a^2+x^2}}=\frac{1}{\sqrt{a^2+x^2}}.$$

**例 3-20** 设函数 $f(x)$ 为可导函数，$y=f(x^2)$，求 $y'$.

**解** 令 $y=f(u)$，$u=x^2$，则

$$\frac{\mathrm{d}y}{\mathrm{d}x}=f'(u)\cdot(x^2)'=2xf'(x^2).$$

**注**：在解决问题的过程中若写出中间变量，再写 $y'$ 就容易引起混淆，因为 $y=f(u)$ 中 $y$ 是 $u$ 的函数，而 $y=f(x^2)$ 中 $y$ 是 $x$ 的函数，分不清是对哪个变量求导，因而写成 $\frac{\mathrm{d}y}{\mathrm{d}x}$. 从解题过程中易知 $f'(x^2)$ 是 $f(x^2)$ 对 $x^2$ 的导数，而不是对 $x$ 求导.

根据前面章节中对求导法则的讨论以及求导举例，现将基本初等函数的导数公式和基本求导法则归纳如下.

1. 常数和基本初等函数的导数公式

(1) $(C)'=0$（$C$ 为常数）；

(2) $(x^\mu)'=\mu x^{\mu-1}$（$\mu\neq 0$ 为常数）；

(3) $(a^x)'=a^x\ln a\,(a>0,a\neq 1)$；

(4) $(\mathrm{e}^x)'=\mathrm{e}^x$；

(5) $(\log_a x)'=\frac{1}{x\ln a}\,(a>0,a\neq 1)$；

(6) $(\ln x)'=\frac{1}{x}$；

(7) $(\sin x)'=\cos x$；

(8) $(\cos x)'=-\sin x$；

(9) $(\tan x)'=\sec^2 x$；

(10) $(\cot x)'=-\csc^2 x$；

(11) $(\sec x)'=\sec x\tan x$，

(12) $(\csc x)'=-\csc x\cot x$；

(13) $(\arcsin x)'=\frac{1}{\sqrt{1-x^2}}$；

(14) $(\arccos x)'=-\frac{1}{\sqrt{1-x^2}}$；

(15) $(\arctan x)'=\frac{1}{1+x^2}$；

(16) $(\operatorname{arccot} x)'=-\frac{1}{1+x^2}$.

2. 函数的和、差、积、商的求导法则

设函数 $u=u(x)$ 和 $v=v(x)$ 都在点 $x$ 处可导，则

$$(u\pm v)'=u'\pm v',\quad (uv)'=u'v+uv',$$

$$\left(\frac{u}{v}\right)'=\frac{u'v-uv'}{v^2}\quad(v\neq 0).$$

3. 反函数的求导法则

设函数 $x=f^{-1}(y)$ 在区间 $I_y$ 内单调、可导，且 $[f^{-1}(y)]'\neq 0$，则其反函数 $y=f(x)$ 在区间 $I_x=\{x\,|\,x=f^{-1}(y),y\in I_y\}$ 内也可导，且

$$f'(x)=\frac{1}{[f^{-1}(y)]'}\quad 或\quad \frac{\mathrm{d}y}{\mathrm{d}x}=\frac{1}{\frac{\mathrm{d}x}{\mathrm{d}y}}.$$

4. 复合函数的求导法则

设函数 $u=\varphi(x)$，$y=f(u)$ 分别在点 $x$ 和 $u=\varphi(x)$ 处可导，则复合函数 $y=f[\varphi(x)]$ 的导数为

$$\frac{\mathrm{d}y}{\mathrm{d}x}=f'(u)\varphi'(x)\quad 或\quad \frac{\mathrm{d}y}{\mathrm{d}x}=\frac{\mathrm{d}y}{\mathrm{d}u}\cdot\frac{\mathrm{d}u}{\mathrm{d}x}.$$

## 四、隐函数的求导法则

前面介绍的求导法则主要适用于显函数，下面思考对于由方程 $F(x,y)=0$ 确定的隐函数该如何求导呢？

如果方程 $F(x,y)=0$ 确定的隐函数可以显化，将其化为 $y=f(x)$ 的形式，如方程 $x+y^3-1=0$ 可以化为 $y=\sqrt[3]{1-x}$. 这些可以显化的隐函数的求导法则与前面所介绍的相同. 但很多由方程 $F(x,y)=0$ 确定的隐函数是不易或无法解出 $y$ 的，如方程 $e^{x+y}-xy=1$ 就无法写成 $y=f(x)$ 的形式. 因而下面讨论对所有隐函数都适用的求导法则.

设由方程 $F(x,y)=0$ 确定的函数为 $y=y(x)$，将其代回方程，得

$$F[x,y(x)]=0,$$

根据复合函数的求导法则，上式两边同时对变量 $x$ 求导，然后解出所求导数 $\frac{dy}{dx}$. 即在求导过程中 $y$ 已经是关于 $x$ 的函数. 这就是**隐函数的求导法则**.

**例 3-21**　求由方程 $x+y^3-1=0$ 确定的隐函数的导数 $\frac{dy}{dx}$.

**解**　方程两边同时对变量 $x$ 求导，得

$$\frac{d(x+y^3-1)}{dx}=0,$$

$$1+3y^2\cdot\frac{dy}{dx}=0,$$

$$\frac{dy}{dx}=-\frac{1}{3y^2}.$$

**例 3-22**　求由方程 $e^{x+y}-xy=1$ 确定的隐函数在 $x=0$ 处的导数.

**解**　方程两边同时对变量 $x$ 求导，得

$$\frac{d(e^{x+y}-xy)}{dx}=\frac{d(1)}{dx},$$

根据求导法则，得

$$e^{x+y}\left(1+\frac{dy}{dx}\right)-\left(y+x\cdot\frac{dy}{dx}\right)=0,$$

整理，得

$$\frac{dy}{dx}=\frac{y-e^{x+y}}{e^{x+y}-x},$$

将 $x=0$ 代入原方程，得 $y=0$，则 $\left.\frac{dy}{dx}\right|_{\substack{x=0\\y=0}}=-1$.

**注**：求隐函数的导数时，在确定隐函数的方程两边同时对自变量 $x$ 求导，一定要注意每一项都要对 $x$ 求导，凡是遇到含有 $y$，$y$ 已经是 $x$ 的函数，若类似于 $y^2$，$e^y$，$\sin y$，$\varphi(y)$ 等形式，在对 $x$ 求导时，应该按照复合函数的求导法则先对 $y$ 求导，再乘 $y'$；若

类似于 $x+y, xy^2, e^{x+y}, \varphi(x,y)$ 等形式,在对 $x$ 求导时,应按照导数的四则运算法则或复合函数的求导法则来计算.

由方程 $F(x,y)=0$ 确定的隐函数 $y=y(x)$ 对 $x$ 的导数 $y'$ 中可以含有变量 $y$.

## 五、对数求导法

前面讨论了函数的基本求导法则和隐函数的求导法则,但对于一些特殊类型的函数,如幂指函数 $y=u(x)^{v(x)}[u(x)>0]$,$y=\dfrac{(x+1)\sqrt[3]{x-1}}{(2x+3)^2}(x>1)$ 等,用前面的方法计算量较大,不易求导,可以采用取对数求导法. 所谓**取对数求导法**(简称对数求导法),是指先在等式两边取对数,利用中学数学中介绍过的对数函数的性质进行化简,然后利用隐函数的求导法则求出函数的导数的方法.

**例 3-23** 设函数 $y=x^x(x>0)$,求 $y'$.

**解** 等式两边取对数,得

$$\ln y = x\ln x,$$

上式两边同时对 $x$ 求导,得

$$\frac{1}{y}\cdot y' = \ln x + 1,$$

故

$$y' = x^x(\ln x + 1).$$

**例 3-24** 求函数 $y=\dfrac{(x+1)\sqrt[3]{x-1}}{(2x+3)^2}(x>1)$ 的导数.

**解** 等式两边取对数,得

$$\ln y = \ln(x+1) + \frac{1}{3}\ln(x-1) - 2\ln(2x+3),$$

上式两边同时对 $x$ 求导,得

$$\frac{1}{y}\cdot y' = \frac{1}{x+1} + \frac{1}{3(x-1)} - \frac{4}{2x+3},$$

故

$$y' = \frac{(x+1)\sqrt[3]{x-1}}{(2x+3)^2}\cdot\left[\frac{1}{x+1} + \frac{1}{3(x-1)} - \frac{4}{2x+3}\right].$$

**注**:在对数求导法中,用到了隐函数的求导法则,然而原来的函数是显函数,最后 $y$ 应转化成 $x$ 的函数.

## 六、由参数方程确定的函数的导数

在平面解析几何中,很多曲线的方程可以用参数方程表示:

$$\begin{cases} x = \varphi(t), \\ y = \psi(t). \end{cases}$$

如以原点为圆心、长半轴为 $a$、短半轴为 $b$ 的椭圆的参数方程为

$$\begin{cases} x = a\cos t, \\ y = b\sin t \end{cases} \quad (0 \leqslant t \leqslant 2\pi),$$

式中，$t$ 为参数.

这里 $x,y$ 都是关于参数 $t$ 的函数，显然，当 $t$ 取定一值时，$x,y$ 都有唯一值与之对应，则 $x$ 与 $y$ 的取值也是相对应的，即 $y$ 与 $x$ 之间也有函数关系.

一般地，若参数方程

$$\begin{cases} x = \varphi(t), \\ y = \psi(t) \end{cases} \tag{3-2}$$

确定了 $y$ 与 $x$ 之间的函数关系，则称此函数关系所表达的函数为由参数方程(3-2)确定的函数.

下面讨论由参数方程确定的函数的求导方法.

设函数 $x=\varphi(t)$ 与 $y=\psi(t)$ 都可导，且函数 $x=\varphi(t)$ 具有单调、连续的反函数 $t=\varphi^{-1}(x)$. 如果函数 $t=\varphi^{-1}(x)$ 与 $y=\psi(t)$ 可以构成复合函数，那么由参数方程(3-2) 确定的函数可以看作由函数 $y=\psi(t)$ 和 $t=\varphi^{-1}(x)$ 复合而成的函数 $y=\psi[\varphi^{-1}(x)]$，则根据复合函数的求导法则，当 $\varphi'(t)\neq 0$ 时，有

$$\frac{\mathrm{d}y}{\mathrm{d}x} = \frac{\mathrm{d}y}{\mathrm{d}t} \cdot \frac{\mathrm{d}t}{\mathrm{d}x} = \frac{\mathrm{d}y}{\mathrm{d}t} \cdot \frac{1}{\frac{\mathrm{d}x}{\mathrm{d}t}} = \frac{\psi'(t)}{\varphi'(t)},$$

即

$$\frac{\mathrm{d}y}{\mathrm{d}x} = \frac{\psi'(t)}{\varphi'(t)}.$$

这就是由参数方程(3-2) 确定的函数的导数公式.

**例 3-25**　求由参数方程

$$\begin{cases} x = \arctan t, \\ y = \ln(1+t^2) \end{cases}$$

确定的函数的导数.

**解**

$$\frac{\mathrm{d}y}{\mathrm{d}x} = \frac{[\ln(1+t^2)]'}{(\arctan t)'} = \frac{\frac{2t}{1+t^2}}{\frac{1}{1+t^2}} = 2t,$$

即

$$\frac{\mathrm{d}y}{\mathrm{d}x} = 2t.$$

**例 3-26**　已知椭圆的参数方程为

$$\begin{cases} x = 3\cos t, \\ y = 2\sin t, \end{cases}$$

求椭圆在 $t=\frac{\pi}{4}$ 相应的点处的切线方程.

**解**　根据导数的几何意义，首先求函数的导数：

$$\frac{\mathrm{d}y}{\mathrm{d}x} = \frac{(2\sin t)'}{(3\cos t)'} = \frac{2\cos t}{-3\sin t} = -\frac{2}{3}\cot t,$$

则在 $t=\frac{\pi}{4}$ 相应的点处的切线斜率为 $\left.\frac{\mathrm{d}y}{\mathrm{d}x}\right|_{t=\frac{\pi}{4}}=-\frac{2}{3}$.

又当 $t=\frac{\pi}{4}$ 时,$x=\frac{3\sqrt{2}}{2}$,$y=\sqrt{2}$,故切线方程为

$$y-\sqrt{2}=-\frac{2}{3}\left(x-\frac{3\sqrt{2}}{2}\right),$$

即

$$2x+3y-6\sqrt{2}=0.$$

**注:一般地,关于参数 $t$ 的方程确定的 $y$ 是 $x$ 函数的导数均含有参数 $t$.**

## 七、高阶导数

**定义 3-4** 若函数 $y=f(x)$ 的导数 $y'=f'(x)$ 在点 $x$ 处可导,则称 $y'=f'(x)$ 在点 $x$ 处的导数为函数 $y=f(x)$ 在点 $x$ 处的**二阶导数**(second derivative),记作 $y''$,$f''(x)$,$\frac{\mathrm{d}^2y}{\mathrm{d}x^2}$ 或 $\frac{\mathrm{d}^2f(x)}{\mathrm{d}x^2}$,即

$$f''(x)=[f'(x)]' \quad 或 \quad \frac{\mathrm{d}^2y}{\mathrm{d}x^2}=\frac{\mathrm{d}}{\mathrm{d}x}\left(\frac{\mathrm{d}y}{\mathrm{d}x}\right).$$

类似地,如果函数 $y=f(x)$ 的二阶导数 $f''(x)$ 的导数存在,则称该导数为函数 $y=f(x)$ 的**三阶导数**,记作 $y'''$,$f'''(x)$,$\frac{\mathrm{d}^3y}{\mathrm{d}x^3}$ 或 $\frac{\mathrm{d}^3f(x)}{\mathrm{d}x^3}$.

以此类推,可以定义四阶导数、五阶导数……

一般地,若函数 $y=f(x)$ 的 $n-1$ 阶导数的导数存在,则称该导数为函数 $y=f(x)$ 的 $n$ **阶导数**.

从四阶导数开始,各阶导数分别记作

$$y^{(4)},y^{(5)},\cdots,y^{(n)}$$

或

$$\frac{\mathrm{d}^4y}{\mathrm{d}x^4},\frac{\mathrm{d}^5y}{\mathrm{d}x^5},\cdots,\frac{\mathrm{d}^ny}{\mathrm{d}x^n}.$$

函数的二阶及二阶以上的导数统称为**高阶导数**. 函数 $y=f(x)$ 有 $n$ 阶导数也可称作函数 $y=f(x)$ $n$ 阶可导.

相应地,称函数 $y=f(x)$ 为 $y=f(x)$ 的零阶导数,$y'=f'(x)$ 为 $y=f(x)$ 的一阶导数.

显然,如果函数 $y=f(x)$ 在点 $x$ 处 $n$ 阶可导,那么函数 $y=f(x)$ 在点 $x$ 处具有一切低于 $n$ 阶的导数.

由此可见,求函数的高阶导数,就是利用前面介绍的基本求导公式及导数的运算法则,对函数逐阶求导.

**例 3-27**　设函数 $y=x^2+\sin x$，求 $y''$.

**解**　$y'=2x+\cos x, y''=2-\sin x$.

**例 3-28**　设函数 $f(x)=\arctan x$，求 $f'''(0)$.

**解**　$f'(x)=\dfrac{1}{1+x^2}, f''(x)=-\dfrac{2x}{(1+x^2)^2}, f'''(x)=\dfrac{6x^2-2}{(1+x^2)^3}$，故

$$f'''(0)=-2.$$

**例 3-29**　设函数 $y=x^n$（$n$ 为正整数），求 $y^{(n)}, y^{(n+1)}$.

**解**

$$y'=nx^{n-1},\quad y''=n(n-1)x^{n-2},$$
$$y'''=n(n-1)(n-2)x^{n-3},$$
$$y^{(4)}=n(n-1)(n-2)(n-3)x^{n-4},$$

由数学归纳法可得

$$y^{(n)}=n(n-1)(n-2)(n-3)\cdot\cdots\cdot3\cdot2\cdot1=n!,$$

而

$$y^{(n+1)}=(n!)'=0.$$

**注**：$y=x^n, y^{(k)}=\begin{cases}n(n-1)(n-2)\cdots(n-k+1)x^{n-k}, & k<n,\\ n!, & k=n,\\ 0, & k>n.\end{cases}$

**例 3-30**　设函数 $y=\mathrm{e}^{2x}$，求 $y^{(n)}$.

**解**

$$y'=2\mathrm{e}^{2x},\quad y''=2^2\mathrm{e}^{2x},$$
$$y'''=2^2\cdot2\mathrm{e}^{2x}=2^3\mathrm{e}^{2x},\quad y^{(4)}=2^3\cdot2\mathrm{e}^{2x}=2^4\mathrm{e}^{2x},$$

由数学归纳法可得

$$y^{(n)}=(\mathrm{e}^{2x})^{(n)}=2^n\mathrm{e}^{2x}.$$

特例：$(\mathrm{e}^x)^{(n)}=\mathrm{e}^x$.

**例 3-31**　设函数 $y=\sin x$，求 $y^{(n)}$.

**解**

$$y=\sin x,$$
$$y'=\cos x=\sin\left(x+\frac{\pi}{2}\right),$$
$$y''=-\sin x=\sin\left(x+2\cdot\frac{\pi}{2}\right),$$
$$y'''=-\cos x=\sin\left(x+3\cdot\frac{\pi}{2}\right),$$
$$y^{(4)}=\sin x=\sin\left(x+4\cdot\frac{\pi}{2}\right),$$

由数学归纳法可得

$$y^{(n)}=(\sin x)^{(n)}=\sin\left(x+n\cdot\frac{\pi}{2}\right).$$

同理可得

$$(\cos x)^{(n)}=\cos\left(x+n\cdot\frac{\pi}{2}\right).$$

**例 3-32** 设函数 $y=\ln(1+x)$,求 $y^{(n)}$.

**解**

$$y'=\frac{1}{1+x},\quad y''=-\frac{1}{(1+x)^2},$$

$$y'''=\frac{1\cdot 2}{(1+x)^3},\quad y^{(4)}=-\frac{1\cdot 2\cdot 3}{(1+x)^4},$$

由数学归纳法可得

$$y^{(n)}=[\ln(1+x)]^{(n)}=(-1)^{n-1}\frac{(n-1)!}{(1+x)^n}.$$

**注**:求函数的高阶导数时,可以直接按照导数的定义逐阶求出指定的高阶导数,称为直接法.对于复杂问题,常利用已知的高阶导数公式,通过导数的四则运算、变量代换等方法,间接求出指定的高阶导数,称为间接法.

**例 3-33** 设函数 $y=\ln(1+3x+2x^2)$,求 $y^{(n)}$.

**解** 因为 $y=\ln(1+3x+2x^2)=\ln(1+x)+\ln(1+2x)$,

所以 $y^{(n)}=[\ln(1+3x+2x^2)]^{(n)}=[\ln(1+x)]^{(n)}+[\ln(1+2x)]^{(n)}$,

根据例 3-32 可知

$$[\ln(1+x)]^{(n)}=(-1)^{n-1}\cdot\frac{(n-1)!}{(1+x)^n},$$

$$[\ln(1+2x)]^{(n)}=(-1)^{n-1}\cdot 2^n\cdot\frac{(n-1)!}{(1+2x)^n},$$

故

$$\begin{aligned}y^{(n)}&=(-1)^{n-1}\cdot\frac{(n-1)!}{(1+x)^n}+(-1)^{n-1}\cdot 2^n\cdot\frac{(n-1)!}{(1+2x)^n}\\&=(-1)^{n-1}\cdot(n-1)!\left[\frac{1}{(1+x)^n}+\frac{2^n}{(1+2x)^n}\right].\end{aligned}$$

由前面已介绍的求导法则,可推导出高阶导数的求导法则如下.

设函数 $u=u(x)$,$v=v(x)$ 都在点 $x$ 处有 $n$ 阶导数,则

(1) $(u\pm v)^{(n)}=u^{(n)}\pm v^{(n)}$;

(2) $(Cu)^{(n)}=Cu^{(n)}$($C$ 为常数);

(3) 莱布尼茨(Leibniz) 公式:

$$(uv)^{(n)}=\sum_{k=0}^{n}C_n^k u^{(n-k)}v^{(k)}.$$

## 思考与练习 3-2

1. 求下列函数的导数：

(1) $y=5x^3-\dfrac{1}{x}+3$；

(2) $y=3x+5\sqrt{x}-\dfrac{1}{x^2}$；

(3) $y=x^3+3^x-3e^x$；

(4) $y=\tan x+2\sec x-1$；

(5) $y=x\cos x$；

(6) $y=x^2\ln x$；

(7) $y=e^x(x^2-1)$；

(8) $y=\dfrac{x}{1+2x}$；

(9) $y=\dfrac{\ln x}{x}$；

(10) $y=\dfrac{1+\sin x}{1+\cos x}$；

(11) $y=\dfrac{\sin x}{x}$；

(12) $y=x^3\ln x\cos x$.

2. 求下列函数在给定点处的导数：

(1) $y=\dfrac{3}{3-x}+\dfrac{x^3}{3}$，求 $y'|_{x=0}$；

(2) $f(x)=e^x\sin x$，求 $f'\left(\dfrac{\pi}{2}\right)$.

3. 人体对一定剂量药物的反应有时可用方程 $R=M^2\left(\dfrac{C}{2}-\dfrac{M}{3}\right)$ 来刻画，其中 $C$ 为一正常数，$M$ 表示血液中吸收的药物量，$R$ 表示人体对药物的反应，$\dfrac{dR}{dM}$ 表示人体对药物的敏感性. 求 $\dfrac{dR}{dM}$.

4. 求下列函数的导数：

(1) $y=(3x+4)^5$；

(2) $y=\cos 2x$；

(3) $y=e^{2x^2+x}$；

(4) $y=\ln(1+x+x^2)$；

(5) $y=\cot x^3$；

(6) $y=\sin^2(3x+1)$；

(7) $y=\sqrt{a^2-x^2}$；

(8) $y=\arctan e^x$；

(9) $y=\arccos\dfrac{1}{x}$；

(10) $y=\ln[\ln(\ln x)]$.

5. 求下列函数的导数：

(1) $y=x^2\sin\dfrac{1}{x}$；

(2) $y=\sin x^2\cdot\sin^2 x$；

(3) $y=\ln(\sec x+\tan x)$；

(4) $y=\arcsin\sqrt{\dfrac{1-x}{1+x}}$；

(5) $y=e^{2x}\cos 3x$；

(6) $y=\sin x e^{\cos x}$；

(7) $y=\arctan\sqrt{2x+1}$；

(8) $y=10^{x\tan 2x}$；

(9) $y=\sqrt{x+\sqrt{x}}$；　(10) $y=\ln\dfrac{1+\sqrt{x}}{1-\sqrt{x}}$.

6. 设函数 $f(x)$ 为可导函数，求下列函数的导数$\dfrac{dy}{dx}$：

(1) $y=f(x^3)$；　(2) $y=f(\sin^2 x)+f(\cos^2 x)$.

7. 求由下列方程确定的隐函数的导数$\dfrac{dy}{dx}$：

(1) $3x^2+4y^2-1=0$；　(2) $e^{xy}=y^3-5x$；

(3) $y=1+xe^y$；　(4) $\arctan\dfrac{y}{x}=\ln\sqrt{x^2+y^2}$.

8. 设函数 $y=y(x)$ 由方程 $e^y+xy-e^x=0$ 确定，求 $y'(0)$.

9. 利用对数求导法求下列函数的导数：

(1) $y=(1+x^2)^{\tan x}$；　(2) $y=\left(\dfrac{x}{1+x}\right)^x$；

(3) $y=\sqrt[3]{\dfrac{3x-2}{(5-2x)(x-1)}}$；　(4) $y=\dfrac{(2x+3)^4\sqrt{x-6}}{\sqrt[3]{x+1}}$.

10. 求下列由参数方程确定的函数的导数$\dfrac{dy}{dx}$：

(1) $\begin{cases}x=2t,\\ y=4t^2;\end{cases}$　(2) $\begin{cases}x=\sqrt{1+\theta},\\ y=\sqrt{1-\theta};\end{cases}$

(3) $\begin{cases}x=e^t\sin t,\\ y=e^t\cos t;\end{cases}$　(4) $\begin{cases}x=\dfrac{1+\ln t}{t^2},\\ y=\dfrac{3+2\ln t}{t}.\end{cases}$

11. 求下列函数的二阶导数：

(1) $y=x^4-2x^3+3x^2-x+1$；　(2) $y=x\sin x$；

(3) $y=e^{-x}\sin x$；　(4) $y=\sqrt{1-x^2}$；

(5) $y=\tan x$；　(6) $y=\dfrac{1}{1+x^2}$；

(7) $y=(1+x^2)\arctan x$；　(8) $y=\ln(x+\sqrt{a^2+x^2})$.

12. 设 $f''(x)$ 存在，求下列函数的二阶导数$\dfrac{d^2y}{dx^2}$：

(1) $y=f(x^2)$；　(2) $y=\ln[f(x)]$.

13. 求下列函数的 $n$ 阶导数：

(1) $y=(2x+1)^n$；　(2) $y=xe^x$；

(3) $y=\dfrac{1}{1+x}$；　(4) $y=x\ln x$.

14. 利用间接法求下列函数的 $n$ 阶导数：

(1) $y=\dfrac{x}{x^2-3x+2}$；　(2) $y=\sin^2 x$.

# 第三节 微分的概念

导数研究的是函数相对于自变量的变化快慢程度，但在许多实际问题中，不仅要了解这种相对变化，还需要计算当自变量取得微小增量 $\Delta x$ 时，相应的函数 $y = f(x)$ 的增量 $\Delta y = f(x+\Delta x) - f(x)$ 的值. 然而，如果函数 $y = f(x)$ 比较复杂，这种计算是很烦琐的. 于是产生了微分的概念，即将 $\Delta y$ 近似表达为关于 $\Delta x$ 的线性函数，从而求得 $\Delta y$ 的近似值.

## 一、微分的定义

先分析一个具体问题. 有一块正方形金属薄片，由于受到温度变化的影响，其边长从 $x_0$ 变到 $x_0 + \Delta x$(见图 3-6)，问此薄片的面积改变了多少？

设此薄片的边长为 $x$，面积为 $A$，则 $A$ 是 $x$ 的函数，即 $A = x^2$. 受到温度变化影响时，薄片面积的改变量可以看成当自变量 $x$ 自 $x_0$ 取得增量 $\Delta x$ 时，函数 $A = x^2$ 相应的增量 $\Delta A$，即

$$\Delta A = (x_0 + \Delta x)^2 - x_0^2 = 2x_0\Delta x + (\Delta x)^2.$$

从上式可以看出，$\Delta A$ 包含两部分：第一部分 $2x_0\Delta x$ 是关于 $\Delta x$ 的线性函数，即图中带有斜线的两个矩形的面积之和；第二部分 $(\Delta x)^2$ 是图中带有交叉斜线的小正方形的面积，当 $\Delta x \to 0$ 时，$(\Delta x)^2$ 是比 $\Delta x$ 高阶的无穷小量，即 $(\Delta x)^2 = o(\Delta x)$.

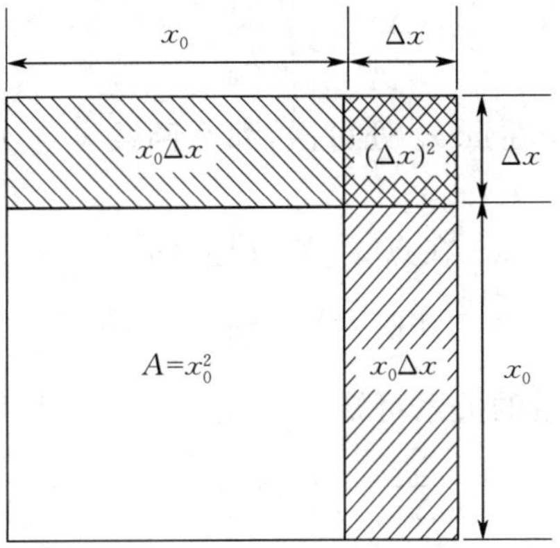


图 3-6

显然，当边长的改变量很小，即 $|\Delta x|$ 很小时，可以用第一部分 $2x_0\Delta x$ 近似地表示 $\Delta A$，即 $\Delta A \approx 2x_0\Delta x$. 这个关于 $\Delta x$ 的线性函数 $2x_0\Delta x$ 就是函数 $A = x^2$ 在点 $x_0$ 处的微分.

一般地，对于函数 $y = f(x)$，给出以下微分的定义.

**定义 3-5** 设函数 $y = f(x)$ 在点 $x_0$ 的某邻域内有定义，当自变量 $x$ 在点 $x_0$ 处取得增量 $\Delta x$(点 $x_0 + \Delta x$ 仍在该邻域内) 时，

$$\Delta y = f(x_0 + \Delta x) - f(x_0)$$

可表示为

$$\Delta y = A\Delta x + o(\Delta x),$$

式中,$A$ 是不依赖于 $\Delta x$ 的常数,$o(\Delta x)$ 是当 $\Delta x \to 0$ 时比 $\Delta x$ 高阶的无穷小量.那么称函数 $y = f(x)$ 在点 $x_0$ 处是**可微的**,而 $A\Delta x$ 称为函数 $y = f(x)$ 在点 $x_0$ 处的**微分**(differential),记作 $\mathrm{d}y\big|_{x=x_0}$,即

$$\mathrm{d}y\big|_{x=x_0} = A\Delta x.$$

由微分的定义可以看出,函数 $y = f(x)$ 在点 $x_0$ 处的微分 $\mathrm{d}y$ 就是自变量增量 $\Delta x$ 的线性函数,与函数的增量 $\Delta y$ 之间仅相差 $o(\Delta x)$.

事实上,当 $\Delta x \to 0$ 时,如果 $A \neq 0$,那么 $\Delta y$ 与 $\mathrm{d}y$ 是等价无穷小量,因为

$$\lim_{\Delta x \to 0} \frac{\Delta y}{\mathrm{d}y} = \lim_{\Delta x \to 0} \frac{\mathrm{d}y + o(\Delta x)}{\mathrm{d}y} = \lim_{\Delta x \to 0}\left[1 + \frac{o(\Delta x)}{A \cdot \Delta x}\right] = 1,$$

所以也称 $\mathrm{d}y$ 是 $\Delta y$ 的线性主部.从而,当 $|\Delta x|$ 很小时,可以用 $\mathrm{d}y$ 近似地表示 $\Delta y$,即

$$\Delta y \approx \mathrm{d}y.$$

故函数 $y = f(x)$ 在点 $x_0$ 处的微分 $\mathrm{d}y$ 是自变量增量 $\Delta x$ 的线性函数,即 $\mathrm{d}y = A\Delta x$.下面讨论如何确定这个常数 $A$,同时讨论函数可微的条件.

设函数 $y = f(x)$ 在点 $x_0$ 处可微,即

$$\Delta y = A\Delta x + o(\Delta x),$$

上式两边同时除以 $\Delta x$,得

$$\frac{\Delta y}{\Delta x} = A + \frac{o(\Delta x)}{\Delta x},$$

当 $\Delta x \to 0$ 时,有

$$f'(x_0) = \lim_{\Delta x \to 0} \frac{\Delta y}{\Delta x} = \lim_{\Delta x \to 0}\left[A + \frac{o(\Delta x)}{\Delta x}\right] = A,$$

即

$$A = f'(x_0).$$

因此,如果函数 $y = f(x)$ 在点 $x_0$ 处可微,那么函数 $y = f(x)$ 在点 $x_0$ 处一定可导[即 $f'(x_0)$ 存在],且 $A = f'(x_0)$.

反之,如果函数 $y = f(x)$ 在点 $x_0$ 处可导,即

$$\lim_{\Delta x \to 0} \frac{\Delta y}{\Delta x} = f'(x_0)$$

存在,根据极限与无穷小量的关系可知

$$\frac{\Delta y}{\Delta x} = f'(x_0) + \alpha,$$

式中,$\alpha$ 是 $\Delta x \to 0$ 时的无穷小量.上式两边同时乘 $\Delta x$,得

$$\Delta y = f'(x_0)\Delta x + \alpha\Delta x.$$

显然,$\lim\limits_{\Delta x \to 0} \dfrac{\alpha\Delta x}{\Delta x} = 0$,即当 $\Delta x \to 0$ 时 $\alpha\Delta x$ 是比 $\Delta x$ 高阶的无穷小量,而 $f'(x_0)$ 不依赖于 $\Delta x$,由微分的定义可知,函数 $y = f(x)$ 在点 $x_0$ 处可微.

综合上述讨论可得如下结论.

**定理 3-6　函数 $y = f(x)$ 在点 $x_0$ 处可微的充要条件是函数 $y = f(x)$ 在点 $x_0$ 处可导,且当函数 $y = f(x)$ 在点 $x_0$ 处可微时,其微分是**

$$\mathrm{d}y\big|_{x=x_0} = f'(x_0)\Delta x .$$

如果函数 $y=f(x)$ 在区间 $I$ 内任意点 $x$ 处都可微，那么称 $f(x)$ 是区间 $I$ 内的可微函数. 函数 $f(x)$ 在任意点 $x$ 处的微分，称为函数的微分，记作 $\mathrm{d}y$ 或 $\mathrm{d}f(x)$，即

$$\mathrm{d}y=f'(x)\Delta x.$$

上式对于任意可微函数都成立，如果取函数 $y=x$，有

$$\mathrm{d}y=\mathrm{d}x=x'\Delta x=\Delta x,$$

则自变量的微分为

$$\mathrm{d}x=\Delta x,$$

于是函数 $y=f(x)$ 的微分又可记作

$$\mathrm{d}y=f'(x)\mathrm{d}x,$$

即函数的微分等于函数的导数与自变量的微分的乘积. 从而有

$$\frac{\mathrm{d}y}{\mathrm{d}x}=f'(x).$$

这就是说，函数的导数等于函数的微分 $\mathrm{d}y$ 与自变量的微分 $\mathrm{d}x$ 的商. 因此，导数也称为**微商**.

由于求微分的问题可归结为求导数的问题，因此求导数与求微分的方法统称为**微分法**.

**例 3-34**　求函数 $y=x^2$ 当 $x=1,\Delta x=0.01$ 时的增量和微分.

**解**　函数的增量为

$$\Delta y=(1+0.01)^2-1^2=0.020\,1;$$

函数在任意点 $x$ 处的微分为

$$\mathrm{d}y=(x^2)'\cdot\Delta x=2x\Delta x,$$

当 $x=1,\Delta x=0.01$ 时，函数的微分为

$$\mathrm{d}y\Big|_{\substack{x=1\\ \Delta x=0.01}}=2\cdot1\cdot0.01=0.02.$$

**例 3-35**　求函数 $y=x\ln x$ 的微分.

**解**　已知函数的导数为

$$y'=\ln x+1,$$

则函数的微分为

$$\mathrm{d}y=(\ln x+1)\mathrm{d}x.$$

## 二、微分的几何意义

由微分的定义可知，可以用函数的微分 $\mathrm{d}y$ 近似表示其增量 $\Delta y$，下面从几何的角度来直观地观察 $\mathrm{d}y$ 与 $\Delta y$，并说明微分的几何意义.

设函数 $y=f(x)$ 的图形如图 3-7 所示，在曲线上取一点 $M(x,y)$，当自变量 $x$ 有微小增量 $\Delta x$ 时，得到曲线上另一点 $N(x+\Delta x,y+\Delta y)$. 过点 $M,N$ 分别作垂直于 $y$ 轴和 $x$ 轴的垂线，相交于点 $Q$，则

$$MQ=\Delta x,\quad QN=\Delta y.$$

再过点 $M$ 作曲线的切线 $MT$，其倾角为 $\alpha$，与 $QN$ 相交于点 $P$，则

$$QP = MQ \cdot \tan\alpha = \Delta x \cdot f'(x) = \mathrm{d}y.$$

因此，如果 $y=f(x)$ 是可微函数，当 $\Delta y$ 是曲线 $y=f(x)$ 上的点的纵坐标的增量时，$\mathrm{d}y$ 就是曲线的切线上的点的纵坐标的相应增量.

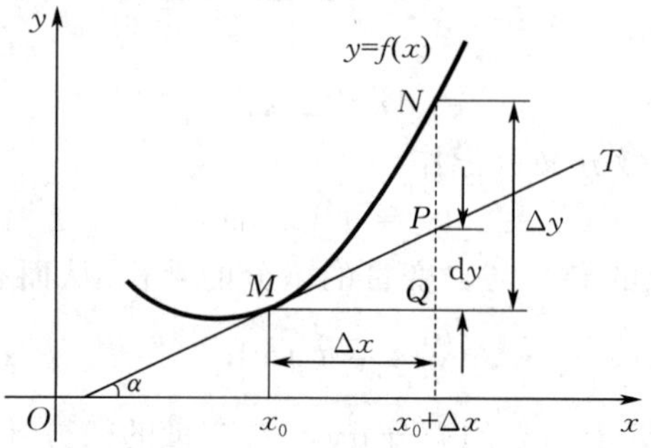


图 3-7

## 三、微分公式和微分运算法则

根据函数微分的定义，利用前面已有的基本初等函数的导数公式和求导法则，可以得到如下微分公式和微分运算法则.

1. 基本初等函数的微分公式

(1) $\mathrm{d}(C)=0$（$C$ 为常数）；

(2) $\mathrm{d}(x^{\mu})=\mu x^{\mu-1}\mathrm{d}x$（$\mu\neq 0$ 为常数）；

(3) $\mathrm{d}(a^{x})=a^{x}\ln a\mathrm{d}x\ (a>0, a\neq 1)$；

(4) $\mathrm{d}(\mathrm{e}^{x})=\mathrm{e}^{x}\mathrm{d}x$；

(5) $\mathrm{d}(\log_{a}x)=\dfrac{1}{x\ln a}\mathrm{d}x\ (a>0, a\neq 1)$；

(6) $\mathrm{d}(\ln x)=\dfrac{1}{x}\mathrm{d}x$；

(7) $\mathrm{d}(\sin x)=\cos x\mathrm{d}x$；

(8) $\mathrm{d}(\cos x)=-\sin x\mathrm{d}x$；

(9) $\mathrm{d}(\tan x)=\sec^{2}x\mathrm{d}x$；

(10) $\mathrm{d}(\cot x)=-\csc^{2}x\mathrm{d}x$；

(11) $\mathrm{d}(\sec x)=\sec x\tan x\mathrm{d}x$；

(12) $\mathrm{d}(\csc x)=-\csc x\cot x\mathrm{d}x$；

(13) $\mathrm{d}(\arcsin x)=\dfrac{1}{\sqrt{1-x^{2}}}\mathrm{d}x$；

(14) $\mathrm{d}(\arccos x)=-\dfrac{1}{\sqrt{1-x^{2}}}\mathrm{d}x$；

(15) $\mathrm{d}(\arctan x)=\dfrac{1}{1+x^{2}}\mathrm{d}x$；

(16) $\mathrm{d}(\mathrm{arccot}\, x)=-\dfrac{1}{1+x^{2}}\mathrm{d}x$.

2. 函数和、差、积、商的微分法则

设函数 $u=u(x)$，$v=v(x)$ 都可导，则

(1) $\mathrm{d}(u\pm v)=\mathrm{d}u\pm \mathrm{d}v$；

(2) $\mathrm{d}(uv)=v\mathrm{d}u+u\mathrm{d}v$，$\mathrm{d}(Cu)=C\mathrm{d}u$（$C$ 为常数）；

(3) $\mathrm{d}\left(\dfrac{u}{v}\right)=\dfrac{v\mathrm{d}u-u\mathrm{d}v}{v^{2}}\ (v\neq 0)$.

3. 复合函数的微分法则

设函数 $y=f(u)$ 和 $u=\varphi(x)$ 都可导，则复合函数 $y=f[\varphi(x)]$ 的导数为

$$\frac{dy}{dx}=\frac{dy}{du}\cdot\frac{du}{dx}=f'(u)\varphi'(x),$$

于是其微分为 $$dy=f'(u)\varphi'(x)dx.$$

由于 $\varphi'(x)dx=du$,所以复合函数 $y=f[\varphi(x)]$ 的微分也可写作

$$dy=f'(u)du.$$

由此可见,无论 $u$ 是自变量还是中间变量,微分形式 $dy=f'(u)du$ 保持不变.这一性质称为**微分形式不变性**.

**例 3-36** 已知 $y=x^2e^{2x}$,求 $dy$.

**解**

$$\begin{aligned}dy&=e^{2x}d(x^2)+x^2d(e^{2x})\\&=2e^{2x}\cdot xdx+2x^2\cdot e^{2x}dx\\&=2xe^{2x}(1+x)dx.\end{aligned}$$

**例 3-37** 已知 $y=(2x+1)^3$,求 $dy$.

**解** 令 $y=u^3,u=2x+1$,则

$$\begin{aligned}dy&=d(u^3)=3u^2du=3(2x+1)^2d(2x+1)\\&=3(2x+1)^2\cdot 2dx=6(2x+1)^2dx.\end{aligned}$$

**例 3-38** 求由方程 $e^{x+y}-xy=0$ 确定的隐函数的微分 $dy$.

**解** **方法一** 利用前面学过的隐函数的求导法则,先求函数的导数,得

$$y'=\frac{y-e^{x+y}}{e^{x+y}-x},$$

故微分为 $$dy=\frac{y-e^{x+y}}{e^{x+y}-x}dx.$$

**方法二** 直接运用微分公式与微分运算法则.

方程两边取微分,得

$$d(e^{x+y}-xy)=d(0),$$

则 $$d(e^{x+y})-d(xy)=0,$$

于是 $$e^{x+y}d(x+y)-(ydx+xdy)=0,$$

$$e^{x+y}(dx+dy)-(ydx+xdy)=0,$$

解得 $$dy=\frac{y-e^{x+y}}{e^{x+y}-x}dx.$$

**例 3-39** 在下列括号内填入适当的函数,使等式成立:

(1) $d(\quad)=xdx$;　　(2) $d(\quad)=e^{-2x}dx$.

**解** (1) 已知

$$d(x^2)=2xdx,$$

所以 $$xdx=\frac{1}{2}d(x^2)=d\left(\frac{x^2}{2}\right),$$

即
$$d\left(\frac{x^2}{2}\right)=x\,dx.$$
注意到
$$\left(\frac{x^2}{2}+C\right)'=x\quad(C\text{为任意常数}),$$
一般地,有
$$d\left(\frac{x^2}{2}+C\right)=x\,dx\quad(C\text{为任意常数}).$$

(2) 已知
$$d(e^{-2x})=-2e^{-2x}dx,$$
所以
$$e^{-2x}dx=\frac{d(e^{-2x})}{-2}=d\left(\frac{e^{-2x}}{-2}\right),$$
即
$$d\left(\frac{e^{-2x}}{-2}\right)=e^{-2x}dx.$$
注意到
$$\left(-\frac{e^{-2x}}{2}+C\right)'=e^{-2x}\quad(C\text{为任意常数}),$$
一般地,有
$$d\left(-\frac{e^{-2x}}{2}+C\right)=e^{-2x}dx\quad(C\text{为任意常数}).$$

## 思考与练习 3-3

1. 求下列函数的微分:

(1) $y=x^2+\sqrt{x}-\frac{1}{x^2}$;　　(2) $y=x\sin 2x$;

(3) $y=\sqrt{1-x^2}$;　　(4) $y=\ln\left(\tan\frac{x}{2}\right)$;

(5) $y=\sqrt{\arcsin\sqrt{x}}$;　　(6) $y=x^2e^x$;

(7) $y=\arctan\frac{1-x^2}{1+x^2}$;　　(8) $y=(e^x+e^{-x})^2$.

2. 求由方程 $\cos(xy)=x^2y^2$ 确定的隐函数的微分 $dy$.

3. 求由方程 $y^2+\ln y=x^2$ 确定的隐函数的微分 $dy$.

4. 将适当的函数填入下列括号内,使等式成立:

(1) $d(\quad)=x^2dx$;　　(2) $d(\quad)=\frac{1}{x^2}dx$;

(3) $d(\quad)=e^{3x}dx$;　　(4) $d(\quad)=\cos 2x\,dx$;

(5) $d(\quad)=\frac{1}{1+x}dx$;　　(6) $d(\quad)=\sec^2 5x\,dx$;

(7) $d(\quad)=\frac{1}{4+x^2}dx$;　　(8) $d(\quad)=\frac{\ln x}{x}dx$.

# 第四节　微分的应用

## 一、近似计算

由微分的概念易得到，如果函数 $y=f(x)$ 在点 $x_0$ 处可导，且 $f'(x_0)\neq 0$，那么当 $|\Delta x|$ 很小时，可以用函数的微分 $\mathrm{d}y$ 近似表示函数的增量 $\Delta y$，即

$$\Delta y \approx \mathrm{d}y.$$

于是
$$\Delta y = f(x_0+\Delta x)-f(x_0)\approx f'(x_0)\Delta x, \tag{3-3}$$
或
$$f(x_0+\Delta x)\approx f(x_0)+f'(x_0)\Delta x. \tag{3-4}$$

显然，式(3-3) 可以用来近似计算函数的增量 $\Delta y$，式(3-4) 可以用来计算 $f(x_0+\Delta x)$ 的近似值.

当 $x_0=0$ 时，令 $x=\Delta x$，且 $|x|$ 很小时，式(3-4) 变成
$$f(x)\approx f(0)+f'(0)x. \tag{3-5}$$
由式(3-5) 可以推出以下几个常用的近似公式.

当 $|x|$ 很小时，

(1)$\mathrm{e}^x \approx 1+x$；

(2)$\ln(1+x)\approx x$；

(3) $(1+x)^{\alpha}\approx 1+\alpha x(\alpha\neq 0)$；

(4)$\sin x\approx x$($x$ 的单位为弧度)；

(5)$\tan x\approx x$($x$ 的单位为弧度).

(1) 中近似等式的左边为函数 $\mathrm{e}^x$，右边是一个线性函数 $1+x$，即用一个线性函数来近似表达 $\mathrm{e}^x$，这称为**函数的线性化**.

从几何上来看，函数的线性化就是在点 $x_0$ 的邻近区域，用曲线 $y=f(x)$ 在点 $x_0$ 处的切线近似代替该曲线.

**例 3-40**　设长为 $l$、半径为 $r$ 的血管，其阻力 $R$ 可由公式 $R=k\cdot\dfrac{l}{r^4}$ 给出(其中 $k$ 为由血液黏度确定的常数因子)，当 $r$ 出现微小变化 $\Delta r$ 时，阻力 $R$ 的变化为多少?

**解**
$$\Delta R\approx \mathrm{d}R = kl\cdot(-4)\cdot r^{-5}\mathrm{d}r = -\frac{4kl}{r^5}\Delta r.$$

**例 3-41**　设一直径为 10 cm 的铁球，外面镀铜，铜的厚度为 0.005 cm，求所用铜的体积的近似值.

**解**　半径为 $r$ 的球的体积为 $V=\dfrac{4}{3}\pi r^3$，则
$$\Delta V\approx \mathrm{d}V = 4\pi r^2\mathrm{d}r = 4\pi r^2\Delta r,$$
将 $r=5$，$\Delta r=0.005$ 代入上式，得 $\Delta V=1.57\ \mathrm{cm}^3$，故所需铜的体积的近似值为 $1.57\ \mathrm{cm}^3$.

**例 3-42** 求 $\sqrt{0.95}$ 的近似值.

**解** $\sqrt{0.95}$ 可以看作 $\sqrt{1+(-0.05)}$,从而记

$$f(x)=\sqrt{x},\quad x_0=1,\quad \Delta x=-0.05,$$

由式(3-4)

$$f(x_0+\Delta x)\approx f(x_0)+f'(x_0)\Delta x,$$

得

$$\sqrt{0.95}\approx\sqrt{1}+\frac{1}{2\sqrt{1}}\cdot(-0.05)=0.975.$$

**例 3-43** 求 $\sin 30°30'$ 的近似值.

**解** $\sin 30°30'$ 可以看作 $\sin(30°+30')$,从而记

$$f(x)=\sin x,\quad x_0=30°=\frac{\pi}{6},\quad \Delta x=30'=\frac{\pi}{360},$$

由式(3-4)

$$f(x_0+\Delta x)\approx f(x_0)+f'(x_0)\Delta x,$$

得

$$\sin 30°30'\approx\sin\frac{\pi}{6}+\cos\frac{\pi}{6}\cdot\frac{\pi}{360}\approx 0.507\,6.$$

## 二、误差估计

在科学实验(包括医学实验)和生产实践中,经常要测量各种数据.由于测量仪器的精度、测量的条件和方法等各种因素的影响,测得的数据往往带有误差,若根据带有误差的数据进行计算,其结果也会有误差,因此要对误差进行估计与控制.

下面介绍绝对误差和相对误差的概念.

**定义 3-6** 若某个量的精确值为 $x$,它的近似值为 $x_0$,则称 $|x-x_0|$ 为 $x_0$ 的**绝对误差**(absolute error),称 $\frac{|x-x_0|}{|x_0|}$ 为 $x_0$ 的**相对误差**(relative error).

在实际工作中,某个量的精确值往往是无法知道的,于是无法精确地求得绝对误差与相对误差.但是根据测量仪器的精度等因素,有时能够将误差限制在某一个范围内.

**定义 3-7** 若某个量的精确值为 $x$,它的近似值为 $x_0$,如果可以确定 $|x-x_0|<\delta_x$,则称 $\delta_x$ 为测量 $x$ 的**绝对误差限**(limit of absolute error),称 $\frac{\delta_x}{|x_0|}$ 为测量 $x$ 的**相对误差限**(limit of relative error).

在实际测量中,需要根据已测出的量 $x_0$ 来计算另一个相关的量 $y=f(x)$,需要根据 $x_0$ 的误差范围来估计 $y$ 的误差范围,由微分运算可得误差估计的方法,即 $|\Delta y|\approx|\mathrm{d}y|=|f'(x_0)\Delta x|\leqslant|f'(x_0)|\delta_x$,因此 $\delta_y=|f'(x_0)|\delta_x$,其中 $\delta_y$ 为 $y$ 的绝对误差限,$y$ 的相对误差限为 $\frac{\delta_y}{|y_0|}$.

**例 3-44**　设测得一近似于球体的直径为 $D_0=50$ mm 的肿瘤，而检测仪器的精确度为 $\pm0.01$ mm，即测量直径 $D$ 的绝对误差限 $\delta_D=0.01$ mm，估计由此计算得到的肿瘤体积 $V$ 的绝对误差限和相对误差限.

**解**　由球体的体积计算公式 $V=\frac{4}{3}\pi R^3=\frac{4}{3}\pi\left(\frac{D}{2}\right)^3=\frac{1}{6}\pi D^3$，得

$$\delta_V=|V'(D_0)|\delta_D=\frac{\pi}{2}D_0^2\delta_D=\frac{\pi}{2}\cdot 50^2\cdot 0.01\ \text{mm}^3\approx 39.25\ \text{mm}^3.$$

$$\frac{\delta_V}{V(D_0)}=\frac{\frac{\pi}{2}D_0^2\delta_D}{\frac{\pi}{6}D_0^3}=3\frac{\delta_D}{D_0}=\frac{0.03}{50}=0.06\%.$$

因此，该肿瘤体积 $V$ 的绝对误差限为 $39.25\ \text{mm}^3$，相对误差限为 $0.06\%$.

**例 3-45**　对于近似于球体的肿瘤，要求其体积的相对误差限控制在 $0.01\%$，那么检测直径的仪器的相对误差限要控制在多少？

**解**　设肿瘤的直径为 $D$、体积为 $V$，则

$$\delta_V=|V'(D)|\delta_D=\frac{\pi}{2}D^2\delta_D,$$

$$\frac{\delta_V}{V(D)}=\frac{\frac{\pi}{2}D^2\delta_D}{\frac{\pi}{6}D^3}=3\frac{\delta_D}{D}\leqslant 0.01\%,$$

故 $\frac{\delta_D}{D}\leqslant 0.003\%$.

因此，检测直径的仪器的相对误差限要控制在 $0.003\%$ 以下.

## 思考与练习 3-4

1. 求下列数值的近似值：

(1) $\sqrt{1.002}$；　　(2) $\sqrt[3]{996}$；

(3) $\cos 29°$；　　(4) $\ln 1.05$.

2. 一正方体的棱长 $x=10$ cm，如果棱长增加 0.1 cm，求此正方体体积增量的精确值和近似值.

3. 已测得一根圆轴的直径为 43 cm，并知在测量中绝对误差不超过 0.2 cm，试求以此数据计算该圆轴的横截面面积时所引起的绝对误差和相对误差.

4. 测量一钢球的直径，如何控制其精确度才能使由此计算得到的钢球质量的相对误差不超过 1%？

# 习 题 三

1. 填空题:

(1) 设函数 $y = x\arccos x$,则 $f'(0) =$ ________;

(2) 设函数 $f(x) = xe^x$,则 $f''(0) =$ ________;

(3) 若函数 $f(x)$ 在 $x = 1$ 处可导且 $\lim\limits_{x\to 1} f(x) = 1$,则 $f(1) =$ ________;

(4) 曲线 $y = \sin x$ 上点 $\left(\dfrac{\pi}{3},\dfrac{\sqrt{3}}{2}\right)$ 处的切线斜率是________;

(5) 设函数 $f(x) = \ln\dfrac{1}{1-x}$,则 $f^{(n)}(0) =$ ________;

(6) 设函数 $y = 2^x$,则 $y^{(n)} =$ ________;

(7) 设曲线 $y = x^2 + x - 2$ 在点 $P$ 处的切线斜率等于 3,则点 $P$ 的坐标为________;

(8) 已知函数 $y = \dfrac{\sin x}{x}$,则 $\mathrm{d}y =$ ________;

(9) 曲线 $\begin{cases} x = \cos t + \cos^2 t, \\ y = 2 + \sin t \end{cases}$ 上对应于 $t = \dfrac{\pi}{4}$ 的点处的法线斜率为________;

(10) 设函数 $y = (1 + \sin x)^x$,则 $\mathrm{d}y\big|_{x=\pi} =$ ________.

2. 选择题:

(1) 设函数 $y = f(x)$ 可微,则当 $\Delta x \to 0$ 时,$\Delta y - \mathrm{d}y$ 与 $\Delta x$ 相比是(　　);

A. 等价无穷小量　　B. 同阶非等价无穷小量

C. 低阶无穷小量　　D. 高阶无穷小量

(2) 设函数 $f(x) = x(x-1)(x-2)\cdots(x-100)$,则 $f'(0) =$ (　　);

A. 100　　B. $-100$　　C. 100!　　D. $-100!$

(3) 函数 $f(x) = (x^2 - x - 2)|x^3 - x|$ 的不可导点的个数为(　　);

A. 0　　B. 1　　C. 2　　D. 3

(4) 设函数 $f(x)$ 在 $x = 2$ 处连续,且 $\lim\limits_{x\to 2}\dfrac{f(x)}{x-2} = 2$,则 $f'(2) =$ (　　);

A. 1　　B. 2　　C. 3　　D. 4

(5) 设函数 $f(x) = x\ln 2x$ 在点 $x_0$ 处可导,且 $f'(x_0) = 2$,则 $f(x_0) =$ (　　);

A. 1　　B. $\dfrac{e}{2}$　　C. $\dfrac{2}{e}$　　D. e

(6) 设函数 $f(x)$ 在 $x = a$ 处可导,则 $\lim\limits_{x\to 0}\dfrac{f(a+x) - f(a-x)}{x} =$ (　　);

A. $2f'(a)$　　B. $f'(a)$　　C. 0　　D. $\dfrac{1}{2}f'(a)$

(7) 设函数 $f(x^2) = x^3\ (x > 0)$,则 $f'(4) =$ (　　);

A. 1　　B. 2　　C. 3　　D. 4

(8) 已知函数 $f(x)$ 具有任意阶导数,且 $f'(x) = f^2(x)$,则当 $n$ 为大于 2 的正整数时,函数

$f(x)$ 的 $n$ 阶导数 $f^{(n)}(x)$ 是(　　).

A. $n[f(x)]^{n+1}$　　　　B. $n![f(x)]^{n+1}$

C. $[f(x)]^{2n}$　　　　D. $n[f(x)]^{2n}$

3. 求下列函数的导数:

(1) $y=(3x+5)^3(5x+4)^5$;　　　　(2) $y=\ln\left(\tan\dfrac{x}{2}\right)-\cos x\cdot\ln(\tan x)$;

(3) $y=x\arcsin\dfrac{x}{2}+\sqrt{4-x^2}$;　　　　(4) $y=x^{\sin x}(x>0)$.

4. 设函数 $f(x)$ 为可导函数,求函数 $y=f(e^x)e^{f(x)}$ 的导数$\dfrac{dy}{dx}$.

5. 设函数 $y=f(x)$ 由方程 $xy+2\ln x=y^4$ 确定,求曲线 $y=f(x)$ 在点(1,1) 处的切线方程.

6. 证明:曲线 $y=\dfrac{1}{x}(x>0)$ 上任意点$\left(x_0,\dfrac{1}{x_0}\right)$处的切线与两坐标轴围成的直角三角形的面积恒为 2.

7. 求下列函数的 $n$ 阶导数:

(1) $y=\dfrac{1}{x^2-x-2}$;　　　　(2) $y=\cos^2 x$.

8. 有一机械挂钟,钟摆的周期为 1 s. 在冬季,摆长缩短了 0.01 cm,这只钟每天大约快多少?$\left(\text{钟摆的周期 } T \text{ 与摆长 } l \text{ 之间的关系为 } T=2\pi\sqrt{\dfrac{l}{g}},g=980\ \text{cm/s}^2.\right)$

9. 一扩音器插头为圆柱形,其横截面的半径 $r$ 为 0.15 cm,长度 $l$ 为 8 cm,为了提高它的导电性能,要在该圆柱形插头的侧面镀上一层厚为 0.001 cm 的纯铜,问每个插头约需多少克纯铜?(铜的密度 $\rho$ 为 8.9 g/cm$^3$.)

10. 某铸币厂铸造硬币的标准是硬币的质量误差必须控制在理想质量的 0.1% 以内,试问:此厂铸造的硬币半径所容许的相对误差是多少?(假设铸造的硬币质地均匀,且厚度符合标准.)

第三章教学课件

# 第四章 微分中值定理与导数的应用

**学习要求**

1. **了解** 泰勒中值定理、麦克劳林公式.

2. **理解** 微分中值定理(罗尔定理、拉格朗日中值定理、柯西中值定理)的表述、几何意义和证明过程.

3. **掌握** 函数单调性的判断、函数极值与最值的求法、曲线凹凸性和拐点的判断、渐近线的求法.

4. **运用** 洛必达法则求未定式的极限.

本章首先介绍微分中值定理,它们建立了函数值与导数之间的定量关系,是导数应用的理论基础,然后导出计算极限的洛必达(L'Hospital)法则,以及一种用导数近似表达函数的方法——泰勒(Taylor)公式,最后应用导数研究函数及其图形的性态(包括单调性、极值、凹凸性、拐点、渐近线),以解决生物医药领域的实际问题.

中国数学机械化之父——吴文俊

## 第一节 微分中值定理

微分中值定理包括罗尔(Rolle)定理、拉格朗日(Lagrange)中值定理和柯西(Cauchy)中值定理.

### 一、罗尔定理

**定理 4-1(罗尔定理) 如果函数 $f(x)$ 满足**

**(1) 在闭区间 $[a,b]$ 上连续;**

**(2) 在开区间 $(a,b)$ 内可导;**

**(3) $f(a)=f(b)$,**

**那么在 $(a,b)$ 内至少有一点 $\xi(a<\xi<b)$,使得 $f'(\xi)=0$.**

**证** 由条件(1),根据闭区间上连续函数的最值定理,函数 $f(x)$ 在 $[a,b]$ 上必取得它的最大值 $M$ 和最小值 $m$. 显然只有 $M=m$ 和 $M>m$ 两种情形.

如果 $M=m$,则必有 $f(x)\equiv M, x\in[a,b]$. 因此 $f'(x)=0$ 在 $(a,b)$ 内处处成立,于是可以取 $(a,b)$ 内任何一点作为 $\xi$,有 $f'(\xi)=0$.

如果 $M > m$，则由条件(3)可知，$M$ 和 $m$ 中至少有一个不等于 $f(x)$ 在区间 $[a,b]$ 的端点处的函数值，不妨设 $M \neq f(a)$. 又由条件(1)可知，至少存在一点 $\xi \in (a,b)$，使得 $f(\xi) = M$. 下面证明 $f'(\xi) = 0$.

因为函数 $f(x)$ 在点 $\xi$ 处取得最大值，所以对于任意的 $\Delta x$，只要 $(\xi + \Delta x) \in (a,b)$，总有 $f(\xi + \Delta x) \leqslant f(\xi)$，当 $\Delta x > 0$ 时，有

$$\frac{f(\xi + \Delta x) - f(\xi)}{\Delta x} \leqslant 0,$$

当 $\Delta x < 0$ 时，有

$$\frac{f(\xi + \Delta x) - f(\xi)}{\Delta x} \geqslant 0,$$

由条件(2)可知，$f'(\xi)$ 存在，且

$$f'(\xi) = f'_+(\xi) = \lim_{\Delta x \to 0^+} \frac{f(\xi + \Delta x) - f(\xi)}{\Delta x} \leqslant 0,$$

$$f'(\xi) = f'_-(\xi) = \lim_{\Delta x \to 0^-} \frac{f(\xi + \Delta x) - f(\xi)}{\Delta x} \geqslant 0,$$

所以，$f'(\xi) = 0$. 这就证明了罗尔定理.

值得注意的是，该定理要求函数 $f(x)$ 满足三个条件，若函数 $f(x)$ 不能同时满足这三个条件，则结论就可能不成立.

从几何意义上说，罗尔定理指出在两个高度相同的点之间的一段连续曲线上，若除端点外，它的每一点都有不垂直于 $x$ 轴的切线，则其中至少有一条切线平行于 $x$ 轴，如图 4-1 所示.

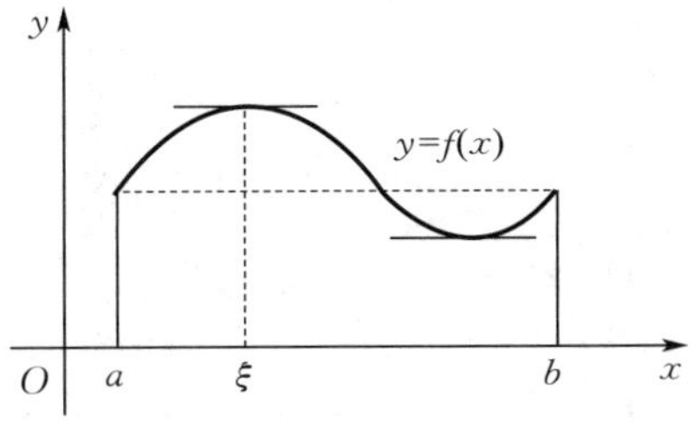


**图 4-1**

**例 4-1**　证明方程 $x^5 - 5x + 1 = 0$ 有且仅有一个小于 1 的正实根.

**证**　存在性. 设 $f(x) = x^5 - 5x + 1$，则 $f(x)$ 在 $[0,1]$ 上连续，且 $f(0) = 1$，$f(1) = -3$. 由介值定理知，$\exists\, x_0 \in (0,1)$，使得 $f(x_0) = 0$，即方程 $x^5 - 5x + 1 = 0$ 有小于 1 的正实根 $x_0$.

唯一性. 假设另有 $x_1 \in (0,1)$，$x_1 \neq x_0$，使 $f(x_1) = 0$. 因为 $f(x)$ 在以 $x_0$，$x_1$ 为端点的区间上满足罗尔定理的条件，所以在 $x_0$，$x_1$ 之间至少存在一点 $\xi$，使得 $f'(\xi) = 0$. 但 $f'(x) = 5(x^4 - 1) < 0$，$x \in (0,1)$，矛盾，故假设不真. 即方程 $x^5 - 5x + 1 = 0$ 有且仅有一个小于 1 的正实根.

## 二、拉格朗日中值定理

**定理 4-2(拉格朗日中值定理)** 如果函数 $f(x)$ 满足

(1) 在闭区间 $[a,b]$ 上连续;

(2) 在开区间 $(a,b)$ 内可导,

那么在 $(a,b)$ 内至少有一点 $\xi(a<\xi<b)$,使得 $\dfrac{f(b)-f(a)}{b-a}=f'(\xi)$.

证明拉格朗日中值定理的思路:利用逆向思维找出一个满足罗尔定理条件的函数.

**证** 问题转化为证 $f'(\xi)-\dfrac{f(b)-f(a)}{b-a}=0$.

作辅助函数 $\varphi(x)=f(x)-\dfrac{f(b)-f(a)}{b-a}x$,显然,$\varphi(x)$ 在 $[a,b]$ 上连续,在 $(a,b)$ 内可导,有

$$\varphi'(x)=f'(x)-\frac{f(b)-f(a)}{b-a}\quad 且\quad \varphi(a)=\frac{bf(a)-af(b)}{b-a}=\varphi(b),$$

由罗尔定理知,至少存在一点 $\xi\in(a,b)$,使得 $\varphi'(\xi)=0$,即定理的结论成立.

拉格朗日中值定理的结论,称为**拉格朗日中值公式**,通常把它写成 $f(b)-f(a)=f'(\xi)(b-a)$. 在区间 $[x,x+\Delta x]$ 上应用拉格朗日中值定理,结论可写成 $f(x+\Delta x)-f(x)=f'(\xi)\Delta x$.

拉格朗日中值定理的几何意义:在曲线弧 $AB$ 上至少有一点 $C$,曲线在该点处的切线平行于弦 $AB$,如图 4-2 所示.

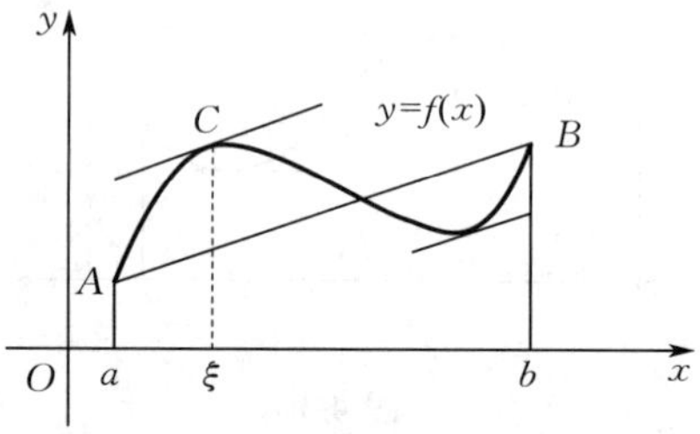


**图 4-2**

在医药领域,药物制备过程中的温度和时间控制对药物的稳定性和有效性至关重要. 通过微分中值定理,可以优化药物制备工艺,保证药物质量.

**例 4-2** 在某种药物的制备过程中,需要将一种原料在特定的温度范围内加热一段时间,已知该原料在加热过程中的温度随时间变化的函数为 $T(t)$,其中 $t$ 表示时间(单位:h),$T$ 表示温度(单位:℃),温度随时间的变化可以近似地用一个一元二次函数来表示,即 $T(t)=at^2+bt+c$,其中,$a$,$b$ 和 $c$ 均为待定系数,它们可以通过实验数据拟合得到. 已知 $T(0)=20$ ℃,$T(2)=80$ ℃,试证明在这 2 h 内至少有一个时刻该原料的温度正好以 30 ℃/h 的速率发生变化.

**证**　由题可知，平均温度变化率 $=\dfrac{T(2)-T(0)}{2-0}=30$ ℃/h.

因为温度函数 $T(t)$ 在时间区间$[0,2]$上显然满足拉格朗日中值定理的条件，所以在这 2 h 内至少有一个时刻 $t_0$，使得

$$T'(t_0)=\frac{T(2)-T(0)}{2-0}=30\ ℃/\text{h}.$$

由拉格朗日中值定理可以得到下面两个重要的推论.

**推论 4-1**　若函数 $f(x)$ 在区间 $(a,b)$ 内可导，且导数恒为零，那么函数 $f(x)$ 在区间 $(a,b)$ 内是一个常数，即 $f(x)=C$（$C$ 为常数）.

**证**　假设可导函数 $f(x)$ 在区间内对所有的 $x$ 都有 $f'(x)=0$，在 $(a,b)$ 内任取两点 $x_1,x_2(x_1<x_2)$，在区间$[x_1,x_2]$上应用拉格朗日中值定理，则有

$$f(x_2)-f(x_1)=f'(\xi)(x_2-x_1)\quad (x_1<\xi<x_2).$$

因为在 $(a,b)$ 内对所有的 $x$ 都有 $f'(\xi)=0$，而 $\xi$ 是 $(a,b)$ 内的某一值，所以 $f'(\xi)=0$，于是 $f(x_2)-f(x_1)=0$，即 $f(x_2)=f(x_1)$.

又因为 $x_1,x_2$ 是 $(a,b)$ 内的任意两点，故函数 $f(x)$ 在区间 $(a,b)$ 内是一个常数.

**推论 4-2**　若两个函数 $f(x),g(x)$ 在区间 $(a,b)$ 内可导，且二者的导数恒相等，那么函数 $f(x)$ 与 $g(x)$ 在区间 $(a,b)$ 内只相差一个常数，即 $f(x)=g(x)+C$（$C$ 为常数）.

**证**　假设两个可导函数 $f(x)$ 和 $g(x)$ 在区间 $(a,b)$ 内对所有的 $x$ 都有 $f'(x)=g'(x)$，则由 $f'(x)-g'(x)=0$ 可得，$[f(x)-g(x)]'=0$. 由推论 4-1 可知，函数 $f(x)-g(x)$ 是一个常数，把这个常数记为 $C$，就有 $f(x)-g(x)=C$，即函数 $f(x)$ 与 $g(x)$ 在区间 $(a,b)$ 内只相差一个常数.

**例 4-3**　证明等式 $\arcsin x+\arccos x=\dfrac{\pi}{2}, x\in[-1,1]$.

**证**　设 $f(x)=\arcsin x+\arccos x$，则在 $(-1,1)$ 内，有

$$f'(x)=\frac{1}{\sqrt{1-x^2}}-\frac{1}{\sqrt{1-x^2}}\equiv 0,$$

由推论 4-1 可知，$f(x)=\arcsin x+\arccos x=C$（$C$ 为常数）.

令 $x=0$，得 $C=\dfrac{\pi}{2}$. 又 $f(\pm 1)=\dfrac{\pi}{2}$，故所证等式在区间$[-1,1]$上成立.

## 三、柯西中值定理

**定理 4-3（柯西中值定理）**　如果函数 $f(x)$ 及 $g(x)$ 满足

(1) 在闭区间$[a,b]$上连续；

(2) 在开区间$(a,b)$内可导；

**(3) 在开区间$(a,b)$内，$g'(x)\neq 0$，**

**那么在$(a,b)$内至少有一点$\xi(a<\xi<b)$，使得**$\dfrac{f(b)-f(a)}{g(b)-g(a)}=\dfrac{f'(\xi)}{g'(\xi)}$.

**证** 问题转化为证 $f'(\xi)-\dfrac{f(b)-f(a)}{g(b)-g(a)}g'(\xi)=0$.

作辅助函数 $\varphi(x)=f(x)-\dfrac{f(b)-f(a)}{g(b)-g(a)}g(x)$，则函数 $\varphi(x)$ 在$[a,b]$上连续，在$(a,b)$内可导，有

$$\varphi'(x)=f'(x)-\frac{f(b)-f(a)}{g(b)-g(a)}g'(x)$$

且
$$\varphi(a)=\frac{f(a)g(b)-f(b)g(a)}{g(b)-g(a)}=\varphi(b),$$

由罗尔定理知，至少存在一点 $\xi\in(a,b)$，使得 $\varphi'(\xi)=0$，即结论成立.

柯西中值定理与拉格朗日中值定理的几何意义相同，即在曲线弧 $AB$ 上至少有一点 $C$，曲线在该点处的切线平行于弦 $AB$，如图 4-3 所示.

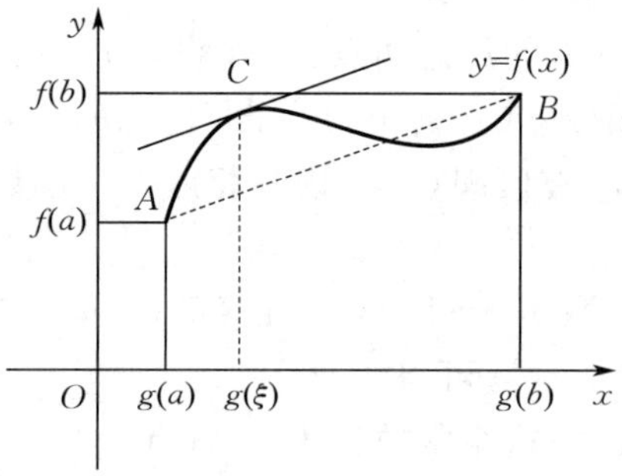


图 4-3

特别地，当 $g(x)=x$ 时，$g(b)-g(a)=b-a$，$g'(x)=1$，则柯西中值定理的结论变成

$$\frac{f(b)-f(a)}{b-a}=f'(\xi).$$

故拉格朗日中值定理是柯西中值定理的特例，而柯西中值定理是拉格朗日中值定理的推广.

## 思考与练习 4-1

1. 不用求函数 $f(x)=(x-1)(x-3)(x-5)(x-6)$ 的导数，说明方程 $f'(x)=0$ 有几个实根，并指出它们所在的区间.

2. 对函数 $f(x)=\ln x$ 在$[1,\mathrm{e}]$上验证拉格朗日中值定理的正确性.

3. 对函数 $f(x)=x^2$ 及 $g(x)=x+1$ 在区间$[0,1]$上验证柯西中值定理的正确性.

4. 证明方程 $x^3-3x+5=0$ 在区间$[0,1]$上不可能有两个不同的实根.

5. 利用拉格朗日中值定理证明不等式$\frac{b-a}{b}<\ln\frac{b}{a}<\frac{b-a}{a}$成立，其中$0<a<b$.

6. 利用拉格朗日中值定理证明不等式$\frac{h}{1+h^2}<\arctan h<h$成立，其中$h>0$.

# 第二节 洛必达法则

洛必达法则是微积分学中一个重要的工具，用于求解特定类型的极限问题. 例如，当两个函数都是无穷小量或都是无穷大量时，它们之比的极限，不能用“商的极限等于极限的商”这一极限运算法则计算. 由于这样的极限可能存在也可能不存在，因此把这种极限称为**未定式**. 当分子、分母都趋于零时，对应的极限称为$\frac{0}{0}$型未定式；当分子、分母都趋于无穷大时，对应的极限称为$\frac{\infty}{\infty}$型未定式.

## 一、$\frac{0}{0}$型与$\frac{\infty}{\infty}$型未定式

**定理 4-4（洛必达法则） 若函数 $f(x)$ 和 $F(x)$ 满足**

**(1) 当 $x\to a$ 时，函数 $f(x)$ 和 $F(x)$ 都趋于零；**

**(2) 在点 $a$ 的某去心邻域内，$f'(x)$ 和 $F'(x)$ 都存在且 $F'(x)\neq 0$；**

**(3) $\lim\limits_{x\to a}\frac{f'(x)}{F'(x)}$ 存在（或为无穷大量），**

**则**

$$\lim_{x\to a}\frac{f(x)}{F(x)}=\lim_{x\to a}\frac{f'(x)}{F'(x)}.$$

这种在一定条件下通过对分子和分母分别求导，再求极限来确定未定式的值的方法，称为**洛必达法则**. 它阐述了在一定条件下，两个函数之比的极限可以转化为这两个函数的导数之比的极限. 当$\lim\limits_{x\to a}\frac{f'(x)}{F'(x)}$存在时，$\lim\limits_{x\to a}\frac{f(x)}{F(x)}$也存在且等于$\lim\limits_{x\to a}\frac{f'(x)}{F'(x)}$；当$\lim\limits_{x\to a}\frac{f'(x)}{F'(x)}$为无穷大量时，$\lim\limits_{x\to a}\frac{f(x)}{F(x)}$也是无穷大量.

**证** 因为求$\frac{f(x)}{F(x)}$当 $x\to a$ 时的极限与 $f(a)$ 及 $F(a)$ 无关，所以不妨假设 $f(a)=F(a)=0$. 由条件(1) 和(2) 知，函数 $f(x)$ 及 $F(x)$ 在点 $a$ 的某一邻域内是连续的，设 $x$ 是这一邻域内的一点，则在以 $x$ 及 $a$ 为端点的区间上，函数 $f(x)$ 及 $F(x)$ 满足柯西中值定理的条件，因此有

$$\frac{f(x)}{F(x)}=\frac{f(x)-f(a)}{F(x)-F(a)}=\frac{f'(\xi)}{F'(\xi)}\quad(\xi\text{ 在 }x\text{ 与 }a\text{ 之间}).$$

令 $x\to a$，并对上式两边求极限，注意到 $x\to a$ 时 $\xi\to a$，再根据条件(3) 便得到要证明的结论.

特别指出，将条件(1) 修改为：$\lim\limits_{x\to a}f(x)=\lim\limits_{x\to a}g(x)=\infty$$\left(\text{即}\frac{\infty}{\infty}\text{型未定式}\right)$，结

论仍然成立.

将 $x\to a$ 换为 $x\to a^+$, $x\to a^-$, $x\to\infty$, $x\to+\infty$, $x\to-\infty$ 等,再将条件(2)进行相应的修改,结论仍然成立.

若 $\lim\frac{f'(x)}{F'(x)}$ 仍是未定式,且 $f'(x)$, $F'(x)$ 满足定理4-4的条件,还可以继续使用洛必达法则,即 $\lim\frac{f(x)}{F(x)}=\lim\frac{f'(x)}{F'(x)}=\lim\frac{f''(x)}{F''(x)}$,以此类推.

**例 4-4** 求 $\lim\limits_{x\to 0}\dfrac{e^x-e^{-x}-2x}{x-\sin x}$.

**解**
$$\lim_{x\to 0}\frac{e^x-e^{-x}-2x}{x-\sin x}\overset{\left(\frac{0}{0}\right)}{=\!=\!=}\lim_{x\to 0}\frac{e^x+e^{-x}-2}{1-\cos x}$$
$$\overset{\left(\frac{0}{0}\right)}{=\!=\!=}\lim_{x\to 0}\frac{e^x-e^{-x}}{\sin x}\overset{\left(\frac{0}{0}\right)}{=\!=\!=}\lim_{x\to 0}\frac{e^x+e^{-x}}{\cos x}=2.$$

**注**:在反复使用洛必达法则时,要时刻注意检查是不是未定式,若不是未定式,则不可使用洛必达法则.

**例 4-5** 求 $\lim\limits_{x\to 0}\dfrac{x^2\sin\frac{1}{x}}{e^x-1}$.

**分析** $\lim\limits_{x\to 0}\dfrac{x^2\sin\frac{1}{x}}{e^x-1}\overset{\left(\frac{0}{0}\right)}{=\!=\!=}\lim\limits_{x\to 0}\dfrac{2x\sin\frac{1}{x}-\cos\frac{1}{x}}{e^x}$,等式右边的极限中分母 $e^x\to 1$,分子振荡而没有极限,洛必达法则"失效".

**解**
$$\lim_{x\to 0}\frac{x^2\sin\frac{1}{x}}{e^x-1}=\lim_{x\to 0}\left(\frac{x}{e^x-1}\cdot x\sin\frac{1}{x}\right)=1\times 0=0.$$

**注**:分子、分母中有以下情形时,不可使用洛必达法则:

当 $x\to\infty$ 时,出现 $\sin x$ 或 $\cos x$;当 $x\to 0$ 时,出现 $\sin\frac{1}{x}$ 或 $\cos\frac{1}{x}$.

**例 4-6** 求 $\lim\limits_{x\to 0}\dfrac{\tan x-x}{x^2\tan x}$.

**解**
$$\lim_{x\to 0}\frac{\tan x-x}{x^2\tan x}=\lim_{x\to 0}\frac{\tan x-x}{x^3}=\lim_{x\to 0}\frac{\sec^2x-1}{3x^2}$$
$$=\lim_{x\to 0}\frac{2\sec^2x\tan x}{6x}=\frac{1}{3}\lim_{x\to 0}\frac{\tan x}{x}=\frac{1}{3}.$$

**例 4-7**　求 $\lim\limits_{x\to+\infty}\dfrac{\ln x}{x^n}(n>0)$.

**解**　$\lim\limits_{x\to+\infty}\dfrac{\ln x}{x^n}=\lim\limits_{x\to+\infty}\dfrac{\frac{1}{x}}{nx^{n-1}}=\lim\limits_{x\to+\infty}\dfrac{1}{nx^n}=0.$

## 二、其他未定式

对于其他类型的未定式，如 $0\cdot\infty$ 型、$\infty-\infty$ 型、$0^0$ 型、$\infty^0$ 型、$1^\infty$ 型，可通过适当的恒等变形将这些类型的未定式化为可用洛必达法则求解的类型$\left(\dfrac{0}{0}\text{ 型或}\dfrac{\infty}{\infty}\text{ 型}\right)$.

**例 4-8**　求 $\lim\limits_{x\to0^+}x\ln x$.

**解**　这是 $0\cdot\infty$ 型未定式，有

$$\lim_{x\to0^+}x\ln x=\lim_{x\to0^+}\frac{\ln x}{\frac{1}{x}}=\lim_{x\to0^+}\frac{\frac{1}{x}}{-\frac{1}{x^2}}=-\lim_{x\to0^+}x=0.$$

**例 4-9**　求 $\lim\limits_{x\to0}\left(\dfrac{1}{\sin x}-\dfrac{1}{x}\right)$.

**解**　这是 $\infty-\infty$ 型未定式，有

$$\lim_{x\to0}\left(\frac{1}{\sin x}-\frac{1}{x}\right)=\lim_{x\to0}\frac{x-\sin x}{x\cdot\sin x}=\lim_{x\to0}\frac{x-\sin x}{x\cdot x}$$

$$=\lim_{x\to0}\frac{1-\cos x}{2x}=\lim_{x\to0}\frac{\sin x}{2}=0.$$

**例 4-10**　求 $\lim\limits_{x\to0^+}x^x$.

**解**　这是 $0^0$ 型未定式，有

$$\lim_{x\to0^+}x^x=\lim_{x\to0^+}e^{x\ln x}=e^{\lim\limits_{x\to0^+}x\ln x}=e^{\lim\limits_{x\to0^+}\frac{\ln x}{\frac{1}{x}}}=e^{\lim\limits_{x\to0^+}\frac{\frac{1}{x}}{-\frac{1}{x^2}}}=e^0=1.$$

**例 4-11**　求 $\lim\limits_{x\to1}x^{\frac{1}{1-x}}$.

**解**　这是 $1^\infty$ 型未定式，有

$$\lim_{x\to1}x^{\frac{1}{1-x}}=\lim_{x\to1}e^{\frac{1}{1-x}\ln x}=e^{\lim\limits_{x\to1}\frac{\ln x}{1-x}}=e^{\lim\limits_{x\to1}\frac{\frac{1}{x}}{-1}}=e^{-1}.$$

## 思考与练习 4-2

1. 用洛必达法则求下列极限：

(1) $\lim\limits_{x\to 1}\dfrac{x^3-3x+2}{x^3-x^2-x+1}$；　(2) $\lim\limits_{x\to 0}\dfrac{e^x-e^{-x}}{\sin x}$；

(3) $\lim\limits_{x\to \frac{\pi}{2}}\dfrac{\tan x}{\tan 3x}$；　(4) $\lim\limits_{x\to 0^+}\dfrac{\ln x}{e^{\frac{1}{x}}}$；

(5) $\lim\limits_{x\to 0}x^2 e^{\frac{1}{x^2}}$；　(6) $\lim\limits_{x\to 0}x\cot 2x$；

(7) $\lim\limits_{x\to 0}\left(\dfrac{1}{x}-\dfrac{1}{e^x-1}\right)$；　(8) $\lim\limits_{x\to 1}\left(\dfrac{x}{x-1}-\dfrac{1}{\ln x}\right)$；

(9) $\lim\limits_{x\to 0^+}(\sin x)^x$；　(10) $\lim\limits_{x\to \infty}\left(1+\dfrac{a}{x}\right)^x$；

(11) $\lim\limits_{x\to 0^+}\left(\ln\dfrac{1}{x}\right)^{\sin x}$；　(12) $\lim\limits_{x\to +\infty}(1+e^x)^{\frac{1}{x}}$.

2. 验证极限$\lim\limits_{x\to\infty}\dfrac{x+\sin x}{x}$存在，但不能用洛必达法则求出.

# 第三节　泰勒公式

前面学习微分在近似计算中的应用时，提出了用 $x$ 的一次多项式近似表达函数的想法. 但是，这种近似的精度不高，不能估计误差，在实际应用中又亟须解决这两个问题. 问题可描述为：要寻找一个简单函数 $P(x)$，去近似表达复杂函数 $f(x)$，如何提高精度，同时能估计误差. 由于多项式是结构上比较简单的函数，对它进行微分和积分运算都很方便，因此经常利用多项式近似表达函数. 下面介绍泰勒中值定理.

## 一、泰勒中值定理

对于已知的复杂函数 $f(x)$，想要在指定点 $x_0$ 附近找一个多项式 $P_n(x)$ 去逼近它，如何求出这个多项式呢？不妨假设多项式的形式为

$$P_n(x)=a_0+a_1(x-x_0)+a_2(x-x_0)^2+\cdots+a_n(x-x_0)^n.$$

为了使近似精度较高，从几何角度看，应该满足以下要求：第一，两个函数的图形在点 $x_0$ 处相交，即它们在点 $x_0$ 处的函数值相等，则 $P_n(x_0)=f(x_0)$；第二，两个函数的图形在点 $x_0$ 处有相同的切线，即它们在点 $x_0$ 处的一阶导数相等，则 $P'_n(x_0)=f'(x_0)$. 可以发现，两个函数在点 $x_0$ 处相等的导数阶数越高，函数逼近的效果就越好.

假设

$$P_n^{(k)}(x_0)=f^{(k)}(x_0)\quad (k=0,1,2,\cdots,n),$$

在点 $x_0$ 处对 $P_n(x)$ 求各阶导数，代入上式，得

$$a_0 = f(x_0),1 \cdot a_1 = f'(x_0),2! \cdot a_2 = f''(x_0),\cdots,n! \cdot a_n = f^{(n)}(x_0),$$

即 $a_k = \dfrac{1}{k!}f^{(k)}(x_0)(k = 0,1,2,\cdots,n)$，将其代入 $P_n(x)$，得

$$P_n(x) = f(x_0) + f'(x_0)(x - x_0) + \frac{f''(x_0)}{2!}(x - x_0)^2 + \cdots + \frac{f^{(n)}(x_0)}{n!}(x - x_0)^n.$$

**定理 4-5**（**泰勒中值定理**）　**如果函数 $f(x)$ 在点 $x_0$ 的某个邻域 $U(x_0)$ 内具有 $n+1$ 阶导数，那么对于任一 $x \in U(x_0)$，有**

$$f(x) = f(x_0) + f'(x_0)(x - x_0) + \frac{f''(x_0)}{2!}(x - x_0)^2 + \cdots + \frac{f^{(n)}(x_0)}{n!}(x - x_0)^n + R_n(x),$$

**式中，余项 $R_n(x) = \dfrac{f^{(n+1)}(\xi)}{(n+1)!}(x - x_0)^{n+1}$（$\xi$ 在 $x_0$ 与 $x$ 之间）.**

**证**　记误差 $R_n(x) = f(x) - P_n(x)$. 由假设知，$R_n(x)$ 在点 $x_0$ 的某个邻域 $U(x_0)$ 内具有 $n+1$ 阶导数，由于 $P_n^{(k)}(x_0) = f^{(k)}(x_0)(k = 0,1,2,\cdots,n)$，因此 $R_n(x_0) = R'_n(x_0) = R''_n(x_0) = \cdots = R_n^{(n)}(x_0) = 0$，于是函数 $R_n(x)$ 与 $(x - x_0)^{n+1}$ 在以 $x_0$ 及 $x$ 为端点的区间上满足柯西中值定理的条件，得

$$\frac{R_n(x)}{(x - x_0)^{n+1}} = \frac{R_n(x) - R_n(x_0)}{(x - x_0)^{n+1} - 0} = \frac{R'_n(\xi_1)}{(n+1)(\xi_1 - x_0)^n} \quad (\xi_1 \text{ 在 } x_0 \text{ 与 } x \text{ 之间}),$$

函数 $R'_n(x)$ 与 $(n+1)(x - x_0)^n$ 在以 $x_0$ 及 $\xi_1$ 为端点的区间上满足柯西中值定理的条件，得

$$\frac{R'_n(\xi_1)}{(n+1)(\xi_1 - x_0)^n} = \frac{R'_n(\xi_1) - R'_n(x_0)}{(n+1)(\xi_1 - x_0)^n - 0} = \frac{R''_n(\xi_2)}{n(n+1)(\xi_2 - x_0)^{n-1}}$$

$$(\xi_2 \text{ 在 } x_0 \text{ 与 } \xi_1 \text{ 之间}).$$

如此下去，经过 $n+1$ 次后，得

$$\frac{R_n(x)}{(x - x_0)^{n+1}} = \frac{R_n^{(n+1)}(\xi)}{(n+1)!} \quad (\xi \text{ 在 } x_0 \text{ 与 } \xi_n \text{ 之间，也在 } x_0 \text{ 与 } x \text{ 之间}).$$

又因为 $P_n^{(n+1)}(x) = 0$，所以 $R_n^{(n+1)}(x) = f^{(n+1)}(x)$，得

$$R_n(x) = \frac{f^{(n+1)}(\xi)}{(n+1)!}(x - x_0)^{n+1} \quad (\xi \text{ 在 } x_0 \text{ 与 } x \text{ 之间}).$$

$n$ 次多项式 $P_n(x)$ 称为函数 $f(x)$ 在点 $x_0$ 处的 $n$ **次泰勒多项式**，即

$$f(x) = f(x_0) + \frac{f'(x_0)}{1!}(x - x_0) + \frac{f''(x_0)}{2!}(x - x_0)^2 + \cdots + \frac{f^{(n)}(x_0)}{n!}(x - x_0)^n + R_n(x), \tag{4-1}$$

称为函数 $f(x)$ 在点 $x_0$ 处的 $n$ **阶泰勒公式**，$R_n(x) = \dfrac{f^{(n+1)}(\xi)}{(n+1)!}(x - x_0)^{n+1}$ 称为**拉格朗日余项**.

当 $n = 0$ 时，泰勒公式变成拉格朗日中值公式：

$$f(x) = f(x_0) + f'(\xi)(x - x_0) \quad (\xi \text{ 在 } x_0 \text{ 与 } x \text{ 之间}).$$

因此，泰勒中值定理是拉格朗日中值定理的推广.

由泰勒中值定理可知，以多项式 $P_n(x)$ 近似表达函数 $f(x)$ 时，其误差为

$|R_n(x)|$,如果对于某个固定的$n$,当$x\in U(x_0)$时,$|f^{(n+1)}(x)|\leqslant M$,则有估计式:

$$|R_n(x)|=\left|\frac{f^{(n+1)}(\xi)}{(n+1)!}(x-x_0)^{n+1}\right|\leqslant\frac{M}{(n+1)!}|x-x_0|^{n+1},$$

故

$$\lim_{x\to x_0}\frac{R_n(x)}{(x-x_0)^n}=0,$$

所以,当$x\to x_0$时,误差$|R_n(x)|$是比$(x-x_0)^n$高阶的无穷小量,即$R_n(x)=o[(x-x_0)^n]$,称为**佩亚诺**(Peano)**余项**.

在不需要余项的精确表达式时,$n$阶泰勒公式又可写为

$$f(x)=f(x_0)+\frac{f'(x_0)}{1!}(x-x_0)+\frac{f''(x_0)}{2!}(x-x_0)^2+\cdots+\frac{f^{(n)}(x_0)}{n!}(x-x_0)^n+o[(x-x_0)^n].\tag{4-2}$$

在药物研发过程中,了解药物在体内的释放曲线对评估药物的疗效和安全性至关重要.药物释放曲线通常表示为药物浓度随时间变化的函数.假设有一种新药,在体内的浓度$C(t)$随时间$t$的变化可以用一个复杂的函数来描述.为了简化分析,研究人员有时使用泰勒中值定理来逼近这个函数在某个时间区间内的行为.如何利用泰勒中值定理来模拟和预测药物在体内的释放曲线呢?

**例 4-12** 假设药物浓度函数$C(t)$在$t_0=2$ h处可导,且已知$C(2)=10$ mg/L,$C'(2)=-2$ mg/(L·h)(表示浓度随时间下降的速率),请利用泰勒中值定理,找到$C(t)$在$t_0=2$ h附近的一阶多项式$P_1(t)$,以用来近似表示$C(t)$,并估算$t=2.5$ h处的药物浓度.

**解** 根据泰勒中值定理,函数$C(t)$在$t_0$附近可以近似为一个多项式函数,对于一阶近似,有

$$C(t)\approx P_1(t)=C(t_0)+C'(t_0)(t-t_0),$$

将已知条件$t_0=2$ h,$C(2)=10$ mg/L,$C'(2)=-2$ mg/(L·h)代入上式,得

$$P_1(t)=10-2(t-2)=-2t+14,$$

当$t=2.5$ h时,$C(2.5)\approx P_1(2.5)=(-2\times2.5+14)\text{mg/L}=9\text{ mg/L}$.

## 二、麦克劳林公式

在泰勒公式中,当取$x_0=0$时,$\xi$在0与$x$之间,令$\xi=\theta x\ (0<\theta<1)$,从而泰勒公式变成较简单的形式,得到**带有拉格朗日余项的麦克劳林**(Maclaurin)**公式**:

$$f(x)=f(0)+\frac{f'(0)}{1!}x+\frac{f''(0)}{2!}x^2+\cdots+\frac{f^{(n)}(0)}{n!}x^n+\frac{f^{(n+1)}(\theta x)}{(n+1)!}x^{n+1}\quad(0<\theta<1),\tag{4-3}$$

以及**带有佩亚诺余项的麦克劳林公式**:

$$f(x)=f(0)+\frac{f'(0)}{1!}x+\frac{f''(0)}{2!}x^2+\cdots+\frac{f^{(n)}(0)}{n!}x^n+o(x^n).\tag{4-4}$$

由此可得近似公式：

$$f(x)\approx f(0)+\frac{f'(0)}{1!}x+\frac{f''(0)}{2!}x^2+\cdots+\frac{f^{(n)}(0)}{n!}x^n,$$

相应地，误差估计式变为

$$|R_n(x)|\leqslant\frac{M}{(n+1)!}|x|^{n+1}.$$

**例 4-13** 求函数 $f(x)=\mathrm{e}^x$ 的带有拉格朗日余项的 $n$ 阶麦克劳林公式.

**解** 因为 $f'(x)=f''(x)=\cdots=f^{(n)}(x)=\mathrm{e}^x$，所以

$$f(0)=f'(0)=f''(0)=\cdots=f^{(n)}(0)=\mathrm{e}^0=1,$$

$$f^{(n+1)}(\theta x)=\mathrm{e}^{\theta x}\quad(0<\theta<1).$$

将这些值代入式(4-3)，得到函数 $f(x)=\mathrm{e}^x$ 的带有拉格朗日余项的 $n$ 阶麦克劳林公式：

$$\mathrm{e}^x=1+x+\frac{x^2}{2!}+\cdots+\frac{x^n}{n!}+\frac{\mathrm{e}^{\theta x}}{(n+1)!}x^{n+1}\quad(0<\theta<1).$$

由上式可知，$\mathrm{e}^x$ 的 $n$ 次泰勒多项式为

$$\mathrm{e}^x\approx1+x+\frac{x^2}{2!}+\cdots+\frac{x^n}{n!},$$

此时产生的误差为

$$|R_n(x)|=\left|\frac{\mathrm{e}^{\theta x}}{(n+1)!}x^{n+1}\right|<\frac{\mathrm{e}^{|x|}}{(n+1)!}|x|^{n+1}\quad(0<\theta<1).$$

当 $x=1$ 时，$\mathrm{e}^x=\mathrm{e}\approx1+1+\frac{1}{2!}+\cdots+\frac{1}{n!}$，其误差为

$$|R_n(x)|=\left|\frac{\mathrm{e}^{\theta}}{(n+1)!}\right|<\frac{\mathrm{e}}{(n+1)!}<\frac{3}{(n+1)!}\quad(0<\theta<1).$$

当 $n=10$ 时，可算出 $\mathrm{e}\approx2.718\,282$，其误差不超过$10^{-6}$.

**例 4-14** 求函数 $f(x)=\sin x$ 的带有佩亚诺余项的 $n$ 阶麦克劳林公式.

**解** 因为

$$f'(x)=\cos x,\quad f''(x)=-\sin x,\quad f'''(x)=-\cos x,$$

$$f^{(4)}(x)=\sin x,\quad\cdots,\quad f^{(n)}(x)=\sin\left(x+\frac{n\pi}{2}\right).$$

所以

$$f(0)=0,\quad f'(0)=1,\quad f''(0)=0,\quad f'''(0)=-1,\quad f^{(4)}(0)=0$$

等，它们顺序循环地取 0，1，0，−1，于是得到函数 $f(x)=\sin x$ 的带有佩亚诺余项的 $n$(令 $n=2m$) 阶麦克劳林公式：

$$\sin x=x-\frac{x^3}{3!}+\frac{x^5}{5!}-\cdots+(-1)^{m-1}\frac{x^{2m-1}}{(2m-1)!}+o(x^{2m}).$$

另外,若取 $m=1$,则 $\sin x\approx x$,此时的误差为

$$|R_2(x)|=\left|\frac{\sin\left(\theta x+\frac{3}{2}\pi\right)}{3!}x^3\right|\leqslant\frac{|x|^3}{6}\quad(0<\theta<1).$$

若分别取 $m=2$ 和 $m=3$,则可得到 $\sin x$ 的 3 次和 5 次泰勒多项式:

$$\sin x\approx x-\frac{x^3}{3!}\quad 和\quad \sin x\approx x-\frac{x^3}{3!}+\frac{x^5}{5!}.$$

这三个多项式的近似精度是逐渐提高的,它们与 $\sin x$ 的曲线逼近关系如 图 4-4 所示.

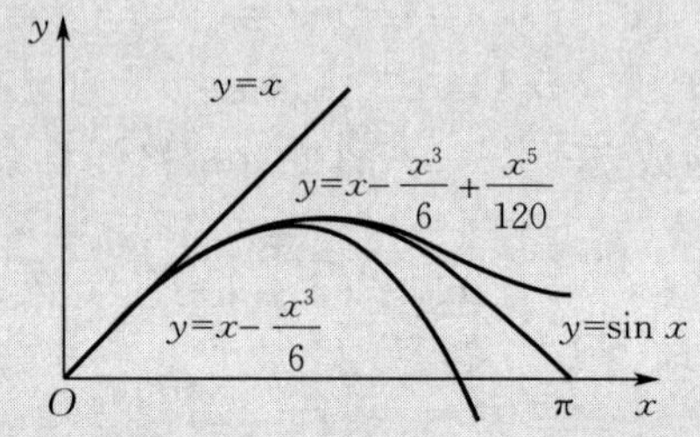


图 4-4

类似地,还可以得到如下初等函数的麦克劳林公式:

$$\cos x=1-\frac{x^2}{2!}+\frac{x^4}{4!}-\cdots+(-1)^m\frac{x^{2m}}{(2m)!}+o(x^{2m});$$

$$\arctan x=x-\frac{x^3}{3}+\frac{x^5}{5}-\cdots+(-1)^m\frac{x^{2m+1}}{2m+1}+o(x^{2m+1});$$

$$\ln(1+x)=x-\frac{1}{2}x^2+\frac{1}{3}x^3-\cdots+(-1)^{n-1}\frac{1}{n}x^n+o(x^n);$$

$$\frac{1}{1-x}=1+x+x^2+\cdots+x^n+o(x^n);$$

$$(1+x)^\alpha=1+\alpha x+\frac{\alpha(\alpha-1)}{2!}x^2+\cdots+\frac{\alpha(\alpha-1)\cdots(\alpha-n+1)}{n!}x^n+o(x^n).$$

## 思考与练习 4-3

1. 求函数 $f(x)=x^3+4x^2+5$ 在 $x_0=1$ 处的 3 阶泰勒公式.
2. 求函数 $f(x)=\ln x$ 在 $x_0=1$ 处的 $n$ 阶泰勒公式.
3. 求函数 $f(x)=x\cdot e^x$ 的带有拉格朗日余项的麦克劳林公式.
4. 利用泰勒公式求近似值:无理数 e.(精确到$10^{-9}$)
5. 利用泰勒公式求近似值:lg 11.(精确到$10^{-5}$)
6. 利用泰勒公式求$\lim\limits_{x\to 0}\dfrac{e^x\sin x-x(1+x)}{x^3}$.

# 第四节　导数的应用

本节将利用导数来研究函数的单调性和极值等性质、曲线的凹凸性和拐点等形态.

## 一、函数单调性的判断

前面学习函数的特性时,提出了函数的单调性,当函数 $y = f(x)$ 在区间$[a,b]$上单调增加(单调减少)时,它的图形是一条沿 $x$ 轴正向上升(下降)的曲线,如图 4-5 所示,曲线上各点处的切线斜率是非负的(非正的),即 $y' = f'(x) \geqslant 0$[$y' = f'(x) \leqslant 0$].由此可见,函数的单调性与函数导数的符号有着密切的关系.

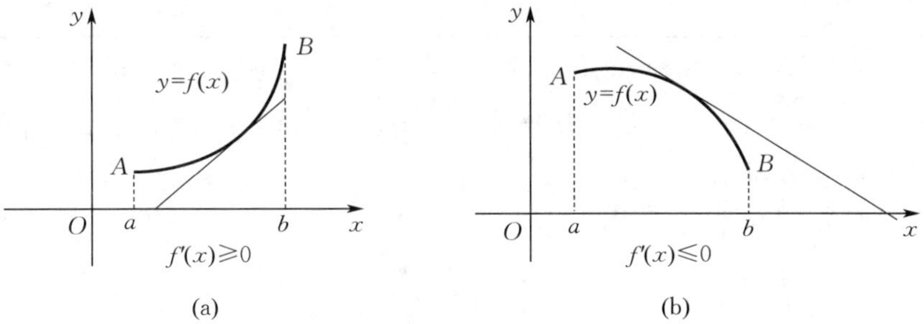


图 4-5

**定理 4-6　设函数 $y = f(x)$ 在$[a,b]$上连续,在$(a,b)$内可导.**

**(1) 如果在$(a,b)$内 $f'(x) \geqslant 0$,且等号仅在有限多个点处成立,那么函数 $y = f(x)$ 在$[a,b]$上单调增加;**

**(2) 如果在$(a,b)$内 $f'(x) \leqslant 0$,且等号仅在有限多个点处成立,那么函数 $y = f(x)$ 在$[a,b]$上单调减少.**

**证**　设函数 $y = f(x)$ 在$[a,b]$上连续,在$(a,b)$内可导,任取两点 $x_1, x_2 \in [a,b]$,设 $x_1 < x_2$,在区间$[x_1, x_2]$上应用拉格朗日中值定理,得

$$f(x_2) - f(x_1) = f'(\xi)(x_2 - x_1),\quad \xi \in (x_1, x_2) \subset [a,b].$$

如果在$(a,b)$内 $f'(x) > 0$,那么 $f'(\xi) > 0$,于是 $f(x_2) - f(x_1) > 0$,即 $f(x_1) < f(x_2)$,表明函数 $y = f(x)$ 在$[a,b]$上单调增加.

同理,如果在$(a,b)$内 $f'(x) < 0$,那么函数 $y = f(x)$ 在$[a,b]$上单调减少.

**注:**如果将定理 4-6 中的$[a,b]$换成其他各种区间(包括无穷区间),在有限个点处导数为零,定理的结论仍然成立.

**例 4-15** 判断函数 $y=x^3, x\in(-\infty,+\infty)$ 的单调性.

**解** $y'=3x^2\geqslant 0$ 且只有 $y'|_{x=0}=0$,因此,函数 $y=x^3$ 在 $(-\infty,+\infty)$ 内单调增加.

一般地,如果函数在某驻点(导数为零的点)左、右两侧的导数同号,则不改变函数的单调性.

**例 4-16** 确定函数 $y=2x^3-9x^2+12x-3$ 的单调区间.

**解** $y'=6x^2-18x+12=6(x-1)(x-2)$,令 $y'=0$,得 $x_1=1, x_2=2$,为了便于讨论,将结果列于表 4-1 中.

**表 4-1**

| $x$ | $(-\infty,1)$ | 1 | $(1,2)$ | 2 | $(2,+\infty)$ |
|---|---|---|---|---|---|
| $y'$ | + | 0 | − | 0 | + |
| $y$ | ↗ | 2 | ↘ | 1 | ↗ |

注:"↗"表示函数是单调增加的,"↘"表示函数是单调减少的.

故函数 $y=2x^3-9x^2+12x-3$ 的单调增加区间为 $(-\infty,1]$, $[2,+\infty)$,单调减少区间为 $(1,2)$,其图形如图 4-6 所示.

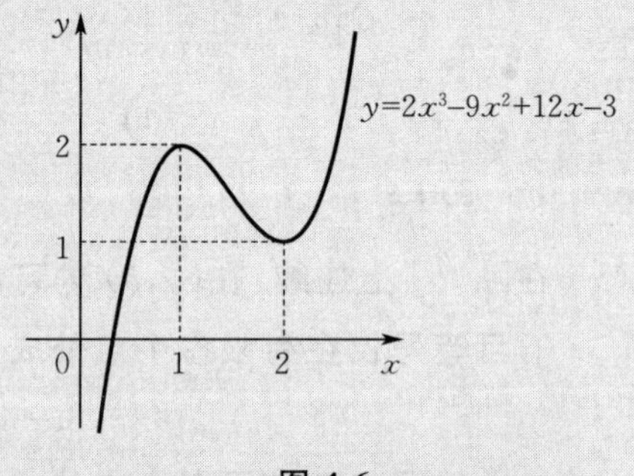


**图 4-6**

**例 4-17** 讨论函数 $y=\sqrt[3]{x^2}, x\in(-\infty,+\infty)$ 的单调性.

**解** 当 $x\neq 0$ 时,函数的导数为 $y'=\dfrac{2}{3\sqrt[3]{x}}$(当 $x=0$ 时,函数的导数不存在).

当 $x\in(-\infty,0)$ 时,$y'<0$;当 $x\in(0,+\infty)$ 时,$y'>0$.因此,函数 $y=\sqrt[3]{x^2}$ 在 $(-\infty,0]$ 上单调减少,在 $(0,+\infty)$ 上单调增加.其图形如图 4-7 所示.

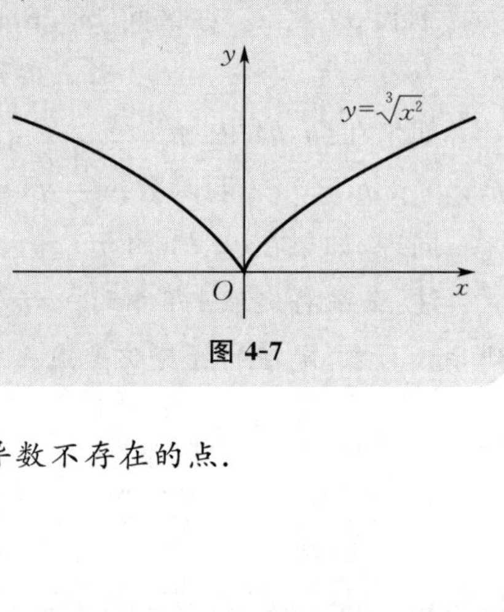


**图 4-7**

**注**:单调区间的分界点除驻点外,也可以是导数不存在的点.

## 二、函数的极值与最值

由函数单调性的判定定理，结合函数的图形可知，曲线在升、降转折点处形成“波峰”“波谷”，这些点处的函数值大于或小于这些点两侧附近各点处的函数值. 函数的这种性态以及这种点，无论在理论上还是在实际应用上都具有重要的意义，值得进行一般性的讨论.

**定义 4-1**　设函数 $f(x)$ 在点 $x_0$ 的某邻域 $U(x_0)$ 内有定义，若对于去心邻域 $\mathring{U}(x_0,\delta)$ 内的任一 $x$，有

$$f(x)<f(x_0)\quad [\text{或 } f(x)>f(x_0)],$$

则称点 $x_0$ 是函数 $f(x)$ 的一个**极大值点**（或**极小值点**）（见图 4-8），$f(x_0)$ 称为**极大值**（或**极小值**）.

函数的极大值与极小值统称为函数的**极值**，使函数取得极值的点称为函数的**极值点**.

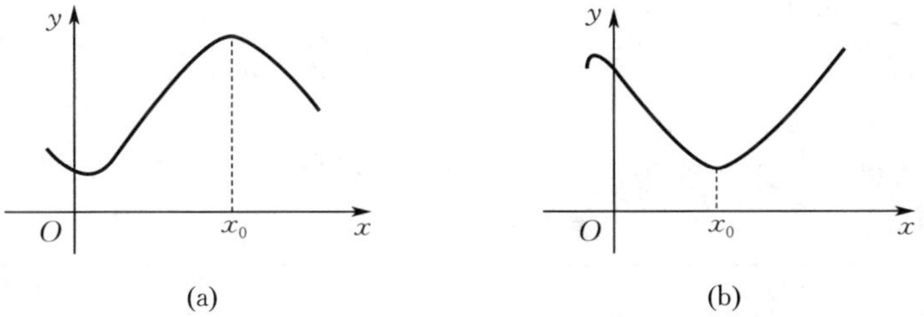


图 4-8

函数的极值只反映函数的“局部”特性，而不是整体性的概念，所谓“极大”“极小”，只是在点 $x_0$ 附近的一个局部范围内的函数大小值间的关系体现. 如图 4-9 所示，函数 $y=f(x)$ 在定义域或某指定区间上可能有若干个极值，且极大值可能小于极小值. 在函数取得极值处，如果曲线的切线存在，则切线平行于 $x$ 轴，即极值点处函数的导数一定等于零.

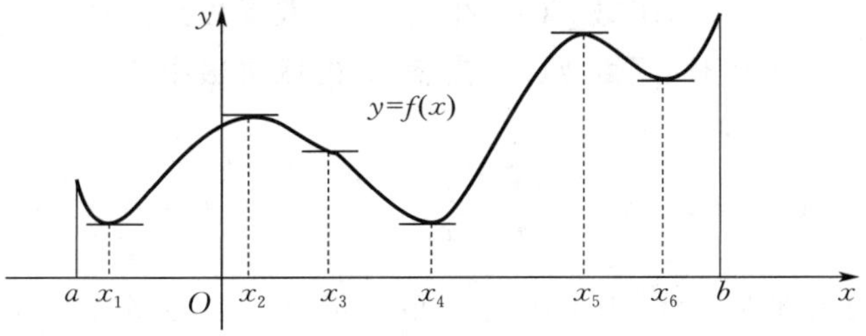


图 4-9

**定理 4-7（必要条件）　若函数 $f(x)$ 在点 $x_0$ 处可导，且在点 $x_0$ 处取得极值，则** $f'(x_0)=0$.

定理 4-7 表明，可导函数的极值点必是驻点，反之不一定成立. 例如，

$$f(x)=x^3,\quad f'(x)=3x^2,\quad f'(0)=0,$$

但 $x=0$ 不是函数 $f(x)=x^3$ 的极值点. 所以,函数的驻点只是可能的极值点. 此外,函数在不可导点处也可能取得极值. 例如,函数 $f(x)=|x|$ 在 $x=0$ 处不可导,但是函数在该点处取得极小值.

当求出函数的驻点或不可导点后,怎样判定该点是不是极值点? 下面给出两个判定函数取得极值的充分条件.

**定理 4-8(第一充分条件)　设函数 $f(x)$ 在点 $x_0$ 处连续,且在点 $x_0$ 的某去心邻域 $\mathring{U}(x_0,\delta)$ 内可导.**

**(1) 若 $x\in(x_0-\delta,x_0)$ 时 $f'(x)>0$,$x\in(x_0,x_0+\delta)$ 时 $f'(x)<0$,则函数 $f(x)$ 在点 $x_0$ 处取得极大值;**

**(2) 若 $x\in(x_0-\delta,x_0)$ 时 $f'(x)<0$,$x\in(x_0,x_0+\delta)$ 时 $f'(x)>0$,则函数 $f(x)$ 在点 $x_0$ 处取得极小值;**

**(3) 若 $x\in\mathring{U}(x_0,\delta)$ 时,$f'(x)$ 不变号,则函数 $f(x)$ 在点 $x_0$ 处无极值.**

**例 4-18**　求函数 $f(x)=x^3-3x^2-9x+1$ 的极值.

**解**　函数 $f(x)$ 的定义域为 $(-\infty,+\infty)$. 易知

$$f'(x)=3x^2-6x-9=3(x+1)(x-3),$$

令 $f'(x)=0$,得驻点 $x_1=-1$,$x_2=3$.

为了便于讨论,将结果列于表 4-2 中.

**表 4-2**

| $x$ | $(-\infty,-1)$ | $-1$ | $(-1,3)$ | $3$ | $(3,+\infty)$ |
|---|---|---|---|---|---|
| $f'(x)$ | $+$ | $0$ | $-$ | $0$ | $+$ |
| $f(x)$ | ↗ | 极大值 6 | ↘ | 极小值 $-26$ | ↗ |

由表 4-2 可知,函数 $f(x)$ 在 $x=-1$ 处有极大值 $f(-1)=6$,在 $x=3$ 处有极小值 $f(3)=-26$.

**定理 4-9(第二充分条件)　设函数 $f(x)$ 在点 $x_0$ 处具有二阶导数 $f''(x_0)$,且 $f'(x_0)=0$.**

**(1) 当 $f''(x_0)<0$ 时,函数 $f(x)$ 在点 $x_0$ 处取得极大值;**

**(2) 当 $f''(x_0)>0$ 时,函数 $f(x)$ 在点 $x_0$ 处取得极小值.**

**证**　在情形(1)中,

$$f''(x_0)=\lim_{x\to x_0}\frac{f'(x)-f'(x_0)}{x-x_0}=\lim_{x\to x_0}\frac{f'(x)}{x-x_0}<0,$$

根据函数极限的局部保号性,当 $x$ 在点 $x_0$ 的足够小的去心邻域内时,$\dfrac{f'(x)}{x-x_0}<0$,说明对于这个去心邻域内的 $x$,$f'(x)$ 与 $x-x_0$ 异号,即当 $x<x_0$ 时,$f'(x)>0$;当 $x>x_0$ 时,$f'(x)<0$. 由定理 4-8 知,函数 $f(x)$ 在点 $x_0$ 处取得极大值.

同理,可以证明情形(2).

定理 4-9 表明,如果函数 $f(x)$ 在驻点 $x_0$ 处的二阶导数 $f''(x_0)\neq0$,那么该驻点 $x_0$ 一定是极值点,并且可以按二阶导数 $f''(x_0)$ 的符号来判定 $f(x_0)$ 是极大值还是

极小值. 但如果 $f''(x_0)=0$，就不能直接应用定理 4-9. 事实上，当 $f'(x_0)=0$，$f''(x_0)=0$ 时，函数 $f(x)$ 在点 $x_0$ 处可能有极大值，也可能有极小值，也可能无极值. 因此，如果函数在驻点处的二阶导数为零，必须应用定理 4-8（即一阶导数在驻点左、右邻近的符号）来判定极值的情形.

**例 4-19**　求函数 $f(x)=x^3+3x^2-24x-20$ 的极值.

**解**
$$f'(x)=3x^2+6x-24=3(x+4)(x-2),$$
令 $f'(x)=0$，得驻点 $x_1=-4, x_2=2$.

因为 $f''(x)=6x+6$，$f''(-4)=-18<0$，故函数 $f(x)$ 在 $x=-4$ 处取得极大值 $f(-4)=60$；$f''(2)=18>0$，故函数 $f(x)$ 在 $x=2$ 处取得极小值 $f(2)=-48$.

在很多实际问题中，常常会遇到如何使目标变量取值最大或最小的问题，在生物医药领域也有类似的问题，例如，口服或肌内注射一定剂量的某种药物后，血药浓度何时最高？在一定条件下，如何使用药物使副作用最小、疗效最佳、毒性最小等. 这类问题可归结为求函数的最大值与最小值.

一个闭区间上的连续函数必定存在最大值、最小值，可比较函数的所有可能极值点（驻点或不可导点）和区间端点的函数值，最大者为最大值，最小者为最小值. 如果通过实际问题可以断定最值存在，且函数在区间内只有唯一驻点，则该点就是最值点.

**例 4-20**　在药动学中，血管外给药（包括口服、肌内注射等给药途径）时，考察血药浓度 $C$ 与时间 $t$ 的关系 $C(t)$，可用数学公式 $C(t)=A(e^{-\alpha t}-e^{-\beta t})$ 描述，其中，$\alpha$ 为消除速率常数，$\beta$ 为吸收速率常数，$A$ 是与给药剂量、生物利用度、消除速率和吸收速率等有关的常数，试求药效峰值［即血药浓度 $C(t)$ 的最大值］和达峰时间（即达到药效峰值所需的时间）.

**解**　对 $C(t)=A(e^{-\alpha t}-e^{\beta t})$ 求导，得
$$\frac{dC(t)}{dt}=A(-\alpha e^{-\alpha t}+\beta e^{-\beta t}),$$
令 $\frac{dC(t)}{dt}=0$，有 $-\alpha e^{-\alpha t}+\beta e^{-\beta t}=0$，即 $\beta e^{-\beta t}=\alpha e^{-\alpha t}$，两边同时取对数，得 $\ln\beta-\beta t=\ln\alpha-\alpha t$，解得 $t=\frac{\ln\frac{\beta}{\alpha}}{\beta-\alpha}$，只有一个驻点，它必是最值点，根据实际问题具有最大值，可知 $t=\frac{\ln\frac{\beta}{\alpha}}{\beta-\alpha}$ 就是达峰时间，将它代入原函数 $C(t)$，就可以得到药效峰值.

## 三、曲线的凹凸性

前面研究了函数的单调性，从几何图形上看，就是函数曲线的上升或下降. 但是，在曲线上升或下降的过程中，仅了解函数的单调性是不够的，还应了解曲线的弯曲方向以及不同弯曲方向的分界点. 下面利用二阶导数来研究曲线的凹凸性.

**定义 4-2** 如果一段曲线位于其每一点处切线的上方,就称这段曲线是**凹曲线**,如图 4-10 所示.如果一段曲线位于其每一点处切线的下方,就称这段曲线是**凸曲线**,如图 4-11 所示.

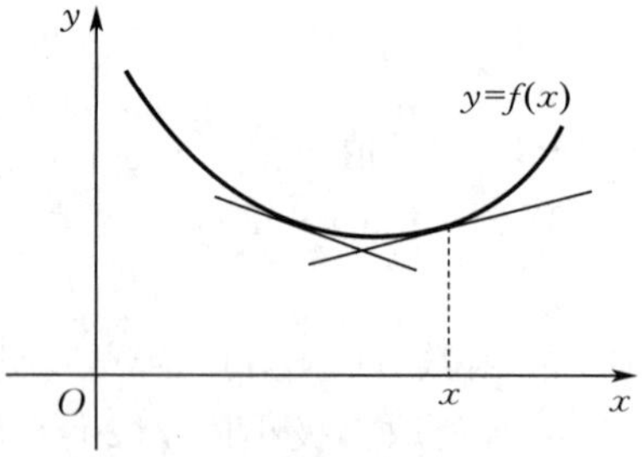


图 4-10

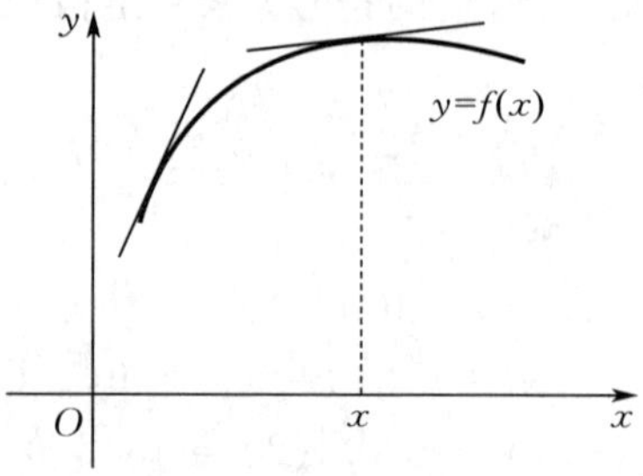


图 4-11

由图 4-10 和图 4-11 可见,一段曲线的切线位置的变化状况可以反映该曲线的凹凸性.曲线向上凹时,随着 $x$ 的增大,切线与 $x$ 轴正向的夹角也增大,切线的斜率 $f'(x)$ 是增大的,$f'(x)$ 是单调增加函数,故 $f'(x)$ 的导数 $f''(x) \geqslant 0$.同理,曲线向上凸时,$f''(x) \leqslant 0$.

由此可得通过二阶导数的符号来判定曲线凹凸性的方法.

**定理 4-10** **设函数 $y = f(x)$ 在$(a,b)$ 内具有二阶导数,那么**

**(1) 若在$(a,b)$ 内 $f''(x) > 0$,则函数 $f(x)$ 在$(a,b)$ 内的图形是凹的;**

**(2) 若在$(a,b)$ 内 $f''(x) < 0$,则函数 $f(x)$ 在$(a,b)$ 内的图形是凸的.**

**例 4-21** 判断曲线 $y = x^3, x \in (-\infty, +\infty)$ 的凹凸性.

**解** $y' = 3x^2, y'' = 6x$.

当 $x > 0$ 时,$y'' > 0$,则曲线在$(0, +\infty)$ 内是凹的;

当 $x < 0$ 时,$y'' < 0$,则曲线在$(-\infty, 0)$ 内是凸的.

点$(0,0)$ 是曲线凹凸性的分界点,如图 4-12 所示.

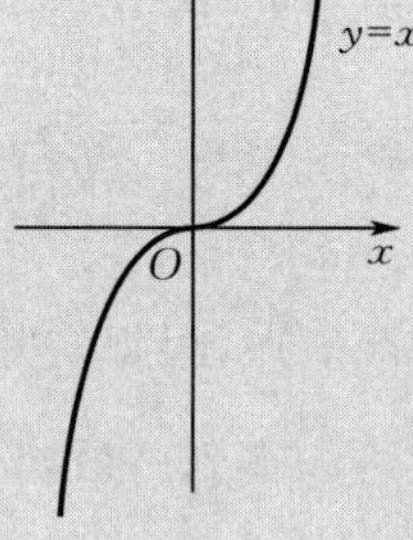


图 4-12

**定义 4-3** 若函数 $f(x)$ 在 $x = x_0$ 处连续,并且其图形在 $x = x_0$ 左、右邻域内的凹凸性相反,则点$(x_0, f(x_0))$ 称为这函数图形的**拐点**.

如例 4-21 中,点$(0,0)$ 是曲线的拐点.

由前面的定理可知,连续曲线在向上凹段 $f''(x) \geqslant 0$,在向上凸段 $f''(x) \leqslant 0$,所以曲线经过拐点时，$f''(x)$ 要变号，因此，在拐点处如果 $f''(x)$ 存在，则必有 $f''(x)=0$.

下面给出用二阶导数确定曲线 $y=f(x)$ 的拐点的方法：

(1) 求 $f''(x)$，找出 $f''(x)=0$ 和 $f''(x)$ 不存在的点，以这些点为分界点，把定义域分为若干区间；

(2) 在各区间上判别 $f''(x)$ 的符号，以此确定曲线 $y=f(x)$ 的凹凸区间；

(3) 确定使曲线的凹凸性发生变化的点，这些点便是曲线的拐点.

**例 4-22** 求曲线 $y=3x^4-4x^3+1$ 的凹凸区间及拐点.

**解** (1) $y'=12x^3-12x^2$，$y''=36x^2-24x=36x\left(x-\frac{2}{3}\right)$.

(2) 令 $y''=0$，得 $x_1=0$，$x_2=\frac{2}{3}$.

(3) 列表判别，如表 4-3 所示.

表 4-3

| $x$ | $(-\infty,0)$ | 0 | $\left(0,\frac{2}{3}\right)$ | $\frac{2}{3}$ | $\left(\frac{2}{3},+\infty\right)$ |
|---|---|---|---|---|---|
| $y''$ | + | 0 | − | 0 | + |
| $y$ | 凹 | 1 | 凸 | $\frac{11}{27}$ | 凹 |

故该曲线在 $(-\infty,0]$ 及 $\left[\frac{2}{3},+\infty\right)$ 上是凹的，在 $\left[0,\frac{2}{3}\right]$ 上是凸的，点 $(0,1)$ 及 $\left(\frac{2}{3},\frac{11}{27}\right)$ 均为拐点.

**例 4-23** 求曲线 $y=\sqrt[3]{x}$，$x\in(-\infty,+\infty)$ 的拐点.

**解** $y'=\frac{1}{3}x^{-\frac{2}{3}}$，$y''=-\frac{2}{9}x^{-\frac{5}{3}}$，列表判别，如表 4-4 所示.

表 4-4

| $x$ | $(-\infty,0)$ | 0 | $(0,+\infty)$ |
|---|---|---|---|
| $y''$ | + | 不存在 | − |
| $y$ | 凹 | 0 | 凸 |

故点 $(0,0)$ 为曲线 $y=\sqrt[3]{x}$ 的拐点，如图 4-13 所示.

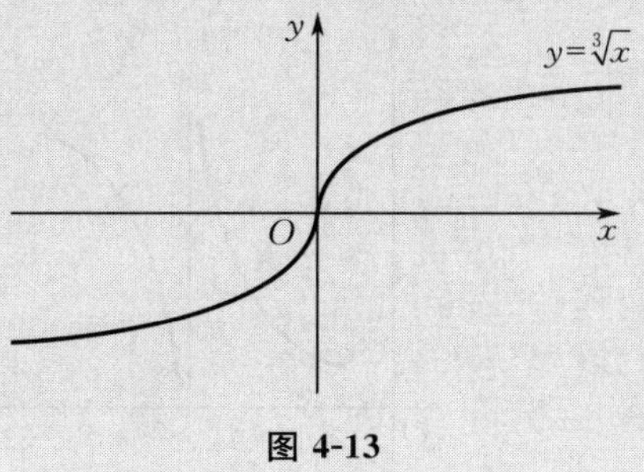


图 4-13

**注**：凹凸区间的分界点除二阶导数为零的点外，也可以是二阶导数不存在的点.

## 四、曲线的渐近线

曲线的渐近线是一种描述曲线向无限远处延伸时，呈现出越来越逼近某一直线的状态. 渐近线可以是水平的、铅直的，或者是斜率不为零的直线，其提供了一种理解曲线在极限条件下的趋向规律. 在医药领域，曲线的渐近线可以用于描述药物在体内的浓度随时间的变化趋势，以及疾病的长期发展模式等. 对于某些慢性疾病，其发展状况可以用曲线(如肿瘤生长模型)来模拟，而相应的渐近线可以揭示疾病的长期趋势(如肿瘤体积随时间增长的长期趋势)，它刻画了疾病的最终稳定状态或恶化的极限.

**定义 4-4**　若曲线上的一点沿着曲线无限地远离原点时，该点与某一直线的距离趋于零，则称此直线为曲线的**渐近线**.

对于给定的曲线方程 $y=f(x)$，借助极限这一工具刻画和寻求它的渐近线，具体有以下三种情形.

1. 水平渐近线

若 $\lim\limits_{x\to\infty}f(x)=b\left[\lim\limits_{x\to-\infty}f(x)=b\text{ 或 }\lim\limits_{x\to+\infty}f(x)=b\right]$，则称直线 $y=b$ 是曲线 $y=f(x)$ 的一条**水平渐近线**，如图 4-14 和图 4-15 所示.

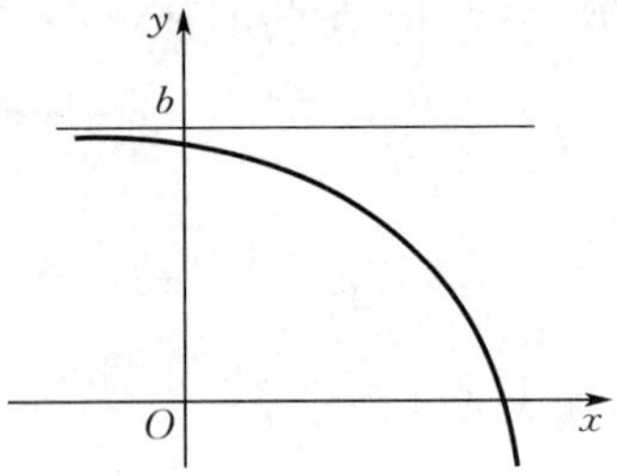


图 4-14

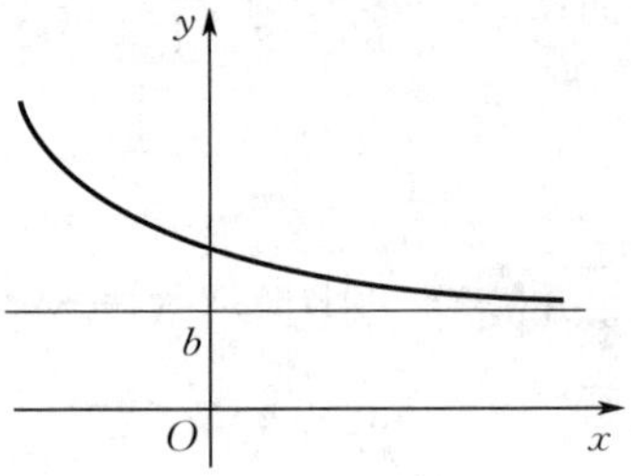


图 4-15

2. 铅直渐近线

若 $\lim\limits_{x\to x_0}f(x)=\infty\left[\lim\limits_{x\to x_0^-}f(x)=\infty\text{ 或 }\lim\limits_{x\to x_0^+}f(x)=\infty\right]$，则称直线 $x=x_0$ 是曲线 $y=f(x)$ 的一条**铅直渐近线**，如图 4-16 所示.

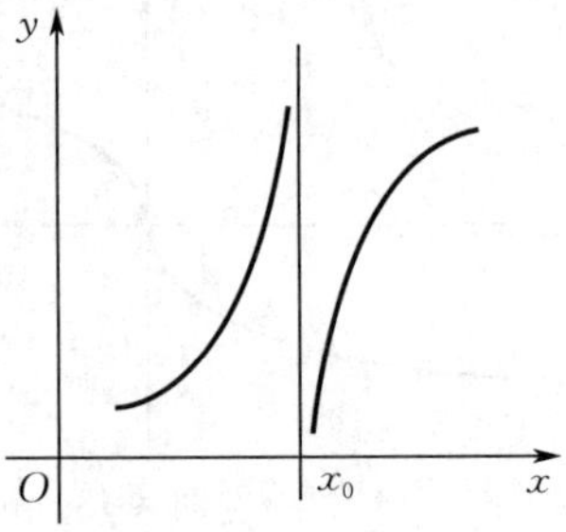


图 4-16

3. 斜渐近线

若 $x\to\infty$($x\to-\infty$ 或 $x\to+\infty$)时,曲线 $y=f(x)$ 上的点到直线 $y=ax+b$ 的距离趋于零,则直线 $y=ax+b$ 称为曲线 $y=f(x)$ 的一条**斜渐近线**,如图 4-17 所示.

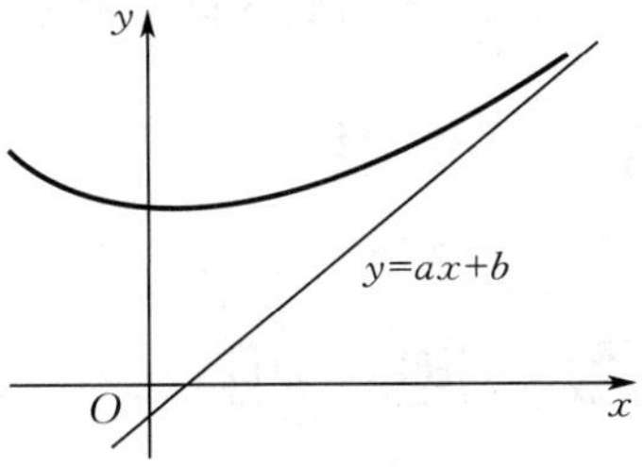


图 4-17

下面来求曲线 $y=f(x)$ 的斜渐近线,若 $y=ax+b$ 是曲线 $y=f(x)$ 的斜渐近线,则根据斜渐近线的定义,知 $\lim\limits_{x\to\infty}[f(x)-(ax+b)]=0$,即 $\lim\limits_{x\to\infty}[f(x)-ax]=b$,因此,$\lim\limits_{x\to\infty}\dfrac{f(x)-ax}{x}=0$,即 $\lim\limits_{x\to\infty}\dfrac{f(x)}{x}=a$.

如果对于给定的曲线 $y=f(x)$,它有渐近线,那么将它代入上述计算 $a$ 和 $b$ 的公式,就可以求出 $a$ 和 $b$,得到渐近线 $y=ax+b$.

**例 4-24**　求曲线 $f(x)=(x+1)e^{\frac{1}{x}}$ 的渐近线.

**解**　因为

$$a=\lim_{x\to\infty}\frac{f(x)}{x}=\lim_{x\to\infty}\frac{(x+1)e^{\frac{1}{x}}}{x}=\lim_{x\to\infty}\left(e^{\frac{1}{x}}+\frac{e^{\frac{1}{x}}}{x}\right)=1,$$

$$b=\lim_{x\to\infty}[f(x)-x]=\lim_{x\to\infty}[(x+1)e^{\frac{1}{x}}-x]=\lim_{x\to\infty}[x(e^{\frac{1}{x}}-1)+e^{\frac{1}{x}}]=2,$$

从而得到曲线的渐近线为 $y=x+2$.

## 思考与练习 4-4

1. 求下列函数的单调区间:

(1) $y=2x^3-6x^2-18x-7$;

(2) $y=x-e^x$;

(3) $y=3x+\dfrac{4}{x}$;

(4) $y=x-\ln(1+x)$.

2. 求下列函数的极值:

(1) $f(x)=x^3-6x^2+9x+5$;

(2) $f(x)=(x-1)x^{\frac{2}{3}}$.

3. 求下列函数的最大值、最小值:

(1) $f(x)=4x^4-8x^2+2, x\in[-1,3]$;

(2) $f(x)=x+\sqrt{1-x}, x\in[-5,1]$.

4. 求曲线 $y=10+5x^2+\dfrac{10}{3}x^3$ 的凹凸区间与拐点.

5. 求曲线 $y=\dfrac{3x^2-2x+3}{x-1}$ 的渐近线.

## 习 题 四

1. 讨论曲线 $y=\dfrac{1+e^{-x^2}}{1-e^{-x^2}}$ 的渐近线.

2. 借助麦克劳林公式计算 $\lim\limits_{x\to 0}\left(\dfrac{1}{x^2}-\dfrac{1}{x\tan x}\right)$.

3. 利用泰勒公式计算 $\lim\limits_{x\to 0}\dfrac{e^{x^2}+2\cos x-3}{x^4}$.

4. 求下列极限:

(1) $\lim\limits_{x\to a}\dfrac{\sin x-\sin a}{x-a}$;

(2) $\lim\limits_{x\to \frac{\pi}{2}}\dfrac{\ln(\tan 7x)}{\ln(\tan 2x)}$;

(3) $\lim\limits_{x\to 0}\dfrac{\sqrt{1+x}+\sqrt{1-x}-2}{x^2}$;

(4) $\lim\limits_{x\to +\infty}\dfrac{\ln\left(1+\dfrac{1}{x}\right)}{\operatorname{arccot} x}$;

(5) $\lim\limits_{x\to 0}\left(\cot x-\dfrac{1}{x}\right)$;

(6) $\lim\limits_{x\to 0}\dfrac{3\sin x+x^2\cos^2 x}{(1+\cos x)\ln(1+x)}$;

(7) $\lim\limits_{x\to \infty}x(e^{\frac{1}{x}}-1)$;

(8) $\lim\limits_{x\to +\infty}\left(\dfrac{2}{\pi}\arctan x\right)^x$.

5. 设函数 $y=\dfrac{x^3+4}{x^2}$.

(1) 求其单调区间与极值;

(2) 求其图形的凹凸区间与拐点;

(3) 求其图形的渐近线;

(4) 作出其图形.

6. 利用拉格朗日中值定理证明不等式 $na^{n-1}(b-a)<b^n-a^n<nb^{n-1}(b-a)$ 成立,其中 $0<a<b, n>1$.

7. 设 $0<a<b$,函数 $f(x)$ 在 $[a,b]$ 上连续,在 $(a,b)$ 内可导,试利用柯西中值定理证明存在一点 $\xi\in(a,b)$,使得 $f(b)-f(a)=\xi f'(\xi)\ln\dfrac{b}{a}$.

8. 利用单调性证明不等式 $\ln(1+x)>x-\dfrac{x^2}{2}$ 成立,其中 $x>0$.

9. 当 $a$ 取何值时,函数 $f(x)=a\sin x+\dfrac{1}{3}\sin 3x$ 在 $x=\dfrac{\pi}{3}$ 处取得极值?指出它是极大值还是极小值,并求出此极值.

10. 当 $a,b$ 取何值时,点 $(1,3)$ 是曲线 $y=ax^3+bx^2$ 的拐点?

11. 将边长为 $a$ 的正方形的四个角截去四个相等的小正方形，然后做成一个无盖的盒，问小正方形的边长为多少时，能使盒子的容积最大？

12. 按 1 mg/kg 体重的比率给小白鼠注射磺胺药物后，不同时间内血液中磺胺药物的浓度可用方程

$$y=-1.06+2.59x-0.77x^2$$

表示，$x$ 表示注射磺胺药物后的时间(单位:min)的常用对数，$y$ 表示血液中磺胺药物的浓度(单位:mg/100 mL)的常用对数，求 $y$ 的最大值.

第四章教学课件

# 第五章 不 定 积 分

**学习要求**

1. **了解** 原函数的概念、不定积分的概念.
2. **理解** 微分与不定积分的联系、不定积分的几何意义.
3. **掌握** 基本积分公式、直接积分法、换元积分法、分部积分法等积分方法.
4. **运用** 基本积分公式及三种积分方法求不定积分.

## 第一节 不定积分的概念与性质

### 一、原函数的概念

前面讨论了已知函数 $f(x)$，求它的导数 $f'(x)$ 或微分问题，本节讨论它的逆运算问题——不定积分. 例如，已知 $(x^2)' = 2x$，$\mathrm{d}(\sin x) = \cos x\mathrm{d}x$，逆运算是 $(?)' = 2x$，$\mathrm{d}(?) = \cos x\mathrm{d}x$.

**定义 5-1** 设 $f(x)$ 和 $F(x)$ 是定义在某区间上的函数，如果在该区间上有 $F'(x) = f(x)$ 或者 $\mathrm{d}F(x) = f(x)\mathrm{d}x$，则称 $F(x)$ 是函数 $f(x)$ 在该区间上的一个**原函数**.

例如，在 $(-\infty, +\infty)$ 内，$(x^2)' = 2x$，所以 $x^2$ 是 $2x$ 在 $(-\infty, +\infty)$ 内的一个原函数. 不难看出，当 $C$ 是任意常数时，也有 $(x^2 + C)' = 2x$，因此 $x^2 + C$ 也是 $2x$ 的原函数.

设 $F(x)$ 和 $G(x)$ 是函数 $f(x)$ 在区间 $I$ 上的两个原函数，那么 $\forall x \in I$，$[F(x) - G(x)]' = F'(x) - G'(x) = f(x) - f(x) = 0$，因而 $F(x) - G(x) = C$，这说明函数 $f(x)$ 的两个原函数之间只差一个常数，即 $F(x) = G(x) + C$. 由此引入不定积分的概念.

### 二、不定积分的概念

**定义 5-2** 函数 $f(x)$ 的全体原函数 $F(x) + C$（$C$ 为任意常数）称为函数 $f(x)$ 的**不定积分**(indefinite integral)，记作 $\int f(x)\mathrm{d}x$，其中，记号 $\int$ 称为**积分号**，$f(x)$ 称为

**被积函数**，$f(x)\mathrm{d}x$ 称为**被积表达式**，$x$ 称为**积分变量**.

由以上定义可知，如果 $F(x)$ 是 $f(x)$ 的一个原函数，则 $f(x)$ 的不定积分就是它的原函数的全体 $F(x)+C$，即 $\int f(x)\mathrm{d}x=F(x)+C$，其中任意常数 $C$ 称为**积分常数**. 因此，求不定积分时，只需求出任何一个原函数，然后加上任意常数 $C$ 即可.

例如，$\int 2x\mathrm{d}x=x^2+C$，$\int \cos x\mathrm{d}x=\sin x+C$，$\int x^2\mathrm{d}x=\frac{1}{3}x^3+C$.

## 三、不定积分的几何意义

设 $F(x)$ 是函数 $f(x)$ 的一个原函数，函数 $F(x)$ 的图形就称为函数 $f(x)$ 的一条积分曲线，全体原函数 $F(x)+C$ 表示无穷条积分曲线，这些积分曲线的全体称为函数 $f(x)$ 的积分曲线族.

不定积分 $\int f(x)\mathrm{d}x$ 的图形就是函数 $F(x)+C$ 表示的积分曲线族. 由于 $[F(x)+C]'=f(x)$，因此这族曲线的特点是，在横坐标相同的点处，它们的切线都彼此平行. 积分曲线族中的任何一条曲线都可以由曲线 $y=F(x)$ 沿 $y$ 轴上下平移一段距离 $|C|$ 而得到(见图 5-1).

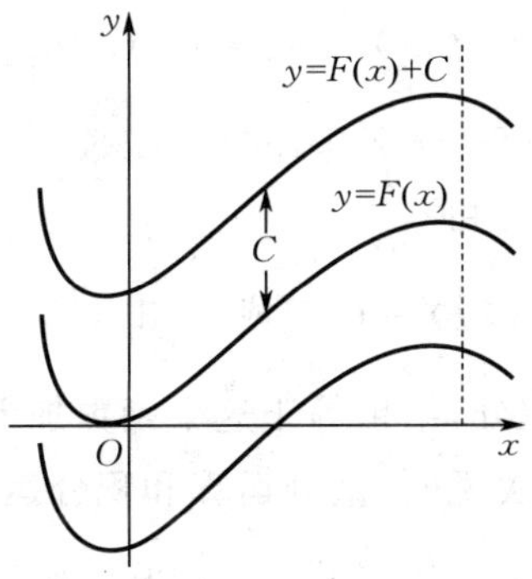


**图 5-1**

**例 5-1** 已知曲线在点 $(x,y)$ 处的切线斜率为 $3x+1$，且过点 $(1,4)$，求此曲线的方程.

**解** 设曲线方程为 $y=f(x)$，由题意可得 $f'(x)=3x+1$，因为 $\left(\frac{3}{2}x^2+x\right)'=3x+1$，所以 $y=\frac{3}{2}x^2+x$ 是 $3x+1$ 的一个原函数，$3x+1$ 的全体原函数为

$$\int(3x+1)\mathrm{d}x=\frac{3}{2}x^2+x+C,$$

故所求曲线是曲线族 $y=\frac{3}{2}x^2+x+C$ 中的一条. 由于曲线经过点 $(1,4)$，代入 $y=\frac{3}{2}x^2+x+C$，得 $C=\frac{3}{2}$，于是所求曲线的方程为 $y=\frac{3}{2}x^2+x+\frac{3}{2}$.

**例 5-2** 假设在一个特定的记忆实验中,记忆速率为 $N'(t)=0.2t-0.003t^2$,其中 $N(t)$ 是 $t$ min 内记住的英文单词的数目.

(1) 已知 $N(0)=0$,求 $N(t)$;

(2) 在 10 min 内能记住多少个单词?

**解** (1) 因为$(0.1t^2-0.001t^3)'=0.2t-0.003t^2$,所以由不定积分的定义得

$$N(t)=\int(0.2t-0.003t^2)\mathrm{d}t=0.1t^2-0.001t^3+C.$$

又因为 $N(0)=0$,所以 $C=0$. 于是 $N(t)=0.1t^2-0.001t^3$.

(2) 当 $t=10$ min 时,

$$N(10)=0.1\times10^2-0.001\times10^3=9,$$

因此,在 10 min 内能记住 9 个单词.

## 四、不定积分的性质

**性质 5-1** 由定义 5-2 可知

$$\frac{\mathrm{d}}{\mathrm{d}x}\int f(x)\mathrm{d}x=f(x) \quad 或 \quad \mathrm{d}\int f(x)\mathrm{d}x=f(x)\mathrm{d}x.$$

这说明,一个函数先积分后求导,结果等于这个函数.

**性质 5-2** 由定义 5-2 可知

$$\int f'(x)\mathrm{d}x=f(x)+C \quad 或 \quad \int \mathrm{d}f(x)=f(x)+C.$$

这说明,一个函数先微分后积分,结果等于这个函数加上任意常数.

性质 5-1 与性质 5-2 再次说明,微分运算和积分运算是互逆运算.

**性质 5-3** 如果$\int f(x)\mathrm{d}x=F(x)+C$,$u$ 为 $x$ 的可微函数,则有

$$\int f(u)\mathrm{d}u=F(u)+C.$$

此性质称为**积分形式不变性**,它可由微分形式不变性推出.

**性质 5-4** 设 $k$ 是常数,且 $k\neq0$,则

$$\int kf(x)\mathrm{d}x=k\int f(x)\mathrm{d}x.$$

即常数因子可以提到积分号的外面.

**性质 5-5** $\int[f(x)\pm g(x)]\mathrm{d}x=\int f(x)\mathrm{d}x\pm\int g(x)\mathrm{d}x.$

即函数代数和的不定积分等于它们不定积分的代数和.

## 思考与练习 5-1

1. 下列各题中的函数是不是同一类函数的原函数？

(1) $\ln x$ 与 $\ln 5x$；

(2) $-\frac{1}{2}\cos 2x$ 与 $\sin^2 x$；

(3) $\frac{1}{2}x^{\frac{2}{3}}$ 与 $\frac{1}{3}\sqrt{x^3}$；

(4) $\arcsin x$ 与 $-\arccos x$.

2. 求经过点(2,5)且切线的斜率为 $2x$ 的曲线的方程.

# 第二节 基本积分公式与直接积分法

## 一、基本积分公式

由于不定积分是微分的逆运算，因此只要将微分公式逆转过来，就可以得到以下基本积分公式.

(1) $\int 0\mathrm{d}x = C$；

(2) $\int k\mathrm{d}x = kx + C$（$k$ 是常数）；

(3) $\int x^\alpha \mathrm{d}x = \frac{x^{\alpha+1}}{\alpha+1} + C(\alpha \neq -1)$；

(4) $\int \frac{1}{x}\mathrm{d}x = \ln|x| + C(x \neq 0)$；

(5) $\int \mathrm{e}^x \mathrm{d}x = \mathrm{e}^x + C$；

(6) $\int a^x \mathrm{d}x = \frac{a^x}{\ln a} + C(a > 0$ 且 $a \neq 1)$；

(7) $\int \sin x\mathrm{d}x = -\cos x + C$；

(8) $\int \cos x\mathrm{d}x = \sin x + C$；

(9) $\int \sec^2 x\mathrm{d}x = \int \frac{1}{\cos^2 x}\mathrm{d}x = \tan x + C$；

(10) $\int \csc^2 x\mathrm{d}x = \int \frac{1}{\sin^2 x}\mathrm{d}x = -\cot x + C$；

(11) $\int \sec x\tan x\mathrm{d}x = \sec x + C$；

(12) $\int \csc x\cot x\mathrm{d}x = -\cot x + C$；

(13) $\int \frac{1}{\sqrt{1-x^2}}dx = \arcsin x + C$;

(14) $\int \frac{1}{1+x^2}dx = \arctan x + C$.

**例 5-3** 证明：$\int \frac{1}{x}dx = \ln|x| + C(x \neq 0)$.

**证** 当 $x > 0$ 时，$(\ln|x|)' = (\ln x)' = \frac{1}{x}$；当 $x < 0$ 时，$(\ln|x|)' = [\ln(-x)]' = \frac{1}{x}$. 所以

$$(\ln|x|)' = \frac{1}{x}.$$

由不定积分的定义知

$$\int \frac{1}{x}dx = \ln|x| + C \quad (x \neq 0).$$

## 二、直接积分法

直接运用或经过适当的恒等变形后运用基本积分公式和不定积分的性质求积分的方法，称为**直接积分法**.

**例 5-4** 求 $\int \sqrt[3]{x}(x+2)dx$.

**解** 原式 $= \int (x^{\frac{4}{3}} + 2x^{\frac{1}{3}})dx = \int x^{\frac{4}{3}}dx + 2\int x^{\frac{1}{3}}dx$

$= \frac{3}{7}x^{\frac{7}{3}} + C_1 + 2 \times \frac{3}{4}x^{\frac{4}{3}} + C_2$

$= \frac{3}{7}x^{\frac{7}{3}} + \frac{3}{2}x^{\frac{4}{3}} + C$.

**注**：在各项积分后，每个不定积分的结果都含有任意常数，但任意常数的和仍是任意常数，所以只要写一个任意常数 $C$ 就可以了.

**例 5-5** 求 $\int \frac{x^2}{1+x^2}dx$.

**解** 原式 $= \int \frac{x^2}{1+x^2}dx = \int \frac{x^2+1-1}{1+x^2}dx = \int \left(1 - \frac{1}{1+x^2}\right)dx = \int 1dx - \int \frac{1}{1+x^2}dx$

$= x - \arctan x + C$.

**例 5-6** 求$\int \frac{1+2x^2}{x^2(1+x^2)}dx$.

**解** 原式$=\int \frac{1+x^2+x^2}{x^2(1+x^2)}dx=\int \frac{1}{x^2}dx+\int \frac{1}{1+x^2}dx$

$$=-\frac{1}{x}+\arctan x+C.$$

**例 5-7** 求$\int \frac{1}{\sin^2 x\cos^2 x}dx$.

**解** 原式$=\int \frac{\sin^2 x+\cos^2 x}{\sin^2 x\cos^2 x}dx=\int \frac{1}{\cos^2 x}dx+\int \frac{1}{\sin^2 x}dx=\int \sec^2 x dx+\int \csc^2 x dx$

$$=\tan x-\cot x+C.$$

**例 5-8** 求$\int \frac{\cos 2x}{\cos x-\sin x}dx$.

**解** 原式$=\int \frac{\cos^2 x-\sin^2 x}{\cos x-\sin x}dx=\int (\cos x+\sin x)dx=\sin x-\cos x+C$.

**例 5-9** 求$\int \sin^2 \frac{x}{2}dx$.

**解** 原式$=\int \frac{1-\cos x}{2}dx=\frac{1}{2}\left(\int dx-\int \cos x dx\right)=\frac{1}{2}(x-\sin x)+C$.

**例 5-10** 求$\int \tan^2 x dx$.

**解** 原式$=\int (\sec^2 x-1)dx=\tan x-x+C$.

**注**:要检验积分结果是否正确,只需要对结果求导,看导数是否等于被积函数.若导数与被积函数相等,则积分结果正确,否则不正确.

## 思考与练习 5-2

求下列不定积分:

(1)$\int \sqrt{x\sqrt{x}}\,dx$;

(2)$\int \frac{x^3-2x^2+3x+1}{x^2}dx$;

(3)$\int \left(\sqrt{x}+\frac{1}{\sqrt{x}}\right)^2 dx$;

(4)$\int \left(\sec^2 x-\frac{6}{1+x^2}-\cos x\right)dx$;

(5) $\int \frac{x-16}{\sqrt{x}-4}\mathrm{d}x$;　　(6) $\int \frac{x^4}{1+x^2}\mathrm{d}x$;

(7) $\int \frac{3x^2+1}{2x^2(1+x^2)}\mathrm{d}x$;　　(8) $\int \frac{\cos 2x}{\sin^2 x}\mathrm{d}x$;

(9) $\int \cot^2 x\mathrm{d}x$;　　(10) $\int \frac{1+\cos^2 x}{1+\cos 2x}\mathrm{d}x$.

# 第三节　换元积分法

换元积分法中的辩证思维

## 一、第一类换元积分法

**定理 5-1**　**设** $f(u)$ **具有原函数** $F(u)$, $u=\varphi(x)$ **可导,则**

$$\int f[\varphi(x)]\varphi'(x)\mathrm{d}x = \left[\int f(u)\mathrm{d}u\right]_{u=\varphi(x)} = F[\varphi(x)]+C.$$

第一类换元积分法是通过引进新变量 $u=\varphi(x)$,先把被积表达式凑成某一函数的微分,再利用不定积分的性质和基本积分公式求不定积分的一种方法,所以又称为凑微分法或配元法.

**例 5-11**　求 $\int \sin 2x\mathrm{d}x$.

**解**　**方法一**　原式 $=\frac{1}{2}\int \sin 2x\cdot(2x)'\mathrm{d}x = \frac{1}{2}\int \sin 2x\mathrm{d}(2x) \xlongequal{令 u=2x} \frac{1}{2}\int \sin u\mathrm{d}u$

$$=-\frac{1}{2}\cos u + C = -\frac{1}{2}\cos 2x + C.$$

**方法二**　原式 $=\int \sin 2x\mathrm{d}x = \int 2\sin x\cos x\mathrm{d}x = 2\int \sin x(\sin x)'\mathrm{d}x = 2\int \sin x\mathrm{d}(\sin x)$

$$\xlongequal{令 u=\sin x} 2\int u\mathrm{d}u = u^2 + C = \sin^2 x + C.$$

以上两种方法不同,得到的结果的形式也不一样,但实际上这两个结果只相差一个常数,即 $-\frac{1}{2}\cos 2x = -\frac{1}{2}(1-2\sin^2 x) = -\frac{1}{2}+\sin^2 x$. 因此,只要结果正确,就没有必要把它们化为相同的形式.

在运算比较熟练之后,不必把中间变量的代换过程 $u=\varphi(x)$ 明确地写出来.

**例 5-12**　求 $\int x\sin x^2\mathrm{d}x$.

**解**　原式 $=\frac{1}{2}\int 2x\sin x^2\mathrm{d}x = \frac{1}{2}\int (x^2)'\sin x^2\mathrm{d}x = \frac{1}{2}\int \sin x^2\mathrm{d}(x^2) = -\frac{1}{2}\cos x^2 + C.$

**例 5-13** 求$\int \frac{1}{2x-1}\mathrm{d}x$.

**解** 原式 $=\frac{1}{2}\int \frac{1}{2x-1}\mathrm{d}(2x-1)=\frac{1}{2}\ln|2x-1|+C$.

**例 5-14** 求$\int \cot x\mathrm{d}x$.

**解** 原式 $=\int \frac{\cos x}{\sin x}\mathrm{d}x=\int \frac{1}{\sin x}\mathrm{d}(\sin x)=\ln|\sin x|+C$.

**例 5-15** 求$\int \frac{1}{x^2+a^2}\mathrm{d}x(a\neq 0)$.

**解** 原式 $=\frac{1}{a^2}\int \frac{1}{1+\left(\frac{x}{a}\right)^2}\mathrm{d}x=\frac{1}{a}\int \frac{\mathrm{d}\left(\frac{x}{a}\right)}{1+\left(\frac{x}{a}\right)^2}=\frac{1}{a}\arctan\frac{x}{a}+C$.

**例 5-16** 求$\int \frac{\mathrm{d}x}{x^2-a^2}$.

**解**

$$\text{原式}=\frac{1}{2a}\int\left(\frac{1}{x-a}-\frac{1}{x+a}\right)\mathrm{d}x=\frac{1}{2a}\int\frac{\mathrm{d}(x-a)}{x-a}-\frac{1}{2a}\int\frac{\mathrm{d}(x+a)}{x+a}$$
$$=\frac{1}{2a}\ln\left|\frac{x-a}{x+a}\right|+C.$$

**例 5-17** 求$\int \sec x\mathrm{d}x$.

**解** **方法一**

$$\text{原式}=\int\frac{1}{\cos x}\mathrm{d}x=\int\frac{\cos x}{\cos^2 x}\mathrm{d}x=\int\frac{\mathrm{d}(\sin x)}{1-\sin^2 x}=-\int\frac{\mathrm{d}(\sin x)}{\sin^2 x-1}$$
$$=-\frac{1}{2}\ln\left|\frac{\sin x-1}{\sin x+1}\right|+C.$$

该答案的另一种形式为

$$-\frac{1}{2}\ln\left|\frac{\sin x-1}{\sin x+1}\right|+C=-\ln\left|\frac{\sin x-1}{\sin x+1}\right|^{\frac{1}{2}}+C=\ln\left|\frac{\sin x+1}{\sin x-1}\right|^{\frac{1}{2}}+C=\ln\left|\frac{(1+\sin x)^2}{1-\sin^2 x}\right|^{\frac{1}{2}}+C$$
$$=\ln\left|\frac{1+\sin x}{\cos x}\right|+C=\ln|\sec x+\tan x|+C.$$

**方法二**

$$\text{原式}=\int\frac{\sec x(\sec x+\tan x)}{\sec x+\tan x}\mathrm{d}x=\int\frac{\sec x\sec x+\sec x\tan x}{\sec x+\tan x}\mathrm{d}x$$
$$=\int\frac{\mathrm{d}(\sec x+\tan x)}{\sec x+\tan x}=\ln|\sec x+\tan x|+C.$$

同理,容易得到

$$\int\csc x\mathrm{d}x=\ln\left|\frac{1-\cos x}{\sin x}\right|+C=\ln|\csc x-\cot x|+C.$$

**例 5-18** 求$\int \frac{dx}{\sqrt{a^2-x^2}}(a>0)$.

**解** 原式$=\int \frac{1}{a}\frac{dx}{\sqrt{1-\left(\frac{x}{a}\right)^2}}=\int \frac{d\left(\frac{x}{a}\right)}{\sqrt{1-\left(\frac{x}{a}\right)^2}}=\arcsin\frac{x}{a}+C.$

**例 5-19** 求$\int \sin^3 x\cos^7 x dx$.

**解** 原式$=\int \sin^2 x\sin x\cos^7 x dx=-\int \sin^2 x\cos^7 x d(\cos x)=\int (\cos^2 x-1)\cos^7 x d(\cos x)$

$=\int (\cos^9 x-\cos^7 x)d(\cos x)=\frac{1}{10}\cos^{10}x-\frac{1}{8}\cos^8 x+C.$

**例 5-20** 求$\int \sin 3x\cos 7x dx$.

**解** 原式$=\frac{1}{2}\int (\sin 10x-\sin 4x)dx=\frac{1}{2}\left(\int \sin 10x dx-\int \sin 4x dx\right)$

$=\frac{1}{20}\int \sin 10x d(10x)-\frac{1}{8}\int \sin 4x d(4x)$

$=-\frac{1}{20}\cos 10x+\frac{1}{8}\cos 4x+C.$

为了方便记忆,将常见的凑微分法归纳为如下类型:

(1)$\int f(ax+b)dx=\frac{1}{a}\int f(ax+b)d(ax+b)(a\neq 0)$;

(2)$\int x^{\alpha-1}f(x^\alpha)dx=\frac{1}{\alpha}\int f(x^\alpha)d(x^\alpha)(\alpha\neq 0)$;

(3)$\int \frac{f(\ln x)}{x}dx=\int f(\ln x)d(\ln x)$;

(4)$\int f(\sin x)\cos x dx=\int f(\sin x)d(\sin x)$;

(5)$\int e^x f(e^x)dx=\int f(e^x)d(e^x)$;

(6)$\int \frac{f(\tan x)}{\cos^2 x}dx=\int f(\tan x)d(\tan x)$;

(7)$\int \frac{f(\arcsin x)}{\sqrt{1-x^2}}dx=\int f(\arcsin x)d(\arcsin x)$;

(8)$\int \frac{f(\arctan x)}{1+x^2}dx=\int f(\arctan x)d(\arctan x)$.

## 二、第二类换元积分法

在第一类换元积分法中，通过变量代换 $u=\varphi(x)$，将积分$\int f[\varphi(x)]\varphi'(x)\mathrm{d}x$ 转化为容易求的$\int f(u)\mathrm{d}u$. 但是，有时会遇到积分$\int f(x)\mathrm{d}x$ 不能由直接积分法与第一类换元积分法求出的情况. 为此，通过变换 $x=\psi(u)$，把积分$\int f(x)\mathrm{d}x$ 转化为积分$\int f[\psi(u)]\psi'(u)\mathrm{d}u$. 若后者较容易计算，那么积分后，再把 $u=\psi^{-1}(x)$ 代回. 此处 $u=\psi^{-1}(x)$ 是 $x=\psi(u)$ 的反函数，因此必须设 $x=\psi(u)$ 单调、可导且 $\psi'(u)\neq 0$. 这种换元积分法称为**第二类换元积分法**，即

$$\int f(x)\mathrm{d}x \xlongequal{\text{令 } x=\psi(u)} \int f[\psi(u)]\psi'(u)\mathrm{d}u \xlongequal{\text{求积分}} F(u)+C$$

$$\xlongequal{\text{代回 } u=\psi^{-1}(x)} F[\psi^{-1}(x)]+C.$$

**例 5-21** 求$\int \frac{1}{2+\sqrt{x}}\mathrm{d}x$.

**解** 令$\sqrt{x}=u$，则 $x=u^2$，$\mathrm{d}x=2u\mathrm{d}u$，于是

$$\int \frac{1}{2+\sqrt{x}}\mathrm{d}x=\int \frac{2u}{2+u}\mathrm{d}u=2\int \frac{u+2-2}{2+u}\mathrm{d}u$$

$$=2\left(\int \mathrm{d}u-2\int \frac{1}{2+u}\mathrm{d}u\right)=2[u-2\ln(2+u)]+C$$

$$=2[\sqrt{x}-2\ln(2+\sqrt{x})]+C.$$

**例 5-22** 求$\int \frac{x+1}{\sqrt[3]{3x-1}}\mathrm{d}x$.

**解** 令$\sqrt[3]{3x-1}=u$，则 $x=\frac{u^3+1}{3}$，$\mathrm{d}x=u^2\mathrm{d}u$，于是

$$\int \frac{x+1}{\sqrt[3]{3x-1}}\mathrm{d}x=\int \frac{\frac{u^3+1}{3}+1}{u}\cdot u^2\mathrm{d}u=\frac{1}{3}\int (u^4+4u)\mathrm{d}u=\frac{1}{15}u^5+\frac{2}{3}u^2+C$$

$$=\frac{1}{15}(3x-1)^{\frac{5}{3}}+\frac{2}{3}(3x-1)^{\frac{2}{3}}+C.$$

**例 5-23** 求$\int \frac{1}{\sqrt[3]{x}+\sqrt{x}}\mathrm{d}x$.

**解** 令$\sqrt[6]{x}=u$，则 $x=u^6$，$\mathrm{d}x=6u^5\mathrm{d}u$，于是

$$\int \frac{1}{\sqrt[3]{x}+\sqrt{x}}\mathrm{d}x=\int \frac{6u^5}{u^2+u^3}\mathrm{d}u=6\int \frac{u^3}{1+u}\mathrm{d}u$$

$$= 6\int \frac{u^3+1-1}{1+u}du = 6\left[\int \frac{(u+1)(u^2-u+1)}{1+u}du - \int \frac{1}{1+u}du\right]$$

$$= 6\left[\int (u^2-u+1)du - \int \frac{1}{1+u}d(u+1)\right]$$

$$= 6\left[\frac{1}{3}u^3 - \frac{1}{2}u^2 + u - \ln(u+1)\right] + C$$

$$= 2x^{\frac{1}{2}} - 3x^{\frac{1}{3}} + 6x^{\frac{1}{6}} - 6\ln(x^{\frac{1}{6}}+1) + C.$$

**例 5-24** 求 $\int \sqrt{a^2-x^2}\,dx\ (a>0)$.

**解** 令 $x = a\sin u, u\in\left[-\frac{\pi}{2},\frac{\pi}{2}\right]$,则 $\sqrt{a^2-x^2} = a\cos u$, $dx = a\cos u\,du$,于是

$$\int \sqrt{a^2-x^2}\,dx = a^2\int \cos^2 u\,du = a^2\int \frac{1+\cos 2u}{2}du = \frac{a^2}{2}\left(u+\frac{1}{2}\sin 2u\right)+C$$

$$= \frac{a^2}{2}(u+\sin u\cos u)+C.$$

因为 $\sin u = \frac{x}{a}$,易得 $\cos u = \frac{\sqrt{a^2-x^2}}{a}$,所以

$$\int \sqrt{a^2-x^2}\,dx = \frac{a^2}{2}\arcsin\frac{x}{a} + \frac{x}{2}\sqrt{a^2-x^2}+C.$$

**例 5-25** 求 $\int \frac{1}{\sqrt{a^2+x^2}}dx\ (a>0)$.

**解** 令 $x = a\tan u, u\in\left(-\frac{\pi}{2},\frac{\pi}{2}\right)$,则 $\sqrt{a^2+x^2} = a\sec u$, $dx = a\sec^2 u\,du$,于是

$$\int \frac{1}{\sqrt{a^2+x^2}}dx = \int \frac{a\sec^2 u}{a\sec u}du = \int \sec u\,du = \ln|\sec u+\tan u|+C.$$

因为 $\tan u = \frac{x}{a}$,易得 $\sec u = \frac{\sqrt{x^2+a^2}}{a}$,所以

$$\int \frac{1}{\sqrt{a^2+x^2}}dx = \ln\left(\frac{x}{a}+\frac{\sqrt{x^2+a^2}}{a}\right)+C_1 = \ln(x+\sqrt{x^2+a^2})+C,$$

式中,$C = C_1 - \ln a$.

常用的变量代换有以下四种:

(1) 在 $\int f(x,\sqrt{a^2-x^2})dx$ 中,可令 $x = a\sin u$ 或 $x = a\cos u$;

(2) 在 $\int f(x,\sqrt{a^2+x^2})dx$ 中,可令 $x = a\tan u$ 或 $x = a\cot u$;

(3) 在 $\int f(x,\sqrt{x^2-a^2})dx$ 中,可令 $x = a\sec u$ 或 $x = a\csc u$;

(4) 在 $\int f(x,\sqrt[n]{ax+b})dx$ 中,可令 $\sqrt[n]{ax+b} = u$.

下面再介绍一种常用的变量代换——**倒数代换**.

**例 5-26** 求$\int \frac{1}{x\sqrt{3x^2-2x-1}}dx(a>0)$.

**解** 令$x=\frac{1}{u}$,则$dx=-\frac{1}{u^2}du$,于是

$$\int \frac{1}{x\sqrt{3x^2-2x-1}}dx=\int \frac{1}{\frac{1}{u}\sqrt{\frac{3}{u^2}-\frac{2}{u}-1}}\left(-\frac{du}{u^2}\right)=\int \frac{-du}{\sqrt{3-2u-u^2}}$$

$$=-\int \frac{1}{\sqrt{4-(u+1)^2}}d(u+1)=-\arcsin\frac{u+1}{2}+C$$

$$=-\arcsin\frac{x+1}{2x}+C.$$

现将几个常用积分公式添加到第二节的基本积分公式中,计算时可以直接使用.

(15)$\int \tan x dx=-\ln|\cos x|+C$;

(16)$\int \cot x dx=\ln|\sin x|+C$;

(17)$\int \frac{1}{\sqrt{a^2-x^2}}dx=\arcsin\frac{x}{a}+C$;

(18)$\int \frac{1}{a^2+x^2}dx=\frac{1}{a}\arctan\frac{x}{a}+C$;

(19)$\int \frac{1}{x^2-a^2}dx=\frac{1}{2a}\ln\left|\frac{x-a}{x+a}\right|+C$;

(20)$\int \frac{1}{a^2-x^2}dx=\frac{1}{2a}\ln\left|\frac{a+x}{a-x}\right|+C$;

(21)$\int \frac{1}{\sqrt{x^2+a^2}}dx=\ln(x+\sqrt{x^2+a^2})+C$;

(22)$\int \frac{1}{\sqrt{x^2-a^2}}dx=\ln|x+\sqrt{x^2-a^2}|+C$;

(23)$\int \sec x dx=\ln|\sec x+\tan x|+C$;

(24)$\int \csc x dx=\ln|\csc x-\cot x|+C$.

**例 5-27** 求$\int \frac{1}{\sqrt{x^2+4x-12}}dx$.

**解** 原式$=\int \frac{1}{\sqrt{(x+2)^2-16}}dx=\int \frac{1}{\sqrt{(x+2)^2-4^2}}d(x+2)$

$=\ln|x+2+\sqrt{x^2+4x-12}|+C$.

## 思考与练习 5-3

1. 用第一类换元积分法求下列不定积分：

(1) $\int(2+x)^7\mathrm{d}x$；　　(2) $\int\cos(3x+4)\mathrm{d}x$；

(3) $\int\frac{\mathrm{d}x}{\sqrt{3x+4}}$；　　(4) $\int\frac{\mathrm{d}x}{4-x}$；

(5) $\int x\sqrt[3]{2+x^2}\,\mathrm{d}x$；　　(6) $\int\frac{(\ln x)^4}{x}\mathrm{d}x$；

(7) $\int\frac{1}{x(\ln x)[\ln(\ln x)]}\mathrm{d}x$；　　(8) $\int\mathrm{e}^x\sin\mathrm{e}^x\mathrm{d}x$；

(9) $\int\frac{(\arctan x)^3}{1+x^2}\mathrm{d}x$；　　(10) $\int\frac{3^{\arcsin x}}{\sqrt{1-x^2}}\mathrm{d}x$.

2. 用第二类换元积分法求下列不定积分：

(1) $\int\frac{\cos\sqrt{x}}{\sqrt{x}}\mathrm{d}x$；　　(2) $\int\frac{2x}{\sqrt[3]{1-x}}\mathrm{d}x$；

(3) $\int\frac{\mathrm{d}x}{1+\sqrt{1-x^2}}$；　　(4) $\int\frac{x^4}{\sqrt{(1-x^2)^3}}\mathrm{d}x$；

(5) $\int\sqrt{1+\mathrm{e}^x}\,\mathrm{d}x$；　　(6) $\int x^3\sqrt{1+x^2}\,\mathrm{d}x$.

# 第四节　分部积分法

设函数 $u=u(x)$ 与 $v=v(x)$ 都具有连续导数，则由两个函数乘积的微分公式得

$$\mathrm{d}(uv)=u\mathrm{d}v+v\mathrm{d}u,$$

移项，得

$$u\mathrm{d}v=\mathrm{d}(uv)-v\mathrm{d}u,$$

两边积分，得

$$\int u\mathrm{d}v=uv-\int v\mathrm{d}u.$$

这个公式就叫作**分部积分公式**. 该公式也可记为

$$\int uv'\mathrm{d}x=uv-\int vu'\mathrm{d}x$$

如果求 $\int u\mathrm{d}v$ 有困难，而求 $\int v\mathrm{d}u$ 较容易，就可以利用分部积分法求积分.

**例 5-28** 求$\int x\sin x\mathrm{d}x$.

**解** 设$u=x,\mathrm{d}v=\sin x\mathrm{d}x=\mathrm{d}(-\cos x)$,那么$\mathrm{d}u=\mathrm{d}x,v=-\cos x$,所以

$$\int x\sin x\mathrm{d}x=\int x\mathrm{d}(-\cos x)=x(-\cos x)-\int(-\cos x)\mathrm{d}x=-x\cos x+\sin x+C.$$

**例 5-29** 求$\int x^2\mathrm{e}^x\mathrm{d}x$.

**解** 设$u=x^2,\mathrm{d}v=\mathrm{e}^x\mathrm{d}x=\mathrm{d}(\mathrm{e}^x)$,那么$\mathrm{d}u=2x\mathrm{d}x,v=\mathrm{e}^x$,所以

$$\begin{aligned}\int x^2\mathrm{e}^x\mathrm{d}x&=\int x^2\mathrm{d}(\mathrm{e}^x)=x^2\mathrm{e}^x-\int\mathrm{e}^x\mathrm{d}(x^2)=x^2\mathrm{e}^x-2\int\mathrm{e}^x x\mathrm{d}x\\&=x^2\mathrm{e}^x-2\int x\mathrm{d}(\mathrm{e}^x)=x^2\mathrm{e}^x-2\left(x\mathrm{e}^x-\int\mathrm{e}^x\mathrm{d}x\right)\\&=x^2\mathrm{e}^x-2x\mathrm{e}^x+2\mathrm{e}^x+C.\end{aligned}$$

**注**:例 5-29 中,连续两次使用了分部积分法,以达到不断降低$x$的幂次的目的,并最终求出结果.相反,若设$u=\mathrm{e}^x,\mathrm{d}v=x^2\mathrm{d}x=\mathrm{d}\left(\frac{x^3}{3}\right)$,那么$\mathrm{d}u=\mathrm{e}^x\mathrm{d}x,v=\frac{x^3}{3}$,则有

$$\int x^2\mathrm{e}^x\mathrm{d}x=\int\mathrm{e}^x\mathrm{d}\left(\frac{x^3}{3}\right)=\frac{x^3}{3}\mathrm{e}^x-\int\frac{x^3}{3}\mathrm{d}(\mathrm{e}^x)=\frac{x^3}{3}\mathrm{e}^x-\frac{1}{3}\int x^3\mathrm{e}^x\mathrm{d}x,$$

这样会使得积分计算更加复杂.

由此可见,正确选择$u$与$\mathrm{d}v$是利用分部积分法的关键.在选择$u$与$\mathrm{d}v$时,有两点值得注意:①$v$容易求得;②$\int v\mathrm{d}u$比$\int u\mathrm{d}v$容易积分.通常可以按照"反对幂指三"(分别指反三角函数、对数函数、幂函数、指数函数、三角函数)的顺序,排在前面的优先选作$u$,排在后面的与$\mathrm{d}x$结合在一起为$\mathrm{d}v$.

熟练使用分部积分法后,可以省略$u,v$的假设过程,直接使用公式求解即可.

**例 5-30** 求$\int x\arctan x\mathrm{d}x$.

**解**
$$\begin{aligned}\int x\arctan x\mathrm{d}x&=\frac{1}{2}\int\arctan x\mathrm{d}(x^2)=\frac{1}{2}\left[x^2\arctan x-\int x^2\mathrm{d}(\arctan x)\right]\\&=\frac{1}{2}\left(x^2\arctan x-\int\frac{x^2}{1+x^2}\mathrm{d}x\right)=\frac{1}{2}\left(x^2\arctan x-\int\frac{x^2+1-1}{1+x^2}\mathrm{d}x\right)\\&=\frac{1}{2}(x^2\arctan x-x+\arctan x)+C\\&=\frac{1}{2}(x^2+1)\arctan x-\frac{1}{2}x+C.\end{aligned}$$

**例 5-31** 求$\int \ln(x+2)\mathrm{d}x$.

**解** $\int \ln(x+2)\mathrm{d}x = x\ln(x+2) - \int x\mathrm{d}[\ln(x+2)] = x\ln(x+2) - \int \frac{x}{x+2}\mathrm{d}x$

$$= x\ln(x+2) - \int \frac{x+2-2}{x+2}\mathrm{d}x = x\ln(x+2) - x + 2\ln(x+2) + C$$

$$= (x+2)\ln(x+2) - x + C.$$

**例 5-32** 求$I = \int \mathrm{e}^x \sin x\mathrm{d}x$.

**解** $I = \int \mathrm{e}^x \sin x\mathrm{d}x = \int \sin x\mathrm{d}(\mathrm{e}^x) = \mathrm{e}^x\sin x - \int \mathrm{e}^x\mathrm{d}(\sin x) = \mathrm{e}^x\sin x - \int \mathrm{e}^x\cos x\mathrm{d}x$

$$= \mathrm{e}^x\sin x - \int \cos x\mathrm{d}(\mathrm{e}^x) = \mathrm{e}^x\sin x - \left[\mathrm{e}^x\cos x - \int \mathrm{e}^x\mathrm{d}(\cos x)\right]$$

$$= \mathrm{e}^x\sin x - \mathrm{e}^x\cos x - \int \mathrm{e}^x\sin x\mathrm{d}x$$

$$= \mathrm{e}^x\sin x - \mathrm{e}^x\cos x - I,$$

移项,得

$$2I = \mathrm{e}^x\sin x - \mathrm{e}^x\cos x + C_1,$$

所以

$$I = \frac{1}{2}\mathrm{e}^x(\sin x - \cos x) + C,$$

式中,$C = \frac{1}{2}C_1$.

例 5-32 中,也可将被积表达式写成 $\mathrm{e}^x\mathrm{d}(-\cos x)$,运用分部积分公式,可以得出相同的结果.

需要注意的是,在利用分部积分法时,常常需要和换元积分法结合使用.

**例 5-33** 求$\int \sin^2\sqrt{x}\,\mathrm{d}x$.

**解** 设$\sqrt{x} = u$,则 $x = u^2$,$\mathrm{d}x = 2u\mathrm{d}u$,于是

$$\int \sin^2\sqrt{x}\,\mathrm{d}x = \int \sin^2 u \cdot 2u\mathrm{d}u = 2\int u\sin^2 u\mathrm{d}u$$

$$= 2\int \frac{u(1-\cos 2u)}{2}\mathrm{d}u = \frac{1}{2}u^2 - \int u\cos 2u\mathrm{d}u,$$

又因为

$$\int u\cos 2u\mathrm{d}u = \frac{1}{2}\int u\mathrm{d}(\sin 2u) = \frac{1}{2}\left(u\sin 2u - \int \sin 2u\mathrm{d}u\right)$$

$$= \frac{1}{2}\left(u\sin 2u + \frac{1}{2}\cos 2u\right) - C,$$

所以

$$\int \sin^2 \sqrt{x}\,dx = \frac{1}{2}u^2 - \frac{1}{2}u\sin 2u - \frac{1}{4}\cos 2u + C$$

$$= \frac{1}{2}x - \frac{1}{2}\sqrt{x}\sin 2\sqrt{x} - \frac{1}{4}\cos 2\sqrt{x} + C.$$

## 思考与练习 5-4

求下列不定积分：

(1) $\int x\sin 3x\,dx$；

(2) $\int xe^{-x}\,dx$；

(3) $\int x^5\ln x\,dx$；

(4) $\int \ln(x+\sqrt{1+x^2})\,dx$；

(5) $\int x^2\cos x\,dx$；

(6) $\int x^2\cos^2\frac{x}{2}\,dx$；

(7) $\int e^{\sqrt{x}}\,dx$；

(8) $\int x\sin x\cos x\,dx$；

(9) $\int e^x\sin^2 x\,dx$；

(10) $\int x\ln^2 x\,dx$.

## 习 题 五

1. 填空题：

(1) 设 $\int f(x)\,dx = \frac{1}{2}\ln(3x^2-1)+C$，则 $f(x)=$ ________；

(2) $\int x^3e^x\,dx=$ ________.

2. 选择题：

(1) 下列等式中正确的是（　　）；

A. $\int f'(x)\,dx = f(x)$

B. $\int df(x) = f(x)$

C. $\frac{d}{dx}\int f(x)\,dx = f(x)$

D. $d\int f(x) = f(x)$

(2) 设 $f'(\sin^2 x)=\cos^2 x$，则 $f(x)=$（　　）；

A. $\sin x - \frac{1}{2}\sin^2 x + C$

B. $x - \frac{1}{2}x^2 + C$

C. $\sin^2 x - \frac{1}{2}\sin^4 x + C$

D. $x^2 - \frac{1}{2}x^4 + C$

(3) 若$\int f(x)\mathrm{d}x = x^2 + C$,则$\int xf(1-x^2)\mathrm{d}x =$ (　　).

A. $2(1-x^2)^2 + C$

B. $-2(1-x^2)^2 + C$

C. $\frac{1}{2}(1-x^2)^2 + C$

D. $-\frac{1}{2}(1-x^2)^2 + C$

3. 求下列不定积分:

(1) $\int \frac{\mathrm{e}^{3x}+1}{\mathrm{e}^x+1}\mathrm{d}x$;

(2) $\int \frac{2}{1+4x^2}\mathrm{d}x$;

(3) $\int \left(\frac{\ln x}{x}\right)^2 \mathrm{d}x$;

(4) $\int \frac{1+\cos x}{x+\sin x}\mathrm{d}x$;

(5) $\int \tan^4 x\mathrm{d}x$;

(6) $\int \mathrm{e}^{ax}\sin bx\mathrm{d}x$;

(7) $\int \frac{x}{\sqrt{25+3x}}\mathrm{d}x$;

(8) $\int \mathrm{e}^{\sin x}\frac{x\cos^3 x - \sin x}{\cos^2 x}\mathrm{d}x$.

第五章教学课件

# 第六章 定积分

**学习要求**

1. **了解** 两种反常积分的概念与计算.
2. **理解** 定积分的定义、性质与几何意义.
3. **掌握** 定积分的计算、微积分基本公式、换元积分法、分部积分法.
4. **运用** 积分解决医药生物领域的相关问题.

不定积分和定积分是积分学中的两大基本问题.第五章已经讨论了积分学中的不定积分,求不定积分是求导数的逆运算.而定积分是某种特殊和式的极限,与不定积分既有区别又有联系.本章将讨论定积分这一基本问题.

## 第一节 定积分的概念与性质

本节先从几何问题出发引出定积分的定义,再理解定积分的几何意义及性质.

以科学富国强民的陈建功

### 一、定积分的概念

1.定积分的定义

**引例** 求曲边梯形的面积 $A$.

曲边梯形是指由连续曲线 $y=f(x)>0(a\leqslant x\leqslant b)$,$x=a$,$x=b$ 和 $x$ 轴所围成的平面图形,如图 6-1 所示.

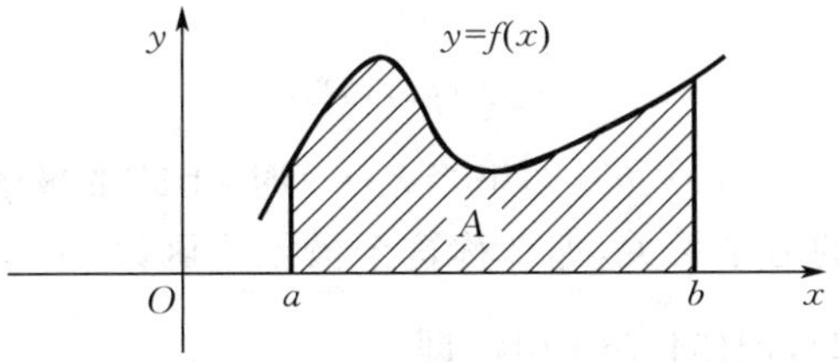


图 6-1

求图 6-1 所示的曲边梯形的面积,具体可以分为以下四步:

(1) **分割** 将曲边梯形分割成 $n$ 个小曲边梯形,即在区间 $[a,b]$ 中任意插入 $n-1$ 个分点

$$a = x_0 < x_1 < x_2 < \cdots < x_{i-1} < x_i < \cdots < x_{n-1} < x_n = b,$$

把区间$[a,b]$分成 $n$ 个小区间,第 $i$ 个小区间$[x_{i-1},x_i]$的长度记为 $\Delta x_i = x_i - x_{i-1}(i = 1,2,\cdots,n)$,过每个分点作 $x$ 轴的垂线,即将曲边梯形分成 $n$ 个小曲边梯形,如图 6-2 所示.

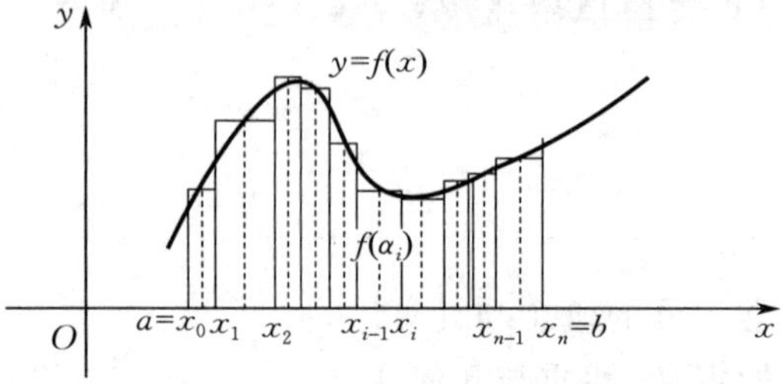


图 6-2

(2) **近似代替** 用小矩形的面积近似代替相应的小曲边梯形的面积. 在每个小区间$[x_{i-1},x_i](i = 1,2,\cdots,n)$上任取一点 $\alpha_i$,用以 $f(\alpha_i)$ 为高、$\Delta x_i$ 为底的小矩形的面积近似代替相应小曲边梯形的面积 $\Delta A_i$,即 $\Delta A_i \approx f(\alpha_i)\Delta x_i$.

(3) **求和** 将 $n$ 个小矩形的面积加起来,就得到曲边梯形面积 $A$ 的近似值,即$A \approx \sum_{i=1}^{n} f(\alpha_i)\Delta x_i$.

(4) **取极限** 设$\lambda = \max\{\Delta x_i\}(i = 1,2,\cdots,n)$,当$\lambda \to 0$时,表示分割无限地进行下去,每个小曲边梯形底边的长度都趋于零,曲边梯形的面积 $A$ 则为所有小矩形面积和的极限值,即 $A = \lim_{\lambda \to 0}\sum_{i=1}^{n} f(\alpha_i)\Delta x_i$.

**定义 6-1** 设函数 $f(x)$ 在$[a,b]$上有界,在$[a,b]$中任意插入若干个分点

$$a = x_0 < x_1 < x_2 < \cdots < x_{n-1} < x_n = b,$$

把区间$[a,b]$分成 $n$ 个小区间

$$[x_0,x_1],[x_1,x_2],\cdots,[x_{n-1},x_n],$$

各个小区间的长度依次为

$$\Delta x_1 = x_1 - x_0,\Delta x_2 = x_2 - x_1,\cdots,\Delta x_n = x_n - x_{n-1}.$$

在每个小区间$[x_{i-1},x_i]$上任取一点$\alpha_i(x_{i-1} \leqslant \alpha_i \leqslant x_i)$,作函数值 $f(\alpha_i)$与小区间长度 $\Delta x_i$ 的乘积$f(\alpha_i)\Delta x_i(i = 1,2,\cdots,n)$,并作和式

$$\sum_{i=1}^{n} f(\alpha_i)\Delta x_i.$$

记$\lambda = \max\{\Delta x_i\}(i = 1,2,\cdots,n)$,如果当$\lambda \to 0$时,上式的极限总存在,且与闭区间$[a,b]$的分法及点 $\alpha_i$ 的取法无关,那么称这个极限为函数 $f(x)$ 在区间$[a,b]$上的**定积分**(definite integral),记作$\int_a^b f(x)\mathrm{d}x$,即

$$\int_a^b f(x)\mathrm{d}x = \lim_{\lambda \to 0}\sum_{i=1}^{n} f(\alpha_i)\Delta x_i,$$

其中,$f(x)$ 称为**被积函数**,$f(x)\mathrm{d}x$ 称为**被积表达式**,$x$ 称为**积分变量**,$[a,b]$ 称为**积分区间**,$a$ 称为**积分下限**,$b$ 称为**积分上限**.

**注**：(1) 定积分实质上是一个数，只与积分区间和被积函数有关，与积分变量的记号无关，如将定义 6-1 中的积分变量 $x$ 改为 $t$，不改变定积分的值，即

$$\int_a^b f(x)\mathrm{d}x = \int_a^b f(t)\mathrm{d}t.$$

(2) 为了方便今后应用，规定：

$$\int_a^a f(x)\mathrm{d}x = 0,$$

$$\int_a^b f(x)\mathrm{d}x = -\int_b^a f(x)\mathrm{d}x.$$

如果 $f(x)$ 的定积分存在，则称 $f(x)$ 在 $[a,b]$ 上可积. 对于定积分，有一个重要问题：函数 $f(x)$ 在 $[a,b]$ 上满足什么条件时，$f(x)$ 在 $[a,b]$ 上一定可积呢？对于这个问题，这里就不展开讨论了，下面给出两个充分条件.

**定理 6-1　设函数 $f(x)$ 在 $[a,b]$ 上连续，则函数 $f(x)$ 在 $[a,b]$ 上可积.**

**定理 6-2　设函数 $f(x)$ 在 $[a,b]$ 上有界，且只有有限个间断点，则函数 $f(x)$ 在 $[a,b]$ 上可积.**

2. 定积分的几何意义

(1) 当 $f(x) \geqslant 0$ 时，定积分 $\int_a^b f(x)\mathrm{d}x$ 表示由曲线 $y = f(x)(a \leqslant x \leqslant b)$，$x = a$，$x = b$ 和 $x$ 轴所围成的曲边梯形的面积 $A$，即 $\int_a^b f(x)\mathrm{d}x = A$.

(2) 当 $f(x) \leqslant 0$ 时，定积分 $\int_a^b f(x)\mathrm{d}x$ 表示由曲线 $y = f(x)(a \leqslant x \leqslant b)$，$x = a$，$x = b$ 和 $x$ 轴所围成的曲边梯形的面积 $A$ 的相反数，即 $\int_a^b f(x)\mathrm{d}x = -A$.

(3) 当 $f(x)$ 在区间 $[a,b]$ 上既有正值又有负值时，定积分 $\int_a^b f(x)\mathrm{d}x$ 表示由曲线 $y = f(x)$，$x = a$，$x = b$ 和 $x$ 轴所围成的在 $x$ 轴上方的平面图形的面积减去在 $x$ 轴下方的平面图形的面积，即 $\int_a^b f(x)\mathrm{d}x = A_1 - A_2 + A_3 - A_4$，如图 6-3 所示.

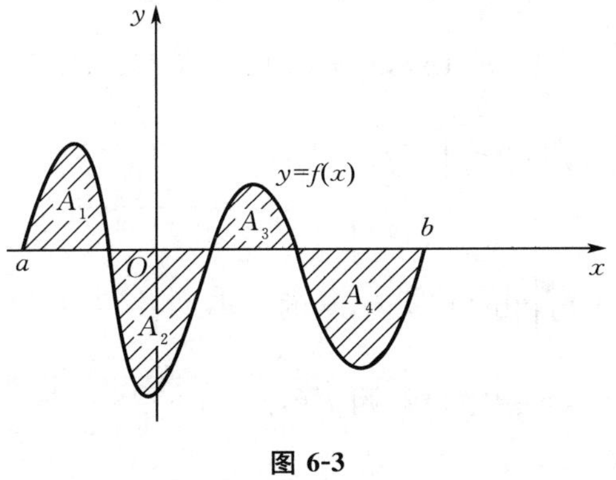


图 6-3

**例 6-1** 葡萄糖在人体内代谢时,其质量 $m$ 关于时间 $t$ 的减少率为 $\frac{\mathrm{d}m}{\mathrm{d}t}=f(t)=-0.06t$,求葡萄糖在 $t_0$ 到 $t_1$ 这段时间间隔内减少的质量.

**解**

$$m=\int_{t_0}^{t_1}(-0.06t)\mathrm{d}t.$$

## 二、定积分的性质

设 $f(x)$ 和 $g(x)$ 都是闭区间 $[a,b]$ 上的连续函数,$k$ 为常数.

**性质 6-1** 函数代数和的积分等于它们积分的代数和,即

$$\int_a^b[f(x)\pm g(x)]\mathrm{d}x=\int_a^b f(x)\mathrm{d}x\pm\int_a^b g(x)\mathrm{d}x.$$

**性质 6-2** 常数因子可提到积分号外,即

$$\int_a^b kf(x)\mathrm{d}x=k\int_a^b f(x)\mathrm{d}x.$$

**性质 6-3** 若在区间 $[a,b]$ 上,$f(x)\equiv k$,则

$$\int_a^b f(x)\mathrm{d}x=\int_a^b k\mathrm{d}x=k\int_a^b \mathrm{d}x=k(b-a).$$

当 $f(x)\equiv 1$ 时,$\int_a^b f(x)\mathrm{d}x=\int_a^b \mathrm{d}x=b-a$.

**性质 6-4** 若 $c$ 是区间 $[a,b]$ 内的任意一点,则

$$\int_a^b f(x)\mathrm{d}x=\int_a^c f(x)\mathrm{d}x+\int_c^b f(x)\mathrm{d}x.$$

**性质 6-5** 若函数 $f(x)$ 在区间 $[a,b]$ 上可积,且 $f(x)\geqslant 0$,则

$$\int_a^b f(x)\mathrm{d}x\geqslant 0\quad(a<b).$$

**推论 6-1** 若函数 $f(x)$ 和 $g(x)$ 在区间 $[a,b]$ 上可积,且 $f(x)\leqslant g(x)$,则

$$\int_a^b f(x)\mathrm{d}x\leqslant\int_a^b g(x)\mathrm{d}x\quad(a<b).$$

**推论 6-2** $\left|\int_a^b f(x)\mathrm{d}x\right|\leqslant\int_a^b |f(x)|\mathrm{d}x.$

**例 6-2** 比较定积分 $\int_0^1 x\mathrm{d}x$ 与 $\int_0^1\ln(1+x)\mathrm{d}x$ 的大小.

**解** 设 $f(x)=x-\ln(1+x)$,$x\in[0,1]$,则 $f'(x)=1-\frac{1}{1+x}=\frac{x}{1+x}>0$,所以 $f(x)$ 单调增加,故 $f(x)\geqslant f(0)=0$,即 $\int_0^1[x-\ln(1+x)]\mathrm{d}x\geqslant 0$,因此 $\int_0^1 x\mathrm{d}x\geqslant\int_0^1\ln(1+x)\mathrm{d}x$.

**性质 6-6** 设函数 $f(x)$ 在区间 $[a,b]$ 上可积，且有最小值 $m$ 和最大值 $M$，则

$$m(b-a) \leqslant \int_a^b f(x)\mathrm{d}x \leqslant M(b-a).$$

**例 6-3** 估计定积分 $\int_{\frac{\pi}{4}}^{\frac{5\pi}{4}} \sin^2 x\mathrm{d}x$ 的值.

**解** 设 $f(x)=\sin^2 x, x\in\left[\frac{\pi}{4},\frac{5\pi}{4}\right]$，令 $f'(x)=\sin 2x=0$，得驻点 $x=\frac{\pi}{2}, x=\pi$，因为 $f\left(\frac{\pi}{4}\right)=\frac{1}{2}, f\left(\frac{\pi}{2}\right)=1, f(\pi)=0, f\left(\frac{5\pi}{4}\right)=\frac{1}{2}$，所以 $0\leqslant \int_{\frac{\pi}{4}}^{\frac{5\pi}{4}} \sin^2 x\mathrm{d}x \leqslant \pi$.

**性质 6-7**（积分中值定理） 设函数 $f(x)$ 在闭区间 $[a,b]$ 上连续，则在 $[a,b]$ 上至少存在一点 $\xi$，使得

$$\int_a^b f(x)\mathrm{d}x = f(\xi)(b-a) \quad (a\leqslant \xi \leqslant b).$$

这个公式叫作积分中值公式.

积分中值公式有如下几何解释：在区间 $[a,b]$ 上至少存在一点 $\xi$，使得以区间 $[a,b]$ 为底边、曲线 $y=f(x)$ 为曲边的曲边梯形的面积等于同一底边而高为 $f(\xi)$ 的矩形的面积，如图 6-4 所示.

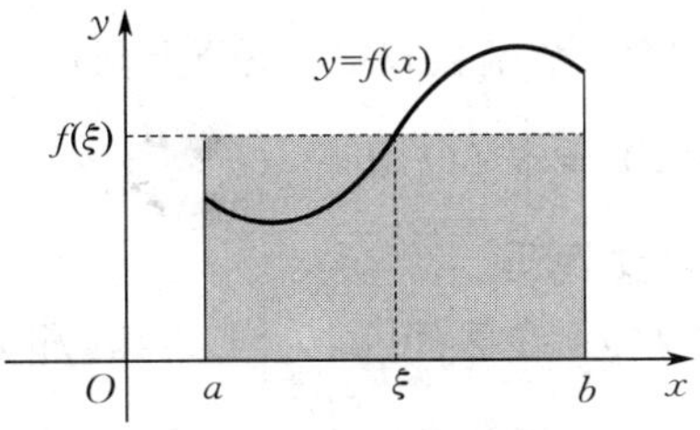


图 6-4

## 思考与练习 6-1

1. 用定积分表示下列问题中的量值：

(1) 圆 $x^2+y^2=1$ 的面积；

(2) 抛物线 $y=x^2$、直线 $x=2$ 及 $x$ 轴所围成的平面图形的面积.

2. 根据定积分的几何意义，计算下列定积分：

(1) $\int_0^2 x\mathrm{d}x$； (2) $\int_0^1 \sqrt{1-x^2}\,\mathrm{d}x$；

(3) $\int_0^{\pi} \cos x\mathrm{d}x$； (4) $\int_{-1}^1 |x|\,\mathrm{d}x$.

3. 根据定积分的性质，比较下列定积分的大小：

(1) $\int_1^2 x^2\mathrm{d}x$ 与 $\int_1^2 x^3\mathrm{d}x$； (2) $\int_0^1 \mathrm{e}^x\mathrm{d}x$ 与 $\int_0^1 \mathrm{e}^{-x}\mathrm{d}x$；

(3) $\int_1^2 \ln^2 x\mathrm{d}x$ 与 $\int_1^2 \ln x\mathrm{d}x$；　　(4) $\int_0^{\frac{\pi}{2}} \sin x\mathrm{d}x$ 与 $\int_0^{\frac{\pi}{2}} x\mathrm{d}x$.

4. 估计下列定积分的值：

(1) $\int_0^2 x^2\mathrm{d}x$；　　(2) $\int_1^{\mathrm{e}} (\ln^2 x+1)\mathrm{d}x$；

(3) $\int_0^{\frac{\sqrt{3}}{3}} x\arctan x\mathrm{d}x$；　　(4) $\int_0^2 \mathrm{e}^{x^2-x}\mathrm{d}x$.

# 第二节　定积分的计算

上节学习了定积分的定义，通过求积分和的极限计算定积分的值，显然很麻烦且比较困难. 本节将要介绍的牛顿－莱布尼茨(Newton-Leibniz)公式为定积分的计算提供了一个简便且有效的方法，也揭示了不定积分与定积分之间的联系.

## 一、积分上限的函数及其导数

设函数 $f(t)$ 在区间 $[a,b]$ 上连续，任取 $x\in[a,b]$，则函数 $f(t)$ 在 $[a,x]$ 上连续，故积分 $\int_a^x f(t)\mathrm{d}t$ 存在. 显然，对于任意 $x\in[a,b]$，都有一个确定的积分值与之对应，所以它在 $[a,b]$ 上定义了一个函数，称为积分上限的函数，记作 $\Phi(x)$：

$$\Phi(x)=\int_a^x f(t)\mathrm{d}t \quad (a\leqslant x\leqslant b).$$

函数 $\Phi(x)$ 具有如下重要性质.

**定理 6-3　如果函数 $f(x)$ 在区间 $[a,b]$ 上连续，那么积分上限的函数**

$$\Phi(x)=\int_a^x f(t)\mathrm{d}t$$

**在 $[a,b]$ 上可导，并且它的导数**

$$\Phi'(x)=\frac{\mathrm{d}}{\mathrm{d}x}\int_a^x f(t)\mathrm{d}t=f(x) \quad (a\leqslant x\leqslant b).$$

**证**　如果 $x\in(a,b)$，设 $x$ 获得增量 $\Delta x$，其绝对值足够小，使得 $a<x+\Delta x<b$，如图 6-5 所示(图中 $\Delta x>0$)，则 $\Phi(x)$ 在点 $x+\Delta x$ 处的函数值为

$$\Phi(x+\Delta x)=\int_a^{x+\Delta x} f(t)\mathrm{d}t.$$

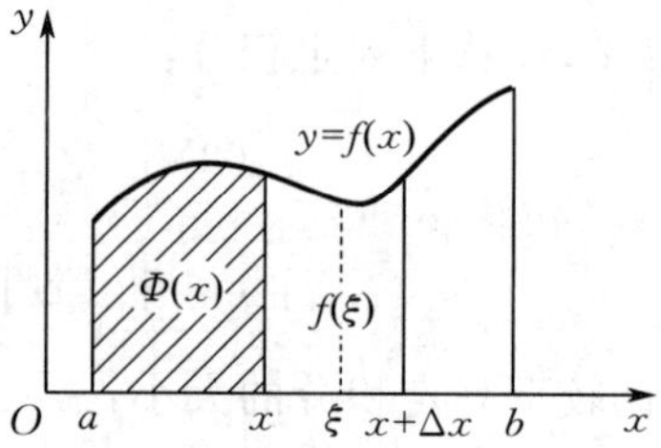


图 6-5

由此得函数的增量为

$$\begin{aligned}\Delta\Phi &= \Phi(x+\Delta x)-\Phi(x)\\ &= \int_a^{x+\Delta x} f(t)\mathrm{d}t-\int_a^x f(t)\mathrm{d}t\\ &= \int_a^x f(t)\mathrm{d}t+\int_x^{x+\Delta x} f(t)\mathrm{d}t-\int_a^x f(t)\mathrm{d}t\\ &= \int_x^{x+\Delta x} f(t)\mathrm{d}t.\end{aligned}$$

根据积分中值定理有

$$\Delta\Phi = \int_x^{x+\Delta x} f(t)\mathrm{d}t = f(\xi)\Delta x \quad (x\leqslant\xi\leqslant x+\Delta x),$$

上式两边同时除以 $\Delta x$,取 $\Delta x\to 0$ 时的极限,则有

$$\lim_{\Delta x\to 0}\frac{\Delta\Phi}{\Delta x} = \lim_{\Delta x\to 0}\frac{f(\xi)\Delta x}{\Delta x} = \lim_{\Delta x\to 0} f(\xi) = f(x),$$

即

$$\Phi'(x) = f(x).$$

若 $x=a$,取 $\Delta x>0$,则同理可证 $\Phi'_+(a)=f(a)$;若 $x=b$,取 $\Delta x<0$,则同理可证 $\Phi'_-(b)=f(b)$.

由定理 6-3 可知:由连续函数 $f(x)$ 所定义的积分上限的函数 $\Phi(x)$ 是它的一个原函数.

**定理 6-4　如果函数 $f(x)$ 在区间 $[a,b]$ 上连续,那么函数**

$$\Phi(x) = \int_a^x f(t)\mathrm{d}t$$

**就是函数 $f(x)$ 在 $[a,b]$ 上的一个原函数.**

定理 6-4 肯定了连续函数的原函数是存在的,并且初步揭示了积分学中定积分与原函数之间的联系. 因此,可以通过原函数来计算定积分.

## 二、微积分基本公式

**定理 6-5　如果函数 $f(x)$ 在闭区间 $[a,b]$ 上连续,且 $F(x)$ 是 $f(x)$ 在闭区间 $[a,b]$ 上的一个原函数,则**

$$\int_a^b f(x)\mathrm{d}x = F(x)\big|_a^b = F(b)-F(a).$$

上式称为**微积分基本公式**,又称为**牛顿 - 莱布尼茨公式**.

**证**　因为 $F(x)$ 与 $\int_a^x f(t)\mathrm{d}t$ 均为 $f(x)$ 的原函数,由原函数的性质知

$$F(x) = \int_a^x f(t)\mathrm{d}t + C,$$

在上式中令 $x=a$,则 $F(a)=C$;令 $x=b$,则 $F(b)=\int_a^b f(t)\mathrm{d}t+F(a)$,即

$$\int_a^b f(x)\mathrm{d}x = F(b)-F(a).$$

由牛顿 - 莱布尼茨公式可知,定积分的计算问题转化为求被积函数的原函数问题.

**例 6-4** 计算$\int_0^1 x^2 \mathrm{d}x$.

**解** $\int_0^1 x^2 \mathrm{d}x = \frac{1}{3}x^3 \Big|_0^1 = \frac{1}{3} - 0 = \frac{1}{3}$.

**例 6-5** 计算$\int_0^{\frac{\pi}{2}} (3x + \cos x)\mathrm{d}x$.

**解** $\int_0^{\frac{\pi}{2}} (3x + \cos x)\mathrm{d}x = \left(\frac{3}{2}x^2 + \sin x\right)\Big|_0^{\frac{\pi}{2}} = \left(\frac{3}{8}\pi^2 + 1\right) - 0 = \frac{3}{8}\pi^2 + 1$.

由上一章的内容知,求解原函数常用不定积分的换元积分法和分部积分法.下面讨论定积分的换元积分法和分部积分法.

## 三、定积分的换元积分法

**定理 6-6** **设函数 $f(x)$ 在区间$[a,b]$上连续,函数 $x=\varphi(t)$ 满足条件:**

(1)$a=\varphi(\alpha)$,$b=\varphi(\beta)$;

(2)$\varphi(t)$ **在**$[\alpha,\beta]$(**或**$[\beta,\alpha]$)**上具有连续导数,当自变量** $t$ **在**$[\alpha,\beta]$(**或**$[\beta,\alpha]$)**上变化时,由函数** $\varphi(t)$ **所确定的** $x$ **值在**$[a,b]$**上变化,**

**则有**

$$\int_a^b f(x)\mathrm{d}x = \int_\alpha^\beta f[\varphi(t)]\varphi'(t)\mathrm{d}t.$$

**证** 由假设可知上式两边的被积函数都是连续的,因此两个积分都存在.设$F(x)$是 $f(x)$ 在闭区间$[a,b]$上的一个原函数,即

$$\int_a^b f(x)\mathrm{d}x = F(b) - F(a),$$

由复合函数的求导法则可知

$$F'[\varphi(t)] = f[\varphi(t)]\varphi'(t),$$

所以

$$\int_\alpha^\beta f[\varphi(t)]\varphi'(t)\mathrm{d}t = F[\varphi(\beta)] - F[\varphi(\alpha)] = F(b) - F(a),$$

即

$$\int_a^b f(x)\mathrm{d}x = \int_\alpha^\beta f[\varphi(t)]\varphi'(t)\mathrm{d}t.$$

**例 6-6** 计算$\int_0^4 \frac{\sqrt{x}}{1+\sqrt{x}}\mathrm{d}x$.

**解** 令$\sqrt{x}=t$,$x=t^2$,则 $\mathrm{d}x = 2t\mathrm{d}t$.当 $x=0$ 时,$t=0$;当 $x=4$ 时,$t=2$.于是

$$\int_0^4 \frac{\sqrt{x}}{1+\sqrt{x}}\mathrm{d}x = \int_0^2 \frac{2t^2}{1+t}\mathrm{d}t = 2\left[\int_0^2 (t-1)\mathrm{d}t + \int_0^2 \frac{1}{1+t}\mathrm{d}t\right]$$

$$= 2\left[\left(\frac{t^2}{2}-t\right)\Big|_0^2 + \ln(1+t)\Big|_0^2\right] = 2\ln 3.$$

**例 6-7** 计算$\int_0^a \sqrt{a^2-x^2}\,\mathrm{d}x(a>0)$.

**解** 令 $x=a\sin t$,则 $\mathrm{d}x=a\cos t\mathrm{d}t$. 当 $x=0$ 时,$t=0$;当 $x=a$ 时,$t=\frac{\pi}{2}$. 于是

$$\int_0^a \sqrt{a^2-x^2}\,\mathrm{d}x = a^2\int_0^{\frac{\pi}{2}} \cos^2 t\mathrm{d}t = \frac{a^2}{2}\int_0^{\frac{\pi}{2}} (1+\cos 2t)\mathrm{d}t$$

$$= \frac{a^2}{2}\left(t+\frac{1}{2}\sin 2t\right)\Big|_0^{\frac{\pi}{2}} = \frac{\pi a^2}{4}.$$

**例 6-8** 证明:

(1) 若函数 $f(x)$ 在$[a,b]$上连续且为偶函数,则$\int_{-a}^a f(x)\mathrm{d}x = 2\int_0^a f(x)\mathrm{d}x$;

(2) 若函数 $f(x)$ 在$[a,b]$上连续且为奇函数,则$\int_{-a}^a f(x)\mathrm{d}x = 0$.

**证** 因为

$$\int_{-a}^a f(x)\mathrm{d}x = \int_{-a}^0 f(x)\mathrm{d}x + \int_0^a f(x)\mathrm{d}x.$$

对于积分$\int_{-a}^0 f(x)\mathrm{d}x$,令 $x=-t$,当 $x=-a$ 时,$t=a$;当 $x=0$ 时,$t=0$. 则有

$$\int_{-a}^0 f(x)\mathrm{d}x = -\int_a^0 f(-t)\mathrm{d}t = \int_0^a f(-t)\mathrm{d}t.$$

又因为定积分与积分变量无关,所以

$$\int_0^a f(-t)\mathrm{d}t = \int_0^a f(-x)\mathrm{d}x,$$

即

$$\int_{-a}^a f(x)\mathrm{d}x = \int_0^a f(-x)\mathrm{d}x + \int_0^a f(x)\mathrm{d}x.$$

(1) 当 $f(x)$ 是偶函数时,有

$$\int_{-a}^a f(x)\mathrm{d}x = \int_0^a f(-x)\mathrm{d}x + \int_0^a f(x)\mathrm{d}x = \int_0^a f(x)\mathrm{d}x + \int_0^a f(x)\mathrm{d}x = 2\int_0^a f(x)\mathrm{d}x.$$

(2) 当 $f(x)$ 是奇函数时,有

$$\int_{-a}^a f(x)\mathrm{d}x = \int_0^a f(-x)\mathrm{d}x + \int_0^a f(x)\mathrm{d}x = -\int_0^a f(x)\mathrm{d}x + \int_0^a f(x)\mathrm{d}x = 0.$$

## 四、定积分的分部积分法

设函数 $u=u(x)$，$v=v(x)$ 在 $[a,b]$ 上有连续导数，由函数乘积的导数公式可知

$$[u(x)v(x)]'=u'(x)v(x)+u(x)v'(x).$$

于是

$$\int_a^b[u'(x)v(x)+u(x)v'(x)]\mathrm{d}x=[u(x)v(x)]\Big|_a^b,$$

即

$$\int_a^b[u(x)v'(x)]\mathrm{d}x=[u(x)v(x)]\Big|_a^b-\int_a^b[u'(x)v(x)]\mathrm{d}x,$$

简记作

$$\int_a^b uv'\mathrm{d}x=(uv)\Big|_a^b-\int_a^b u'v\mathrm{d}x,$$

或

$$\int_a^b u\mathrm{d}v=(uv)\Big|_a^b-\int_a^b v\mathrm{d}u.$$

**例 6-9** 计算 $\int_0^{\frac{\pi}{2}}x\sin x\mathrm{d}x$.

**解** $\int_0^{\frac{\pi}{2}}x\sin x\mathrm{d}x=-x\cos x\Big|_0^{\frac{\pi}{2}}+\int_0^{\frac{\pi}{2}}\cos x\mathrm{d}x$

$$=-x\cos x\Big|_0^{\frac{\pi}{2}}+\sin x\Big|_0^{\frac{\pi}{2}}=1.$$

**例 6-10** 计算 $\int_1^{\mathrm{e}^2}\ln\sqrt{x}\,\mathrm{d}x$.

**解** 令 $\sqrt{x}=t$，$x=t^2$，则 $\mathrm{d}x=2t\mathrm{d}t$. 当 $x=1$ 时，$t=1$；当 $x=\mathrm{e}^2$ 时，$t=\mathrm{e}$. 于是

$$\int_1^{\mathrm{e}^2}\ln\sqrt{x}\,\mathrm{d}x=\int_1^{\mathrm{e}}2t\ln t\mathrm{d}t=t^2\ln t\Big|_1^{\mathrm{e}}-\int_1^{\mathrm{e}}t\mathrm{d}t$$

$$=t^2\ln t\Big|_1^{\mathrm{e}}-\frac{t^2}{2}\Big|_1^{\mathrm{e}}=\mathrm{e}^2-\frac{\mathrm{e}^2}{2}+\frac{1}{2}=\frac{\mathrm{e}^2}{2}+\frac{1}{2}.$$

**例 6-11** 设口服一种药物，该药物在人体内被吸收后从患者的尿液中排出，其排泄的速率函数为 $r(t)=t\mathrm{e}^{-0.2t}$，其中 $t$ 为时间，单位为 h，求服用该药物 12 h 内通过尿液排泄出的药物总流量 $D$.

**解** $D=\int_0^{12}t\mathrm{e}^{-0.2t}\mathrm{d}t=-5t\mathrm{e}^{-0.2t}\Big|_0^{12}+\int_0^{12}5\mathrm{e}^{-0.2t}\mathrm{d}t$

$$=-5t\mathrm{e}^{-0.2t}\Big|_0^{12}-25\mathrm{e}^{-0.2t}\Big|_0^{12}=25-\frac{85}{\mathrm{e}^{2.4}}.$$

## 思考与练习 6-2

1. 求下列导数：

(1) $\dfrac{d}{dx}\int_e^x \ln t^2 dt$；　　(2) $\dfrac{d}{dx}\int_x^{\frac{\pi}{2}} \sin t dt$；

(3) $\begin{cases} x = \int_0^t \cos u du, \\ y = \int_0^t \sin u du, \end{cases}$ 求 $\dfrac{dy}{dx}$；

(4) 由 $\int_0^x \tan t dt + \int_0^y e^{t^2} dt = 0$ 所确定的隐函数对 $x$ 的导数 $\dfrac{dy}{dx}$.

2. 求下列极限：

(1) $\lim\limits_{x\to 0} \dfrac{\dfrac{d}{dx}\int_0^x \ln(t^2+1)dt}{\sin x}$；　　(2) $\lim\limits_{x\to 0} \dfrac{\int_x^0 (1-\cos t)dt}{x^3}$.

3. 求下列定积分：

(1) $\int_0^2 (3x^2-4x+2)dx$；　　(2) $\int_{-1}^2 (2-3x)^2 dx$；

(3) $\int_{\frac{1}{2}}^1 \dfrac{e^{\frac{1}{x}}}{x^2}dx$；　　(4) $\int_0^1 \dfrac{e^x}{1+e^x}dx$；

(5) $\int_1^{10} \dfrac{\sqrt{x-1}}{x}dx$；　　(6) $\int_0^4 \dfrac{1}{1+\sqrt{x}}dx$；

(7) $\int_{\frac{\sqrt{2}}{2}}^1 \dfrac{\sqrt{1-x^2}}{x^2}dx$；　　(8) $\int_1^{\sqrt{3}} \dfrac{1}{\sqrt{1+x^2}}dx$；

(9) $\int_0^{\frac{\sqrt{2}}{2}} \arcsin x dx$；　　(10) $\int_0^{\pi} x\cos x dx$；

(11) $\int_1^e \ln x^2 dx$；　　(12) $\int_0^{\frac{\pi}{2}} e^x \cos x dx$.

4. 利用函数的奇偶性计算下列定积分：

(1) $\int_{-\pi}^{\pi} x^3 \sin^2 x dx$；　　(2) $\int_{-1}^1 \dfrac{\arcsin^2 x}{\sqrt{1-x^2}}dx$.

# 第三节　反常积分

在实际问题中，经常会遇到积分的上、下限为无穷大，或者被积函数在积分区间上无界的情况. 因此，对积分进行如下两种推广，就形成了反常积分的概念.

## 一、无穷积分

**定义 6-2** 设函数 $f(x)$ 在区间 $[a,+\infty)$ 上连续,任取 $a<b$,如果 $\lim\limits_{b\to+\infty}\int_a^b f(x)\mathrm{d}x$ 存在,则称此极限为函数 $f(x)$ 在无穷区间 $[a,+\infty)$ 上的**无穷积分**(infinite integral),记作 $\int_a^{+\infty} f(x)\mathrm{d}x$,即

$$\int_a^{+\infty} f(x)\mathrm{d}x=\lim_{b\to+\infty}\int_a^b f(x)\mathrm{d}x.$$

这时称无穷积分 $\int_a^{+\infty} f(x)\mathrm{d}x$ 存在或**收敛**(converge). 如果 $\lim\limits_{b\to+\infty}\int_a^b f(x)\mathrm{d}x$ 不存在,则称 $\int_a^{+\infty} f(x)\mathrm{d}x$ 不存在或**发散**(diverge).

类似可定义函数 $f(x)$ 在 $(-\infty,b]$ 及 $(-\infty,+\infty)$ 上的无穷积分:

$$\int_{-\infty}^b f(x)\mathrm{d}x=\lim_{a\to-\infty}\int_a^b f(x)\mathrm{d}x,$$

$$\int_{-\infty}^{+\infty} f(x)\mathrm{d}x=\int_{-\infty}^0 f(x)\mathrm{d}x+\int_0^{+\infty} f(x)\mathrm{d}x=\lim_{a\to-\infty}\int_a^0 f(x)\mathrm{d}x+\lim_{b\to+\infty}\int_0^b f(x)\mathrm{d}x.$$

如果极限都存在,则称它们在相应区间上收敛;如果极限不存在,则称它们在相应区间上发散.

**例 6-12** 计算 $\int_0^{+\infty}\mathrm{e}^{-x}\mathrm{d}x$.

**解** $\int_0^{+\infty}\mathrm{e}^{-x}\mathrm{d}x=\lim\limits_{b\to+\infty}\int_0^b \mathrm{e}^{-x}\mathrm{d}x=\lim\limits_{b\to+\infty}\left(-\mathrm{e}^{-x}\Big|_0^b\right)=\lim\limits_{b\to+\infty}(-\mathrm{e}^{-b}+1)=1.$

**例 6-13** 计算 $\int_{-\infty}^{+\infty}\frac{1}{1+x^2}\mathrm{d}x$.

**解**

$$\begin{aligned}\int_{-\infty}^{+\infty}\frac{1}{1+x^2}\mathrm{d}x&=\lim_{a\to-\infty}\int_a^0\frac{1}{1+x^2}\mathrm{d}x+\lim_{b\to+\infty}\int_0^b\frac{1}{1+x^2}\mathrm{d}x\\&=\lim_{a\to-\infty}\left(\arctan x\Big|_a^0\right)+\lim_{b\to+\infty}\left(\arctan x\Big|_0^b\right)\\&=-\lim_{a\to-\infty}\arctan a+\lim_{b\to+\infty}\arctan b=\pi.\end{aligned}$$

## 二、瑕积分

**定义 6-3** 设函数 $f(x)$ 在区间 $(a,b]$ 上连续,且 $\lim\limits_{x\to a^+}f(x)=\infty$,对于任意 $t(a<t<b)$,如果 $\lim\limits_{t\to a^+}\int_t^b f(x)\mathrm{d}x$ 存在,则称此极限为函数 $f(x)$ 在区间 $(a,b]$ 上的**反常积分或瑕积分**(improper integral),仍记作 $\int_a^b f(x)\mathrm{d}x$,即

$$\int_a^b f(x)\mathrm{d}x=\lim_{t\to a^+}\int_t^b f(x)\mathrm{d}x,$$

点 $a$ 称为函数 $f(x)$ 的**瑕点**. 这时称瑕积分$\int_a^b f(x)\mathrm{d}x$ 收敛. 如果$\lim\limits_{t\to a^+}\int_t^b f(x)\mathrm{d}x$ 不存在,则称$\int_a^b f(x)\mathrm{d}x$ 发散.

类似地,设函数 $f(x)$ 在$[a,b)$上连续,且$\lim\limits_{x\to b^-}f(x)=\infty$($b$ 为瑕点),对于任意 $t(a<t<b)$,如果$\lim\limits_{t\to b^-}\int_a^t f(x)\mathrm{d}x$ 存在,则称瑕积分$\int_a^b f(x)\mathrm{d}x$ 收敛;如果$\lim\limits_{t\to b^-}\int_a^t f(x)\mathrm{d}x$ 不存在,则称瑕积分$\int_a^b f(x)\mathrm{d}x$ 发散.

设函数 $f(x)$ 在$[a,b]$上除点 $c(a<c<b)$ 外的各点都连续,且$\lim\limits_{x\to c}f(x)=\infty$($c$ 为瑕点),如果积分$\int_a^c f(x)\mathrm{d}x$ 与$\int_c^b f(x)\mathrm{d}x$ 都收敛,则称瑕积分$\int_a^b f(x)\mathrm{d}x$ 收敛,即

$$\int_a^b f(x)\mathrm{d}x=\int_a^c f(x)\mathrm{d}x+\int_c^b f(x)\mathrm{d}x=\lim_{t\to c^-}\int_a^t f(x)\mathrm{d}x+\lim_{t\to c^+}\int_t^b f(x)\mathrm{d}x;$$

否则,称瑕积分$\int_a^b f(x)\mathrm{d}x$ 发散.

**例 6-14**　计算$\int_0^1\frac{1}{\sqrt{1-x^2}}\mathrm{d}x$.

**解**　因为$\lim\limits_{x\to 1}\frac{1}{\sqrt{1-x^2}}=\infty$,所以 $x=1$ 是瑕点,于是

$$\int_0^1\frac{1}{\sqrt{1-x^2}}\mathrm{d}x=\lim_{t\to 1^-}\int_0^t\frac{1}{\sqrt{1-x^2}}\mathrm{d}x=\lim_{t\to 1^-}\left(\arcsin x\Big|_0^t\right)=\lim_{t\to 1^-}(\arcsin t-\arcsin 0)=\frac{\pi}{2}.$$

## 思考与练习 6-3

计算下列反常积分:

(1) $\int_0^{+\infty}\frac{1}{(x+1)^2}\mathrm{d}x$;　　(2) $\int_1^{+\infty}\frac{\arctan x}{x^2}\mathrm{d}x$;

(3) $\int_0^{+\infty}\mathrm{e}^{2x}\mathrm{d}x$;　　(4) $\int_{\mathrm{e}}^{+\infty}\frac{1}{x(\ln x)^2}\mathrm{d}x$;

(5) $\int_0^1\frac{1}{x^2}\mathrm{d}x$;　　(6) $\int_0^1\frac{x}{\sqrt{1-x^2}}\mathrm{d}x$.

# 习　题　六

1. 思考:在定积分的定义中,$\int_a^b f(x)\mathrm{d}x=\lim\limits_{\lambda\to 0}\sum\limits_{i=1}^{n}f(\alpha_i)\Delta x_i$,其中“$\lambda\to 0$”能否改为“$n\to\infty$”?

为什么?

2. 利用定积分的几何意义,证明下列等式:

(1) $\int_{-\frac{\pi}{2}}^{\frac{\pi}{2}} \sin x \mathrm{d}x = 0$;　　(2) $\int_{-\frac{\pi}{2}}^{\frac{\pi}{2}} \cos x \mathrm{d}x = 2\int_{0}^{\frac{\pi}{2}} \cos x \mathrm{d}x$;

(3) $\int_{0}^{2} \sqrt{4-x^2} \mathrm{d}x = \pi$;　　(4) $\int_{1}^{2} 2x \mathrm{d}x = 3$.

3. 设 $a < b$,问 $a,b$ 取何值时,积分 $\int_{a}^{b} (2x - x^2) \mathrm{d}x$ 取得最大值?并求出最大值.

4. 设函数 $f(x),g(x)$ 在 $[a,b]$ 上连续,$f(x) \leqslant g(x)$,且 $\int_{a}^{b} f(x) \mathrm{d}x = \int_{a}^{b} g(x) \mathrm{d}x$,证明:$f(x) \equiv g(x)$.

5. 设 $\int_{-1}^{1} 4f(x) \mathrm{d}x = 24$,$\int_{3}^{-1} f(x) \mathrm{d}x = -3$,求:(1) $\int_{-1}^{1} f(x) \mathrm{d}x$;(2) $\int_{1}^{3} f(x) \mathrm{d}x$.

6. 试求函数 $y = \int_{0}^{x} \tan t \mathrm{d}t$ 当 $x = 0$ 及 $x = \frac{\pi}{4}$ 时的导数.

7. 证明:$f(x) = \int_{0}^{x} \sqrt{1+t} \mathrm{d}t$ 在 $[-1, +\infty)$ 上是单调增加函数.

8. 当 $x$ 为何值时,函数 $f(x) = \int_{0}^{x} t(t-2) \mathrm{d}t$ 取得极值?

9. 计算下列定积分:

(1) $\int_{0}^{1} \frac{1}{(2-x)^3} \mathrm{d}x$;　　(2) $\int_{0}^{\frac{\pi}{2}} (\cos x - \cos^3 x) \mathrm{d}x$;

(3) $\int_{0}^{1} \frac{1}{1+\mathrm{e}^x} \mathrm{d}x$;　　(4) $\int_{1}^{\mathrm{e}} \frac{1}{x\sqrt{1+\ln x}} \mathrm{d}x$;

(5) $\int_{0}^{\sqrt{3}} \sqrt{3-x^2} \mathrm{d}x$;　　(6) $\int_{-1}^{1} \frac{x}{\sqrt{5-4x}} \mathrm{d}x$;

(7) $\int_{1}^{\mathrm{e}} x \ln x \mathrm{d}x$;　　(8) $\int_{0}^{\frac{\pi}{4}} \frac{x}{\cos^2 x} \mathrm{d}x$;

(9) $\int_{-\infty}^{+\infty} \frac{1}{x^2+2x+2} \mathrm{d}x$;　　(10) $\int_{0}^{1} \frac{1}{\sqrt{x}} \mathrm{d}x$.

第六章教学课件

# 第七章 定积分的应用

**学习要求**

1. **了解** 微元法及定积分在物理学中的应用.
2. **理解** 某些简单几何量、物理量、医学相关量的积分表达式.
3. **掌握** 用定积分计算平面图形的面积及立体的体积.
4. **运用** 微元法求解现实中的积分问题.

在引入定积分的概念时，已经举了一个实际的例子，即求曲边梯形的面积，因此定积分是有实际应用的. 本章将进一步介绍定积分的应用. 定积分的应用十分广泛，涵盖科学研究、工程技术等方面. 在解决实际问题时，通常先将实际问题抽象为特定的数学模型，再把所求的量归纳为某个定积分的分析方法来进行. 其中微元法就是一种简化的定积分分析方法.

## 第一节 微 元 法

为了说明微元法，以求曲边梯形的面积为例，先回顾一下在引入定积分的概念时解决问题的步骤.

“微元法”是实现人生目标的有效途径

设函数 $f(x)$ 是区间 $[a,b]$ 上的连续函数，且 $f(x)\geqslant 0$，求由曲线 $y=f(x)$，$x=a$，$x=b$ 和 $x$ 轴所围成的曲边梯形的面积 $A$. 步骤如下：

(1) 分割 在 $[a,b]$ 上任取 $n$ 个分点

$$a=x_0<x_1<x_2<\cdots<x_{i-1}<x_i<\cdots<x_n=b,$$

将 $[a,b]$ 分割成 $n$ 个小区间，得到 $n$ 个小曲边梯形，则所求面积 $A$ 被分割成 $n$ 个微量 $\Delta A_i\ (i=1,2,\cdots,n)$，即

$$A=\sum_{i=1}^{n}\Delta A_i.$$

(2) 近似代替(以直代曲) 求出微量 $\Delta A_i$ 的近似值，即用小矩形的面积代替相应小曲边梯形的面积，得

$$\Delta A_i\approx f(\xi_i)\Delta x_i,\quad x_{i-1}\leqslant\xi_i\leqslant x_i, i=1,2,\cdots,n.$$

(3) 求和 求出各微量 $\Delta A_i$ 的近似值的和，得到 $A$ 的近似值，即

$$A\approx\sum_{i=1}^{n}f(\xi_i)\Delta x_i.$$

(4) 取极限　当区间无限细分,即 $n\to\infty$ 时,有 $\lambda=\max\{\Delta x_i\}(i=1,2,\cdots,n)\to 0$,这时,各个小矩形的面积就趋于各个对应的小曲边梯形的面积,则小矩形的面积和 $\sum_{i=1}^{n}f(\xi_i)\Delta x_i$ 就趋于小曲边梯形的面积和,即

$$A=\lim_{\lambda\to 0}\sum_{i=1}^{n}f(\xi_i)\Delta x_i=\int_a^b f(x)\mathrm{d}x.$$

以上四个步骤中,关键是第二步,这一步确定了 $\Delta A_i$ 的近似值,之后再求和,取极限,从而求得 $A$ 的精确值,换言之,关键是求出微量 $\Delta A_i$ 的近似值. 为简便起见,省略下标 $i$,用 $\Delta A$ 表示任一小区间 $[x,x+\mathrm{d}x]$ 上的小曲边梯形的面积,即微量,则 $A=\sum\Delta A$.

如图 7-1 所示,取 $[x,x+\mathrm{d}x]$ 的左端点 $x$ 为 $\xi$,则 $\Delta A=f(x)\mathrm{d}x+o(\mathrm{d}x)$,于是

$$\Delta A\approx \mathrm{d}A=f(x)\mathrm{d}x,$$

$\mathrm{d}A=f(x)\mathrm{d}x$ 称为面积微元,于是

$$A=\sum\Delta A\approx\sum\mathrm{d}A=\sum f(x)\mathrm{d}x,$$

而当 $\mathrm{d}x$ 充分小时,$\Delta A=\mathrm{d}A$,定积分就是无限细分、无限求和,因此

$$A=\sum\Delta A=\lim\sum\mathrm{d}A=\int_a^b\mathrm{d}A=\int_a^b f(x)\mathrm{d}x.$$

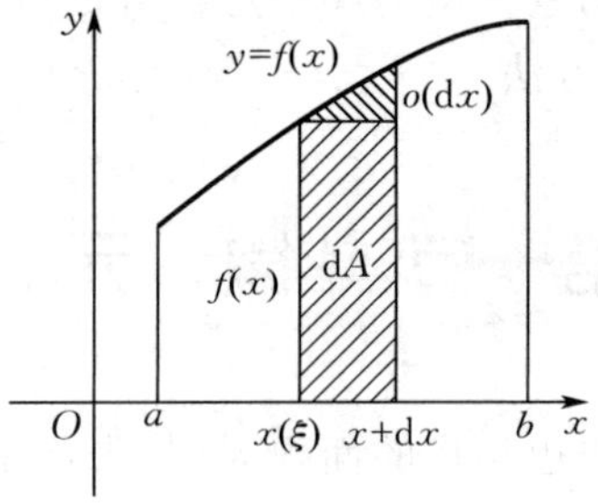


**图 7-1**

由此,把以上四个步骤精炼成以下形式:

(1) 根据具体情况,建立适当的坐标系及选取积分变量,并确定相应的积分区间 $[a,b]$,如选 $x$ 为积分变量,并确定它的变化区间 $[a,b]$.

(2) 在 $[a,b]$ 上任取一小区间 $[x,x+\mathrm{d}x]$,并从该区间上的面积微量 $\Delta A$ 中分析出它的微元,即 $\mathrm{d}A=f(x)\mathrm{d}x$,也即找到 $\Delta A$ 的近似值 $f(x)\mathrm{d}x$.

(3) $A=\int_a^b f(x)\mathrm{d}x$ 就是所求曲边梯形的面积.

以上方法叫作**微元分析法**,简称**微元法**,又称为**元素法**. 注意,任取的微量要具有代表性,即能代表所有微量.

一般来说,实际问题中的所求量 $A$ 要符合下列条件:

(1) 量 $A$ 与一个变量的变化区间有关.

(2) $A$ 对于区间 $[a,b]$ 具有可加性,也就是说,如果把区间 $[a,b]$ 分成若干个区间,则 $A$ 相应地分成若干个部分量,且部分量的和等于 $A$.

(3) $f(x)\mathrm{d}x$ 是 $\Delta A$ 中的主要部分,与 $\Delta A$ 只相差一个比 $\mathrm{d}x$ 高阶的无穷小量.

## 思考与练习 7-1

1. 什么是微元法？微元法的关键是什么？用微元法解决实际问题时应注意什么？

2. 根据微元法，能够用定积分计算的量 $A$ 应该具有什么性质？请举例说明.

3. 请指出下列哪些量不能用定积分计算，哪些量能用定积分计算.

A. 人体的温度　　B. 曲线弧长　　C. 变速运动的位移

D. 变力沿直线所做的功　　E. 瞬时速度

4. 利用微元法计算下列定积分：

(1) $\int_0^1 x^2 \mathrm{d}x$；　　(2) $\int_0^1 \mathrm{e}^x \mathrm{d}x$.

5. 利用微元法证明 $\int_0^1 \sqrt{1-x^2}\,\mathrm{d}x = \frac{\pi}{4}$ .

# 第二节　平面图形的面积

在上一章中讨论过由连续曲线 $y=f(x)[f(x)\geqslant 0]$，以及直线 $x=a, x=b$ $(a<b)$ 和 $x$ 轴所围成的曲边梯形的面积为

$$A=\int_a^b f(x)\mathrm{d}x=\int_a^b y\,\mathrm{d}x.$$

如果 $y=f(x)$ 在 $[a,b]$ 上有正有负，则所围成的平面图形的面积为

$$A=\int_a^b |f(x)|\mathrm{d}x=\int_a^b |y|\mathrm{d}x.$$

这里将平面图形的面积分为 $X$ 型平面图形和 $Y$ 型平面图形两部分来讨论.

## 一、X 型平面图形的面积

求由曲线 $y=f_1(x), y=f_2(x)$ 以及直线 $x=a, x=b$ 所围成的平面图形的面积（见图 7-2），其中 $y=f_1(x), y=f_2(x)$ 在 $[a,b]$ 上连续且 $f_2(x)\geqslant f_1(x)$.

取 $x$ 为积分变量，$x\in[a,b]$，在 $[a,b]$ 上任取一小区间 $[x, x+\mathrm{d}x]$，相应微量都可表示成

$$\Delta S=[f_2(x)-f_1(x)]\mathrm{d}x+o(\mathrm{d}x),$$

而

$$\Delta S\approx \mathrm{d}S=[f_2(x)-f_1(x)]\mathrm{d}x,$$

式中，$[f_2(x)-f_1(x)]\mathrm{d}x$ 是相应小矩形的面积，即为面积微元. 则

$$S=\int_a^b \mathrm{d}S=\int_a^b [f_2(x)-f_1(x)]\mathrm{d}x.$$

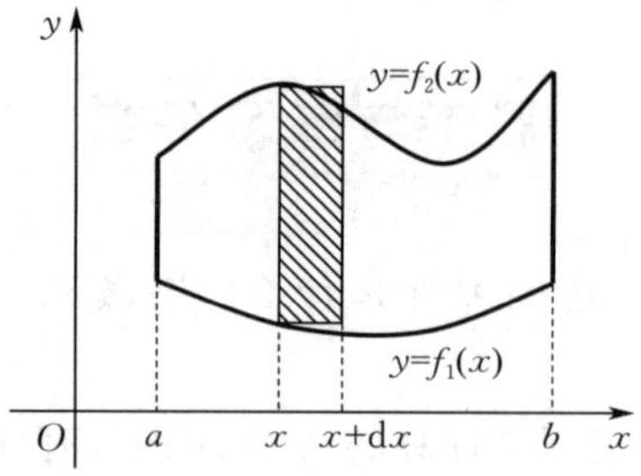


图 7-2

**例 7-1** 计算抛物线 $y^2=x$ 和 $y=x^2$ 所围成的平面图形的面积.

**解** 建立直角坐标系,作出图形(见图 7-3),联立方程 $\begin{cases} y^2=x, \\ y=x^2, \end{cases}$ 求出两条抛物线的交点为(0,0)和(1,1).取 $x$ 为积分变量,$x\in[0,1]$,在[0,1]上任取一小区间$[x,x+\mathrm{d}x]$,则阴影面积 $\Delta S\approx \mathrm{d}S$(小矩形的面积),而 $\mathrm{d}S$ 都可表示成 $\mathrm{d}S=(\sqrt{x}-x^2)\mathrm{d}x$,故所求面积为

$$S=\int_0^1(\sqrt{x}-x^2)\mathrm{d}x=\left(\frac{2}{3}x^{\frac{3}{2}}-\frac{1}{3}x^3\right)\Big|_0^1=\frac{1}{3}.$$

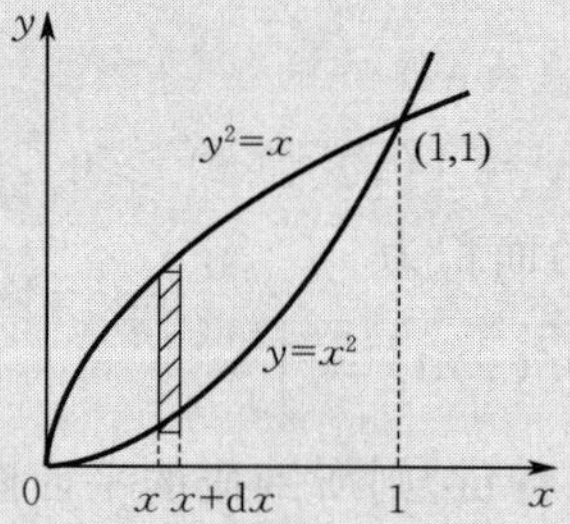


图 7-3

**例 7-2** 计算由曲线 $y=x^3-6x$ 和 $y=x^2$ 所围成的平面图形的面积.

**解** 建立直角坐标系,作出图形(见图 7-4),联立方程 $\begin{cases} y=x^3-6x, \\ y=x^2, \end{cases}$

求出两曲线的交点为(0,0),(−2,4)和(3,9).取 $x$ 为积分变量,$x\in[-2,3]$,则在区间[−2,0]和[0,3]上面积微元有不同的表达形式,分别为

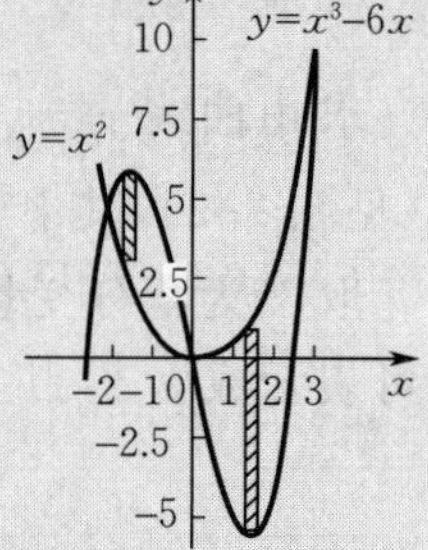


图 7-4

在[−2,0]上,有 $\mathrm{d}S_1=[(x^3-6x)-x^2]\mathrm{d}x$;

在[0,3]上,有 $\mathrm{d}S_2=[x^2-(x^3-6x)]\mathrm{d}x$.

故所求面积为

$$S=\int_{-2}^0\mathrm{d}S_1+\int_0^3\mathrm{d}S_2=\int_{-2}^0[(x^3-6x)-x^2]\mathrm{d}x+\int_0^3[x^2-(x^3-6x)]\mathrm{d}x$$

$$=\left(\frac{1}{4}x^4-3x^2-\frac{1}{3}x^3\right)\Big|_{-2}^0+\left(\frac{1}{3}x^3-\frac{1}{4}x^4+3x^2\right)\Big|_0^3=\frac{253}{12}.$$

## 二、$Y$ 型平面图形的面积

类似地，求由曲线 $x=\varphi(y)$，$x=\psi(y)$ 以及直线 $y=c$，$y=d$ 所围成的平面图形的面积(见图 7-5)，其中 $x=\varphi(y)$，$x=\psi(y)$ 在 $[c,d]$ 上连续且 $\varphi(y)\geqslant\psi(y)$.

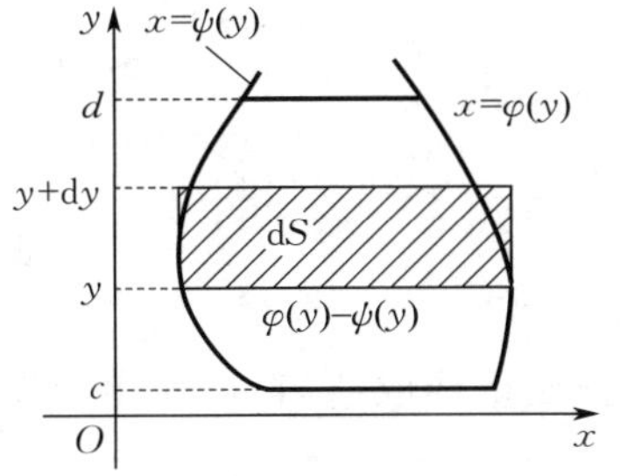


图 7-5

取 $y$ 为积分变量，$y\in[c,d]$，在 $[c,d]$ 上任取一小区间 $[y,y+\mathrm{d}y]$，相应微量都可表示成

$$\Delta S=[\varphi(y)-\psi(y)]\mathrm{d}y+o(\mathrm{d}y),$$

而

$$\Delta S\approx\mathrm{d}S=[\varphi(y)-\psi(y)]\mathrm{d}y,$$

式中，$[\varphi(y)-\psi(y)]\mathrm{d}y$ 是相应小矩形的面积，即为面积微元. 则

$$S=\int_c^d\mathrm{d}S=\int_c^d[\varphi(y)-\psi(y)]\mathrm{d}y.$$

**例 7-3**　计算抛物线 $y^2=2x$ 与直线 $y=x-4$ 所围成的平面图形的面积.

**解**　联立方程 $\begin{cases}y^2=2x,\\ y=x-4,\end{cases}$ 求出抛物线与直线的交点为 $(2,-2)$ 和 $(8,4)$. 取 $y$ 为积分变量(见图 7-6)，$y\in[-2,4]$，则面积微元为 $\mathrm{d}S=\left(y+4-\dfrac{y^2}{2}\right)\mathrm{d}y$，故所求面积为

$$S=\int_{-2}^4\mathrm{d}S=\int_{-2}^4\left(y+4-\frac{y^2}{2}\right)\mathrm{d}y=\left(\frac{1}{2}y^2+4y-\frac{1}{6}y^3\right)\Big|_{-2}^4=18.$$

若取 $x$ 为积分变量(见图 7-7)，$x\in[0,8]$，则在区间 $[0,2]$ 和 $[2,8]$ 上面积微元有不同的表达形式，分别为

在 $[0,2]$ 上，有 $\mathrm{d}S_1=[\sqrt{2x}-(-\sqrt{2x})]\mathrm{d}x$；

在 $[2,8]$ 上，有 $\mathrm{d}S_2=\left[\sqrt{2x}-(x-4)\right]\mathrm{d}x$.

故所求面积为

$$\begin{aligned}S&=\int_0^2\mathrm{d}S_1+\int_2^8\mathrm{d}S_2=\int_0^2\left[\sqrt{2x}-(-\sqrt{2x})\right]\mathrm{d}x+\int_2^8\left[\sqrt{2x}-(x-4)\right]\mathrm{d}x\\&=\int_0^2 2\sqrt{2x}\,\mathrm{d}x+\int_2^8[\sqrt{2x}-x+4]\mathrm{d}x\\&=\left(2\sqrt{2}\cdot\frac{2}{3}x^{\frac{3}{2}}\right)\Big|_0^2+\left(\sqrt{2}\cdot\frac{2}{3}x^{\frac{3}{2}}-\frac{x^2}{2}+4x\right)\Big|_0^3=18.\end{aligned}$$

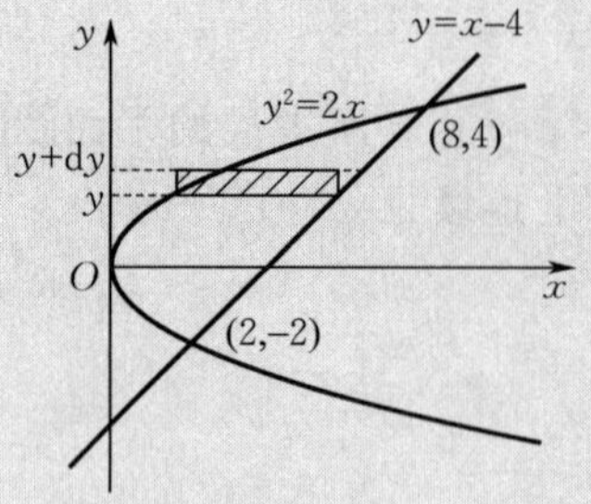


图 7-6

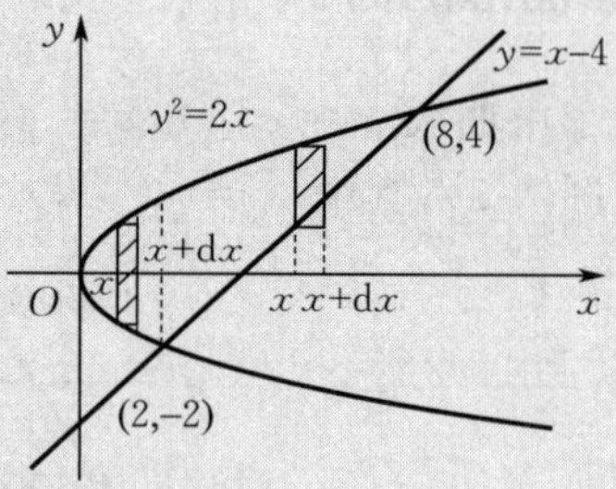


图 7-7

从例 7-3 可以看出，积分变量选取适当，可简化计算过程.

**例 7-4** 求椭圆$\frac{x^2}{a^2}+\frac{y^2}{b^2}=1$的面积.

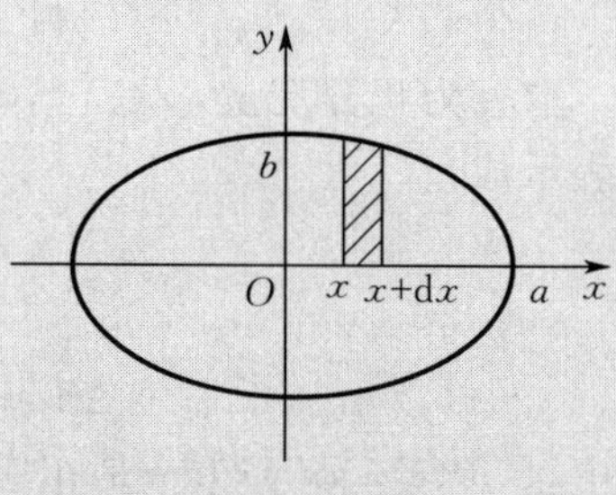


图 7-8

**解** 由于椭圆具有对称性，故椭圆面积 $S$ 为第一象限部分的 4 倍(见图 7-8)，即

$$S=4\int_0^a y\mathrm{d}x=4\int_0^a \frac{b}{a}\sqrt{a^2-x^2}\,\mathrm{d}x.$$

由不定积分公式

$$\int\sqrt{a^2-x^2}\,\mathrm{d}x=\frac{a^2}{2}\arcsin\frac{x}{a}+\frac{1}{2}x\sqrt{a^2-x^2}+C\quad(a>0),$$

可得

$$S=4\int_0^a \frac{b}{a}\sqrt{a^2-x^2}\,\mathrm{d}x=4\cdot\frac{b}{a}\left(\frac{a^2}{2}\arcsin\frac{x}{a}+\frac{1}{2}x\sqrt{a^2-x^2}\right)\Bigg|_0^a$$

$$=4\cdot\frac{b}{a}\left(\frac{a^2}{2}\cdot\frac{\pi}{2}-0\right)=\pi ab.$$

也可由椭圆的参数方程的表达形式

$$\begin{cases}x=a\cos t,\\ y=b\sin t\end{cases}\quad\left(0\leqslant t\leqslant\frac{\pi}{2}\right),$$

应用定积分的换元积分法来进行求解. 令 $x=a\cos t$，当 $x=0$ 时，$t=\frac{\pi}{2}$；当 $x=a$ 时，$t=0$. 于是

$$S=4\int_0^a y\mathrm{d}x=4\int_{\frac{\pi}{2}}^0 b\sin t\,\mathrm{d}(a\cos t)=4\int_{\frac{\pi}{2}}^0 b\sin t(-a\sin t)\mathrm{d}t$$

$$=4\int_0^{\frac{\pi}{2}} ab\sin^2 t\mathrm{d}t=4ab\int_0^{\frac{\pi}{2}}\frac{1-\cos 2t}{2}\mathrm{d}t$$

$$=2ab\int_0^{\frac{\pi}{2}}\mathrm{d}t-2ab\int_0^{\frac{\pi}{2}}\cos 2t\mathrm{d}t$$

$$=2abt\Big|_0^{\frac{\pi}{2}}-ab\sin 2t\Big|_0^{\frac{\pi}{2}}$$

$$=\pi ab-0=\pi ab.$$

当 $a=b=R$ 时，就得到圆的面积公式

$$S=\pi R^2.$$

## 思考与练习 7-2

1. 求下列曲线所围成的平面图形的面积：

(1) $y=\sqrt{x}$, $y=x$；

(2) $y=\frac{1}{x}$, $y=x$ 及 $x=\mathrm{e}$；

(3) $y=x^2$, $y=2x^2$, $y=1$；

(4) $y=\sin x$, $y=\cos x$, $x=0$, $x=2\pi$；

(5) $y=6-x^2$, $y=3-2x$；

(6) $2y^2=x+4$, $y^2=x$.

2. 求由直线 $x-y=0$ 与抛物线 $y=x^2-2x$ 所围成的平面图形的面积.

3. 求位于曲线 $y=\mathrm{e}^x$ 下方，该曲线过原点的切线的左方以及 $x$ 轴上方之间的平面图形的面积.

4. 求由抛物线 $y=2-x^2$ 与 $y=x^2$ 所围成的平面图形的面积.

5. 求由抛物线 $y=x^2+1$ 与直线 $y=3-x$ 所围成的平面图形的面积.

6. 求由抛物线 $y=3+2x-x^2$ 与直线 $y=0$, $x=1$ 及 $x=4$ 所围成的平面图形的面积.

7. 求摆线的一拱 $\begin{cases}x=a(t-\sin t),\\ y=a(1-\cos t)\end{cases}$ $(a>0, 0\leqslant t\leqslant 2\pi)$ 与 $x$ 轴所围成的平面图形的面积.

8. 求星形线 $\begin{cases}x=a\cos^3 t,\\ y=a\sin^3 t\end{cases}$ 所围成的平面图形的面积.

9. 设抛物线 $y=x^2$ 与它的两条相互垂直的切线所围成的平面图形的面积为 $S$，其中一条切线的切点为 $A(a,a^2)$ $(a>0)$，求 $S$，并确定 $a$ 的值使面积 $S$ 最小.

# 第三节　立体的体积

平面图形绕平面内一条直线旋转一周所成的立体称为旋转体. 如圆柱体可以看成矩形绕它的一条边旋转一周所成的旋转体，圆锥可以看成直角三角形绕一条直角边旋转一周所成的旋转体. 本节将介绍平面图形分别绕 $x$ 轴和 $y$ 轴旋转一周所成的旋转体的体积，以及平行截面面积为已知的立体的体积.

## 一、平面图形绕 $x$ 轴旋转一周所成的旋转体的体积

求由连续曲线 $y=f(x)$ 以及直线 $x=a$, $x=b(a<b)$ 和 $x$ 轴所围成的曲边梯形绕 $x$ 轴旋转一周所成的旋转体的体积，如图 7-9 所示.

取 $x$ 为积分变量，$x \in [a,b]$，在 $[a,b]$ 上任取一小区间 $[x, x+\mathrm{d}x]$，其上的小曲边梯形绕 $x$ 轴旋转一周所成的薄片的体积近似于以 $f(x)$ 为底面半径、$\mathrm{d}x$ 为高的扁圆柱体的体积，则得体积微元为

$$\mathrm{d}V = \pi [f(x)]^2 \mathrm{d}x,$$

故旋转体的体积为

$$V = \int_a^b \mathrm{d}V = \int_a^b \pi [f(x)]^2 \mathrm{d}x.$$

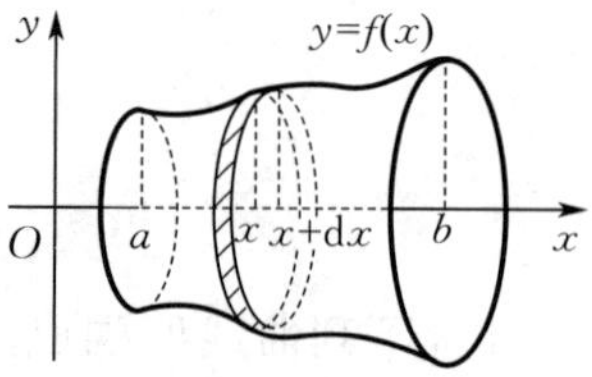

图 7-9

**例 7-5** 求椭圆 $\frac{x^2}{a^2} + \frac{y^2}{b^2} = 1$ 绕 $x$ 轴旋转一周所成的旋转体的体积.

**解** 如图 7-10 所示，这个旋转体可看作由上半个椭圆 $y = \frac{b}{a}\sqrt{a^2 - x^2}$ 及 $x$ 轴所围成的图形绕 $x$ 轴旋转一周所成. 所以，旋转体的体积为

$$V = \pi \int_{-a}^{a} y^2 \mathrm{d}x = \frac{\pi b^2}{a^2} \int_{-a}^{a} (a^2 - x^2) \mathrm{d}x = \frac{4}{3} \pi a b^2.$$

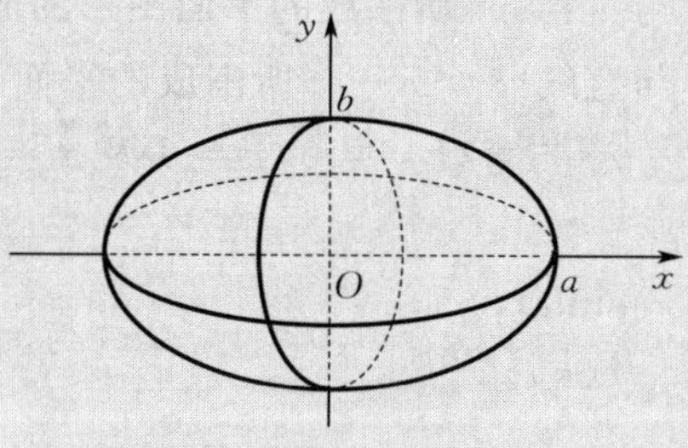

图 7-10

当 $a = b$ 时，上述旋转体就成为半径为 $a$ 的球，它的体积为 $\frac{4}{3}\pi a^3$.

## 二、平面图形绕 y 轴旋转一周所成的旋转体的体积

求由连续曲线 $x = \varphi(y)$ 以及直线 $x = c, x = d\ (c < d)$ 和 $y$ 轴所围成的曲边梯形绕 $y$ 轴旋转一周所成的旋转体的体积，如图 7-11 所示.

取 $y$ 为积分变量，$y \in [c,d]$，在 $[c,d]$ 上任取一小区间 $[y, y+\mathrm{d}y]$，其上的小曲边梯形绕 $y$ 轴旋转一周所成的薄片的体积近似于以 $\varphi(y)$ 为底面半径、$\mathrm{d}y$ 为高的扁圆柱体的体积，则得体积微元为

$$\mathrm{d}V = \pi [\varphi(y)]^2 \mathrm{d}y,$$

故旋转体的体积为

$$V = \int_c^d \mathrm{d}V = \int_c^d \pi [\varphi(y)]^2 \mathrm{d}y.$$

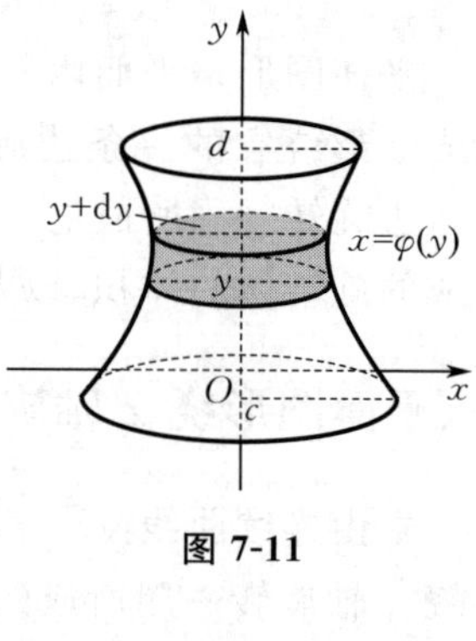

图 7-11

**例 7-6**　求由曲线 $y=\sqrt{x}$、直线 $x=4$ 及 $x$ 轴所围区域分别绕 $x$ 轴和 $y$ 轴旋转一周所成的旋转体的体积.

**解**　如图 7-12 所示，题设所给区域绕 $x$ 轴旋转一周所成的旋转体的体积为

$$V_x=\int_0^4 \pi y^2\,\mathrm{d}x=\int_0^4 \pi(\sqrt{x})^2\,\mathrm{d}x$$

$$=\pi\int_0^4 x\,\mathrm{d}x=\pi\cdot\frac{x^2}{2}\bigg|_0^4=8\pi.$$

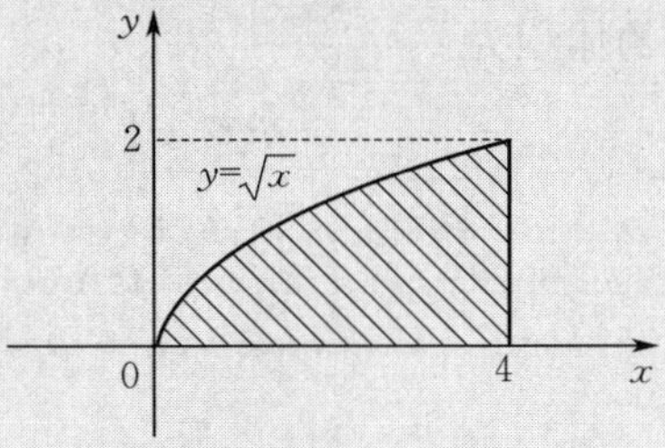

图 7-12

题设所给区域绕 $y$ 轴旋转一周所成的旋转体的体积，相当于图 7-12 中的矩形绕 $y$ 轴旋转一周所成的旋转体的体积减去由曲线 $y=\sqrt{x}$、直线 $y=2$ 及 $y$ 轴所围区域绕 $y$ 轴旋转一周所成的旋转体的体积，因此

$$V_y=\pi\cdot 4^2\cdot 2-\int_0^2 \pi x^2\,\mathrm{d}y=32\pi-\pi\int_0^2 y^4\,\mathrm{d}y=\frac{128\pi}{5}.$$

## 三、平行截面面积为已知的立体的体积

从计算旋转体体积的过程中可以看出：如果一个立体不是旋转体，但知道该立体上垂直于一定轴的各个截面的面积，那么这个立体的体积也可以用定积分来计算.

如图 7-13 所示，取上述定轴为 $x$ 轴，并设该立体在过点 $x=a$，$x=b$ 且垂直于 $x$ 轴的两个平面之间. 以 $A(x)$ 表示过点 $x$ 且垂直于 $x$ 轴的截面的面积. 假定 $A(x)$ 为已知的 $x$ 的连续函数. 这时，取 $x$ 为积分变量，它的变化区间为 $[a,b]$；立体中相应于 $[a,b]$ 上任一小区间 $[x,x+\mathrm{d}x]$ 的一薄片的体积，近似于底面积为 $A(x)$、高为 $\mathrm{d}x$ 的扁柱体的体积，即体积微元为

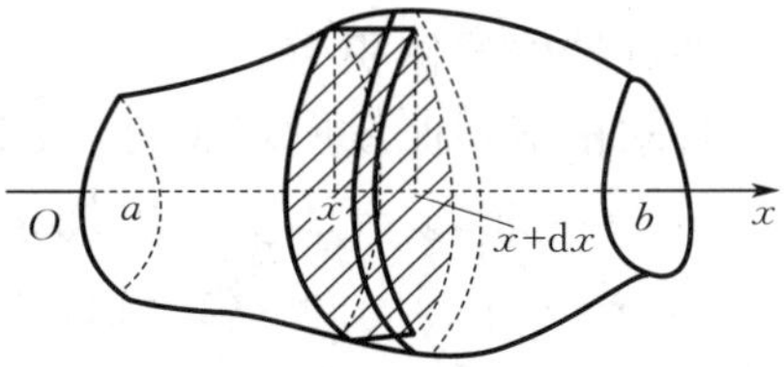

图 7-13

$$\mathrm{d}V=A(x)\,\mathrm{d}x,$$

以 $A(x)\,\mathrm{d}x$ 为被积表达式，在闭区间 $[a,b]$ 上作定积分，便得所求立体的体积为

$$V=\int_a^b \mathrm{d}V=\int_a^b A(x)\,\mathrm{d}x.$$

**例 7-7**　一平面经过半径为 $R$ 的圆柱体的底圆圆心，并与底面交成角 $\alpha$（见图 7-14）. 计算该平面截圆柱体所得立体的体积.

**解**　取该平面与圆柱体的底面的交线为 $x$ 轴，底面上过圆心且垂直于 $x$ 轴的直线为 $y$ 轴. 那么，底圆的方程为 $x^2+y^2=R^2$. 立体中过 $x$ 轴上的点 $x$ 且垂直于 $x$ 轴的截面是一个直角三角形. 它的两条直角边的长分别为 $y$ 及 $y\tan\alpha$，

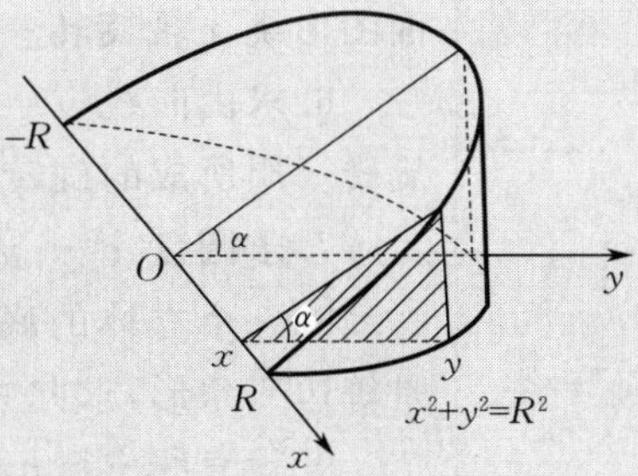

图 7-14

即 $\sqrt{R^2-x^2}$ 及 $\sqrt{R^2-x^2}\tan\alpha$. 因而截面面积为 $A(x)=\frac{1}{2}(R^2-x^2)\tan\alpha$，于是所求立体的体积为

$$V=\int_{-R}^{R}\frac{1}{2}(R^2-x^2)\tan\alpha\mathrm{d}x=\int_{0}^{R}(R^2-x^2)\tan\alpha\mathrm{d}x$$

$$=\tan\alpha\cdot\left(R^2x-\frac{1}{3}x^3\right)\Big|_0^R=\frac{2}{3}R^3\tan\alpha.$$

## 思考与练习 7-3

1. 填空题：

(1) 由连续曲线 $y=f(x)$、直线 $x=a,x=b(0\leqslant a\leqslant b)$ 及 $x$ 轴所围成的平面图形绕 $x$ 轴旋转一周所成的旋转体的体积 $V_x=$ ________，绕 $y$ 轴旋转一周所成的旋转体的体积 $V_y=$ ________；

(2) $V=\int_a^b f(x)\mathrm{d}x$ 常用来表示____________立体的体积；

(3) 抛物线 $y^2=8x$ 及直线 $x=x_0\ (x_0>0)$ 所围成的平面图形绕 $x$ 轴旋转一周所成的旋转体的体积为____________.

2. 求由下列曲线所围成的平面图形绕指定轴旋转一周所成的旋转体的体积：

(1) $y=x^3,x=2,y=0$，绕 $x$ 轴及 $y$ 轴；

(2) $y^2=x,y=x^2$，绕 $y$ 轴；

(3) $y=\mathrm{e}^x(x\leqslant 0),x=0,y=0$，绕 $x$ 轴；

(4) $x^2+(y-5)^2=16$，绕 $x$ 轴.

3. 求星形线 $x^{\frac{2}{3}}+y^{\frac{2}{3}}=a^{\frac{2}{3}}(a>0)$ 绕 $x$ 轴旋转一周所成的旋转体的体积.

4. 求由曲线 $y=\sin x\left(0\leqslant x\leqslant\frac{\pi}{2}\right)$、直线 $y=1$ 及 $x=0$ 所围成的平面图形绕 $x$ 轴、$y$ 轴旋转一周所成的旋转体的体积.

5. 求由曲线 $y=\frac{1}{x}$、直线 $y=4x$ 及 $x=2$ 所围成的平面图形的面积以及该平面图形绕 $x$ 轴旋转一周所成的旋转体的体积.

6. 求由曲线 $y=\mathrm{e}^x$ 和该曲线过原点的切线以及 $y$ 轴所围成的平面图形绕 $y$ 轴旋转一周所成的旋转体的体积.

7. 求圆盘 $x^2+y^2\leqslant a^2$ 绕 $x=-b(b>a>0)$ 旋转一周所成的旋转体的体积.

8. 一个立体的底面是一个单位圆，垂直于底面的一条固定直径的所有截面都是等边三角形，求此立体的体积.

9. 设直线 $y=ax$ 与抛物线 $y=x^2$ 所围成的平面图形的面积为 $S_1$，它们与直线 $x=1$ 所围成的平面图形的面积为 $S_2$，并且 $0<a<1$.

(1) 试确定 $a$ 的值，使 $S_1+S_2$ 最小，并求最小值；

(2) 求 $S_1+S_2$ 取最小值时，$S_1$ 所对应的平面图形绕 $x$ 轴旋转一周所成的旋转体的体积.

# 第四节　定积分的其他应用

## 一、平面曲线的弧长

众所周知，圆的周长可以利用圆的内接正多边形的周长当边数无限增多时的极限来确定. 现用类似方法，即用微元法求曲线 $y=f(x)$ 在区间 $[a,b]$ 上的弧长，其中 $f(x)$ 具有一阶连续导数，取 $x$ 为积分变量，它的变化区间为 $[a,b]$. 在 $[a,b]$ 上任取一小区间 $[x,x+\mathrm{d}x]$，则得相应的弧长的微量 $\Delta s$，$\Delta s$ 可用该曲线在点 $M(x,f(x))$ 处的切线上相应的一小段的长度来近似代替（见图 7-15). 相应的切线段的长度为

$$\sqrt{(\mathrm{d}x)^2+(\mathrm{d}y)^2}=\sqrt{1+(y')^2}\,\mathrm{d}x,$$

从而得弧长微元为

$$\mathrm{d}s=\sqrt{1+(y')^2}\,\mathrm{d}x,$$

于是所求弧长为

$$s=\int_a^b\sqrt{1+(y')^2}\,\mathrm{d}x.$$

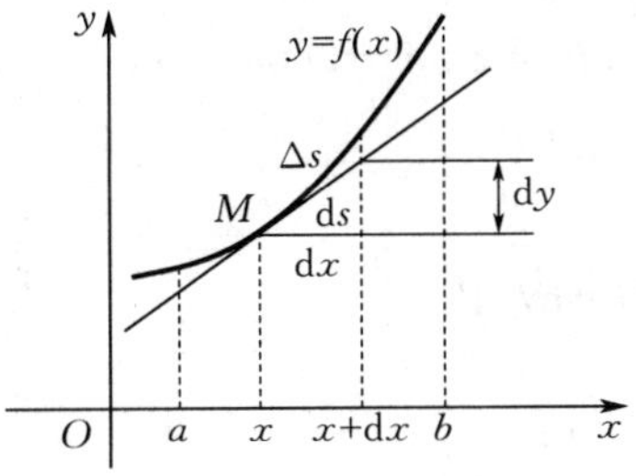


图 7-15

若曲线由参数方程给出，即

$$\begin{cases}x=\varphi(t),\\ y=\psi(t),\end{cases}\quad \alpha\leqslant t\leqslant\beta,$$

式中，函数 $\varphi(t)$，$\psi(t)$ 在 $[\alpha,\beta]$ 上具有连续导数. 则

$$\begin{aligned}\mathrm{d}s&=\sqrt{(\mathrm{d}x)^2+(\mathrm{d}y)^2}=\sqrt{[\varphi'(t)\mathrm{d}t]^2+[\psi'(t)\mathrm{d}t]^2}\\&=\sqrt{[\varphi'(t)]^2+[\psi'(t)]^2}\,\mathrm{d}t,\end{aligned}$$

于是所求弧长为

$$s=\int_\alpha^\beta \mathrm{d}s=\int_\alpha^\beta\sqrt{[\varphi'(t)]^2+[\psi'(t)]^2}\,\mathrm{d}t.$$

**例 7-8** 计算曲线 $y=\frac{2}{3}x^{\frac{3}{2}}$ 上相应于 $a\leqslant x\leqslant b$ 的一段弧(见图 7-16)的长度.

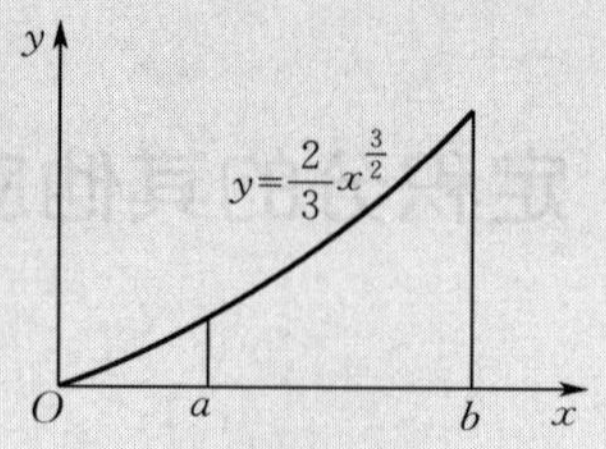


图 7-16

**解** 因 $y'=x^{\frac{1}{2}}$,从而弧长微元为

$$\mathrm{d}s=\sqrt{1+(x^{\frac{1}{2}})^2}\,\mathrm{d}x=\sqrt{1+x}\,\mathrm{d}x,$$

因此,所求弧长为

$$s=\int_a^b\sqrt{1+x}\,\mathrm{d}x=\frac{2}{3}(1+x)^{\frac{3}{2}}\Big|_a^b=\frac{2}{3}\left[(1+b)^{\frac{3}{2}}-(1+a)^{\frac{3}{2}}\right].$$

**例 7-9** 计算摆线 $\begin{cases}x=a(\theta-\sin\theta),\\ y=a(1-\cos\theta)\end{cases}$ 的一拱($0\leqslant\theta\leqslant2\pi$)的长度.

**解** 弧长微元为

$$\mathrm{d}s=\sqrt{a^2(1-\cos\theta)^2+a^2\sin^2\theta}\,\mathrm{d}\theta=a\sqrt{2(1-\cos\theta)}\,\mathrm{d}\theta=2a\sin\frac{\theta}{2}\mathrm{d}\theta,$$

因此,所求弧长为

$$s=\int_0^{2\pi}2a\sin\frac{\theta}{2}\mathrm{d}\theta=2a\left(-2\cos\frac{\theta}{2}\right)\Big|_0^{2\pi}=8a.$$

## *二、定积分在物理学中的应用

### 1. 变力沿直线所做的功

由物理学的知识可知,如果物体在做直线运动的过程中有一个不变的力 $F$ 作用在这个物体上,且该力的方向与物体运动的方向一致,那么在物体移动了距离 $s$ 时,力 $F$ 对物体所做的功为

$$W=F\cdot s.$$

如果物体在运动过程中所受的力是变化的,就会遇到计算变力对物体做的功的问题. 下面通过具体的例子说明如何计算变力所做的功.

**例 7-10** 把一个带电荷量 $+q$ 的点电荷放在 $r$ 轴上坐标原点 $O$ 处,它产生一个电场. 这个电场对周围的电荷有作用力. 由物理学的知识可知,如果有一个单位正电荷放在这个电场中距离原点 $O$ 为 $r$ 的地方,那么电场对它的作用力的大小为

$$F=k\frac{q}{r^2}\quad(k\text{ 为常数}).$$

如图 7-17 所示，当这个单位正电荷在电场中从 $r=a$ 处沿 $r$ 轴移动到 $r=b(a<b)$ 处时，计算电场力 $F$ 对它所做的功.

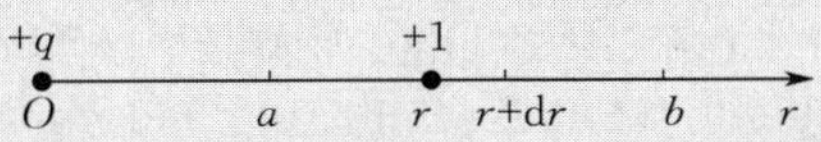


图 7-17

**解**　在上述移动过程中，电场对该单位正电荷的作用力是变化的. 取 $r$ 为积分变量，它的变化区间为 $[a,b]$. 设 $[r,r+dr]$ 为 $[a,b]$ 上的任一小区间. 当单位正电荷从 $r$ 处移动到 $r+dr$ 处时，电场力对它所做的功近似等于 $\frac{kq}{r^2}dr$，即功微元为

$$dW=\frac{kq}{r^2}dr,$$

于是所求的功为

$$W=\int_a^b dW=\int_a^b\frac{kq}{r^2}dr=kq\left(-\frac{1}{r}\right)\Big|_a^b=kq\left(\frac{1}{a}-\frac{1}{b}\right).$$

**例 7-11**　在底面积为 $S$ 的圆柱形容器中盛有一定量的气体. 在等温条件下，由于气体的膨胀，把容器中的一个活塞(面积为 $S$)从点 $a$ 处推到点 $b$ 处(见图 7-18). 计算在活塞移动过程中，气体压力所做的功.

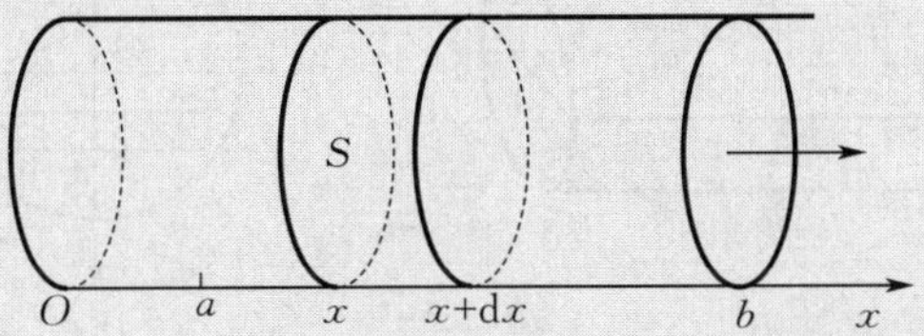


图 7-18

**解**　取坐标系如图 7-18 所示. 活塞的位置可以用坐标 $x$ 来表示. 由物理学的知识可知，一定量的气体在等温条件下，其压强 $p$ 与体积 $V$ 的乘积是常数 $k$，即

$$pV=k\quad\text{或}\quad p=\frac{k}{V}.$$

因为 $V=xS$，所以

$$p=\frac{k}{xS}.$$

于是，作用在活塞上的力为

$$F=p\cdot S=\frac{k}{xS}\cdot S=\frac{k}{x}.$$

在气体膨胀过程中，体积 $V$ 是变化的，因而 $x$ 也是变化的，所以作用在活塞上的力也是变化的.

取 $x$ 为积分变量,它的变化区间为 $[a,b]$. 设 $[x,x+\mathrm{d}x]$ 为 $[a,b]$ 上的任一小区间,当活塞从 $x$ 处移动到 $x+\mathrm{d}x$ 处时,变力 $F$ 所做的功近似等于 $\frac{k}{x}\mathrm{d}x$,即功微元为

$$\mathrm{d}W=\frac{k}{x}\mathrm{d}x,$$

于是所求的功为

$$W=\int_a^b\frac{k}{x}\mathrm{d}x=k\ln x\Big|_a^b=k\ln\frac{b}{a}.$$

2. 水压力

由物理学的知识可知,水深为 $h$ 处的压强为 $p=\rho gh$,这里 $\rho$ 为水的密度,$g$ 为重力加速度. 如果有一面积为 $A$ 的平板水平地放置在水深为 $h$ 处,那么平板一侧所受的水压力为

$$F=p\cdot A.$$

如果平板竖直地放置在水中,那么由于水深不同的点处压强 $p$ 不相等,平板一侧所受的水压力就不能用上述方法计算. 下面举例说明它的计算方法.

**例 7-12** 一个横放着的圆柱形水桶,桶内盛有半桶水[见图 7-19(a)]. 设桶的底面半径为 $R$,水的密度为 $\rho$,计算桶的一个端面上所受的压力.

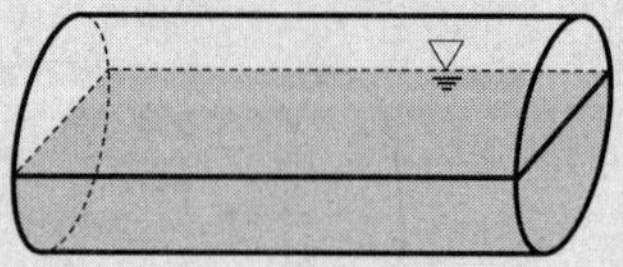
(a)

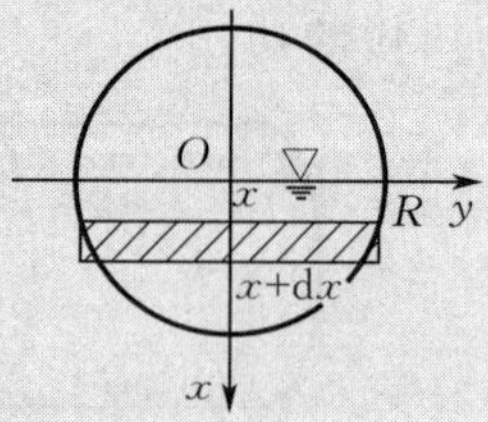

(b)

图 7-19

**解** 桶的一个端面是圆片,所以现在要计算的是当水平面通过圆心时,竖直放置的一个半圆片的一侧所受到的水压力.

如图 7-19(b) 所示,在这个圆片上取过圆心且竖直向下的直线为 $x$ 轴,过圆心的水平线为 $y$ 轴. 对这个坐标系来讲,所讨论的半圆的方程为 $x^2+y^2=R^2(0\leqslant x\leqslant R)$. 取 $x$ 为积分变量,它的变化区间为 $[0,R]$. 设 $[x,x+\mathrm{d}x]$ 为 $[0,R]$ 上的任一小区间,半圆片上相应于 $[x,x+\mathrm{d}x]$ 的窄条一侧所受水压力的近似值,即压力微元为

$$\mathrm{d}F=2\rho gx\sqrt{R^2-x^2}\,\mathrm{d}x,$$

于是所求压力为

$$F=\int_0^R\mathrm{d}F=\int_0^R 2\rho gx\sqrt{R^2-x^2}\,\mathrm{d}x=-\rho g\int_0^R(R^2-x^2)^{\frac{1}{2}}\mathrm{d}(R^2-x^2)$$

$$=-\rho g\cdot\frac{2}{3}(R^2-x^2)^{\frac{3}{2}}\Big|_0^R=\frac{2\rho g}{3}R^3.$$

3. 引力

由物理学的知识可知，质量分别为 $m_1, m_2$，相距 $r$ 的两质点间的引力的大小为

$$F = G\frac{m_1 m_2}{r^2},$$

式中，$G$ 为引力常量. 引力的方向沿着两质点的连线方向.

如要计算一根细棒对一个质点的引力，那么，由于细棒上各点与该质点的距离是变化的，且各点对该质点的引力的方向也是变化的，因此就不能直接用上述公式来计算. 下面举例说明它的计算方法.

**例 7-13**　设有一长度为 $l$、线密度为 $\mu$ 的均匀细直棒，在其中垂线上距棒 $a$ 单位处有一质量为 $m$ 的质点 $M$. 试计算该棒对质点 $M$ 的引力.

**解**　取坐标系如图 7-20 所示，使棒位于 $y$ 轴上，质点 $M$ 位于 $x$ 轴上，棒的中点为原点 $O$. 取 $x$ 为积分变量，它的变化区间为 $\left[-\frac{l}{2}, \frac{l}{2}\right]$. 设 $[y, y+\mathrm{d}y]$ 为 $\left[-\frac{l}{2}, \frac{l}{2}\right]$ 上的任一小区间，把棒上相应于 $[y, y+\mathrm{d}y]$ 的一小段近似地看成质点，其质量为 $\mu\mathrm{d}y$，与 $M$ 相距 $r = \sqrt{a^2+y^2}$. 因此可以按照两质点间的引力公式求出这小段棒对质点 $M$ 的引力 $\Delta F$ 的大小为

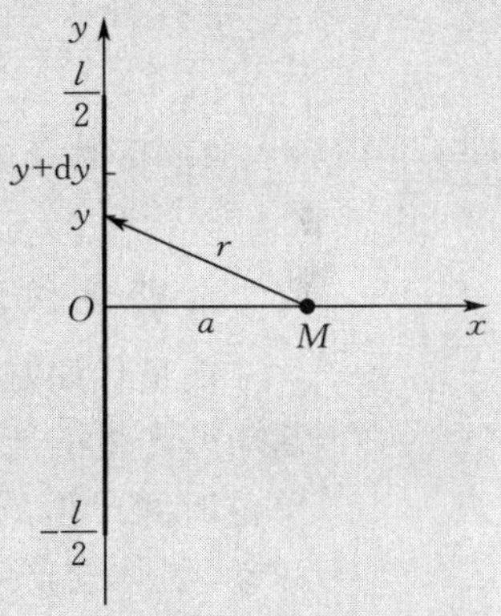

图 7-20

$$\Delta F \approx G\frac{m\mu\mathrm{d}y}{a^2+y^2},$$

从而求出 $\Delta F$ 在水平方向上的分力 $\Delta F_x$ 的近似值，即棒对质点 $M$ 的引力在水平方向上的分力 $F_x$ 的微元为

$$\mathrm{d}F_x = -G\frac{am\mu\mathrm{d}y}{(a^2+y^2)^{\frac{3}{2}}},$$

于是得引力在水平方向上的分力为

$$F_x = \int_{-\frac{l}{2}}^{\frac{l}{2}}\mathrm{d}F_x = -\int_{-\frac{l}{2}}^{\frac{l}{2}}\frac{Gam\mu}{(a^2+y^2)^{\frac{3}{2}}}\mathrm{d}y = -\frac{2Gm\mu l}{a}\cdot\frac{1}{\sqrt{4a^2+l^2}}.$$

由对称性知，引力在竖直方向上的分力为 $F_y = 0$.

当细直棒的长度 $l$ 很大时，可视 $l$ 趋于无穷大. 此时，引力的大小为 $\frac{2Gm\mu}{a}$，方向与细直棒垂直且由 $M$ 指向细直棒.

## 三、定积分在医学中的应用

定积分在医学中有广泛的应用，主要用于处理具有累加性的指标问题，例如，胰岛素平均浓度的测定、心输出量的测定等.

1. 连续函数的平均值

若函数 $f(x)$ 在区间 $[a,b]$ 上连续，则 $\frac{1}{b-a}\int_a^b f(x)\mathrm{d}x$ 称为函数 $f(x)$ 在区

间$[a,b]$上的平均值,常记为$\overline{f(x)}$.

**例 7-14** 在一试验中,先让病人禁食一定时间(以降低体内的血糖水平),然后向病人体内注射大量葡萄糖注射液,由试验知病人血液中胰岛素浓度$c(t)$(U/mL)的变化满足以下函数式:

$$c(t)=\begin{cases}t(10-t), & 0\leqslant t\leqslant 5,\\ 25\mathrm{e}^{-k(t-5)}, & t>5,\end{cases}$$

式中,$k=\dfrac{\ln 2}{20}$,时间$t$的单位为min.求向病人体内注射大量葡萄糖注射液后,1 h内病人血液中胰岛素的平均浓度.

**解** $$\overline{c(t)}=\frac{1}{60}\int_0^{60}c(t)\mathrm{d}t=\frac{1}{60}\left[\int_0^5 t(10-t)\mathrm{d}t+\int_5^{60}25\mathrm{e}^{-k(t-5)}\mathrm{d}t\right]$$
$$=\frac{1}{60}\left(5t^2-\frac{1}{3}t^3\right)\Big|_0^5+\frac{25}{60}\left[-\frac{1}{k}\mathrm{e}^{-k(t-5)}\right]\Big|_5^{60}\approx 11.63\ \mathrm{U/mL},$$

即1 h内病人血液中胰岛素的平均浓度为11.63 U/mL.

2. 能量代谢与能量代谢率

能量代谢是指机体由于外界环境(如温度、湿度、空气质量等)变化和内部生理活动所产生的能量变化.能量代谢率指整个机体在单位时间产生的能量.它可以用单位时间产生的总热量(J/h)来度量.在一天中,由于外界环境变化和内部生理活动,机体会产生能量变化,所以一天中机体的基础代谢率(BMR)也是波动变化的.在一段时间内的能量代谢总量都可以通过对能量代谢率在这段时间内积分求得.

**例 7-15** 设一只白鼠的能量代谢率为

$$\mathrm{BMR}(t)=-0.17\cos\frac{\pi t}{12}+0.35,$$

求其一昼夜(24 h)的能量代谢(BM)值.

**解** $$\mathrm{BM}=\int_0^{24}\left(-0.17\cos\frac{\pi t}{12}+0.35\right)\mathrm{d}t=\left(-0.17\cdot\frac{12}{\pi}\cdot\sin\frac{\pi t}{12}+0.35t\right)\Big|_0^{24}=8.4\ \mathrm{J}.$$

3. 脉动稳定流动时血流量的测定

**例 7-16** 设有半径为$R$、长为$L$的一段刚性血管,其两端的血压分别为$p_1$和$p_2$($p_1>p_2$).已知在血管的横截面上离血管中心$r$处的血流速度符合泊肃叶(Poiseuille)公式:

$$v(r)=\frac{p_1-p_2}{4\eta L}(R^2-r^2),$$

式中,$\eta$为血液的黏度.求在单位时间内流过该横截面的血流量$Q$.

**解** 将半径为$R$的横截面(圆)分为$n$个圆环,使每个圆环的厚度为$\Delta r=\dfrac{R}{n}$.又因为圆

环面积的近似值为 $2\pi r_i\Delta r$，所以在单位时间内通过第 $i$ 个圆环的血流量 $\Delta Q_i$ 的近似值为

$$\Delta Q_i \approx v(\xi_i)\cdot 2\pi r_i\Delta r,$$

式中，$\xi_i\in[r_i,r_i+\Delta r](i=1,2,\cdots,n)$. 故

$$Q=\lim_{n\to\infty}\sum_{i=1}^{n}v(\xi_i)\cdot 2\pi r_i\Delta r=\int_0^R v(r)2\pi r\mathrm{d}r=\int_0^R\frac{p_1-p_2}{4\eta L}(R^2-r^2)2\pi r\mathrm{d}r$$

$$=\frac{\pi(p_1-p_2)}{2\eta L}\int_0^R(R^2r-r^3)\mathrm{d}r=\frac{\pi(p_1-p_2)R^4}{8\eta L}.$$

这就是泊肃叶定律：血流量与血管半径的 4 次方成正比.

4. 药物的有效度

病人口服的药物必须通过机体组织吸收到血液系统中，然后由血液循环到人体各部位而发生效应，但并非口服药物的全部剂量都能被吸收而发挥作用. 为了测定被血液系统吸收的药物总量，往往需要监测药物在尿液中的排泄速度. 临床上已有标准测定法：如果排泄速度为 $r(t)$，则在时间区间 $[0,T]$ 内排泄的药物总量（药物吸收总量）$D=\int_0^T r(t)\mathrm{d}t$，其中时间上限 $T$ 为尿液中检测不到药物的时刻. 从理论上而言，$T$ 应该是无穷大，但事实上 $T$ 为某一有限值（见图 7-21）.

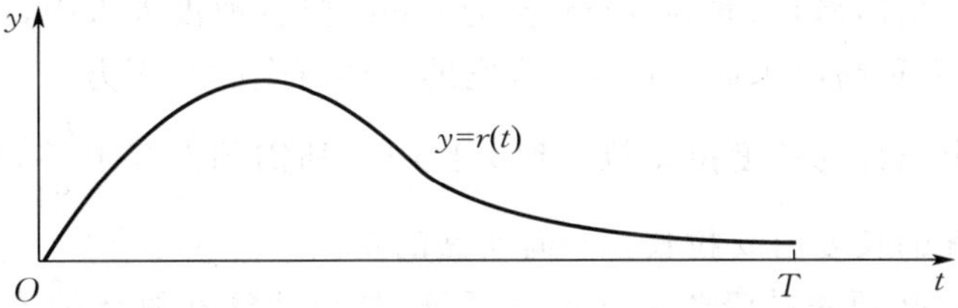


图 7-21

标准的药物排泄速度函数为 $r(t)=te^{-kt}(k>0)$，则相应的药物吸收总量为

$$D=\int_0^T te^{-kt}\mathrm{d}t=\int_0^T\left(-\frac{t}{k}e^{-kt}\right)\mathrm{d}(-kt)=\int_0^T\left(-\frac{t}{k}\right)\mathrm{d}(e^{-kt})$$

$$=-\frac{t}{k}e^{-kt}\Big|_0^T-\int_0^T e^{-kt}\mathrm{d}\left(-\frac{t}{k}\right)$$

$$=-\frac{T}{k}e^{-kT}-\frac{1}{k^2}\int_0^T e^{-kt}\mathrm{d}(-kt)=-\frac{T}{k}e^{-kT}-\frac{1}{k^2}e^{-kt}\Big|_0^T$$

$$=\frac{1}{k^2}-e^{-kT}\left(\frac{T}{k}+\frac{1}{k^2}\right).$$

当 $T$ 的值很大时，上式右边第二项的值很小，如果忽略不计，则此时的药物吸收总量为

$$D\approx\frac{1}{k^2}.$$

例如，当 $k=0.1$，$T=1\ 000$ min（即对排出药物监测了 16 h 40 min）时，上面式子右边第二项为

$$e^{-kT}\left(\frac{T}{k}+\frac{1}{k^2}\right)=e^{-100}\left(\frac{1\,000}{0.1}+\frac{1}{0.01}\right)\approx 3.7\times 10^{-40},$$

而第一项为

$$D\approx\frac{1}{k^2}=\frac{1}{0.1^2}=100.$$

## 思考与练习 7-4

1. 求曲线 $y^2=x^3$ 上相应于 $x=0$ 到 $x=1$ 的一段弧的长度.

2. 求对数曲线 $y=\ln x$ 从 $x=1$ 到 $x=2$ 的一段弧的长度.

3. 证明:正弦线 $y=a\sin x(0\leqslant x\leqslant 2\pi)$ 的弧长等于椭圆$\begin{cases}x=\cos t,\\ y=\sqrt{1+a^2}\sin t\end{cases}(0\leqslant t\leqslant 2\pi)$ 的周长.

4. 求曲线$\begin{cases}x=e^t\sin t,\\ y=e^t\cos t\end{cases}$上相应于 $t=0$ 到 $t=\dfrac{\pi}{2}$ 的一段弧的长度.

5. 有一圆台形蓄水池,上、下底面的直径分别为 20 m,10 m,深 5 m,池内盛满了水,将池内的水全部抽出需要做多少功?

6. 一等腰三角形薄片,底为 8 cm,高为 6 cm,竖直地没入水中,顶在上,底在下且与水面平行,而顶高出水面 3 cm,试求它的一侧所受的水压力.

7. 设把一金属杆的长度由 $a$ 拉长到 $a+x$ 时,所需的力等于$\dfrac{kx}{a}$,其中 $k$ 为常数,试求将该金属杆的长度由 $a$ 拉长到 $b$ 时所做的功.

8. 口服药物必须先被吸收进入血液系统,然后才能在机体的不同部位发挥作用. 某种阿司匹林药物进入血液系统的速率为 $f(t)=kt(t-b)^2(0\leqslant t\leqslant b,k,b$ 均为常数),则药物吸收总量,即有效药量为多少?

9. 计算 $f(x)=3x^2-4x+1$ 在$[0,4]$上的平均值.

# 习 题 七

1. 求由下列各组曲线所围成的平面图形的面积:

(1) $y=\dfrac{1}{2}x^2$ 与 $x^2+y^2=8$(两部分都要计算);

(2) $y=\dfrac{1}{x}$ 与直线 $y=x$ 及 $x=2$;

(3) $y=e^x,y=e^{-x}$ 与直线 $x=1$;

(4) $y=\ln x,y$ 轴与直线 $y=\ln a,y=\ln b(b>a>0)$.

2. 求由抛物线 $y=-x^2+4x-3$ 及其在点$(0,-3)$和$(3,0)$处的切线所围成的平面图形的面积.

3. 求由下列曲线所围成的平面图形绕指定轴旋转一周所成的旋转体的体积：

(1) $y^2 = 4ax$ 与 $x = x_0(x_0 > 0)$，绕 $x$ 轴；

(2) $y = x^2$，$y = \dfrac{1}{x}$ 与 $x = 2$，绕 $x$ 轴；

(3) $y = \dfrac{1}{10}x^2$，$y = \dfrac{1}{10}x^2 + 1$ 与 $y = 10$，绕 $y$ 轴.

4. 求由抛物线 $y = x^2$、直线 $x = 2$ 与 $y = 0$ 所围成的平面图形分别绕 $x$ 轴、$y$ 轴旋转一周所成的两个旋转体的体积.

5. 计算下列曲线的弧长：

(1) $y = \sqrt{x^3}$，$0 \leqslant x \leqslant 4$；

(2) $\sqrt{x} + \sqrt{y} = 1$；

(3) $x = a(\cos t + \sin t)$，$y = a(\sin t - t\cos t)$，$0 \leqslant t \leqslant \pi$.

6. 由实验知道，在拉伸弹簧的过程中，拉力 $F$(单位：N) 与弹簧的伸长量 $s$(单位：cm) 成正比，即

$$F = ks \quad (k \text{ 是比例系数}).$$

现把弹簧由原长拉伸 6 cm，计算所做的功.

7. 直径为 20 cm、高为 80 cm 的圆筒内充满压强为 10 $\mathrm{N/cm^2}$ 的气体. 设温度保持不变，要使气体体积缩小一半，问需要做多少功？

8. 设有一长度为 $l$、线密度为 $\mu$ 的均匀细直棒，在与棒的一端垂直且距离为 $a$ 单位处有一质量为 $m$ 的质点 $M$，试求这细棒对质点 $M$ 的引力.

9. 设有一半径为 $R$、中心角为 $\varphi$ 的圆弧形细棒，其线密度为常数 $\mu$. 在圆心处有一质量为 $m$ 的质点 $M$，试求这细棒对质点 $M$ 的引力.

10. 等腰三角形薄板竖直地沉没在水中，它的底与水面平齐，薄板的底边长为 $a$，高为 $h$.

(1) 计算薄板每侧所受的压力；

(2) 如果倒转薄板使顶点与水面平齐，而底平行于水面，则水对薄板的压力增加了多少？

11. 抛物线 $y^2 = 2x$ 分割圆 $x^2 + y^2 = 8$ 的面积为两部分，求这两部分的面积比.

12. 设 $D$ 是位于曲线 $y = \sqrt{x}a^{-\frac{x}{2a}}(a > 1, 0 \leqslant x < +\infty)$ 下方、$x$ 轴上方的无界区域.

(1) 求区域 $D$ 绕 $x$ 轴旋转一周所成的旋转体的体积 $V(a)$；

(2) 当 $a$ 为何值时，$V(a)$ 最小？求此最小值.

13. (1) 求图 7-22 中阴影部分绕直线 $y = t(0 < t < 1)$ 旋转一周所成的旋转体的体积 $V(t)$；

(2) $t$ 取何值时，$V(t)$ 最小？最小值为多少？

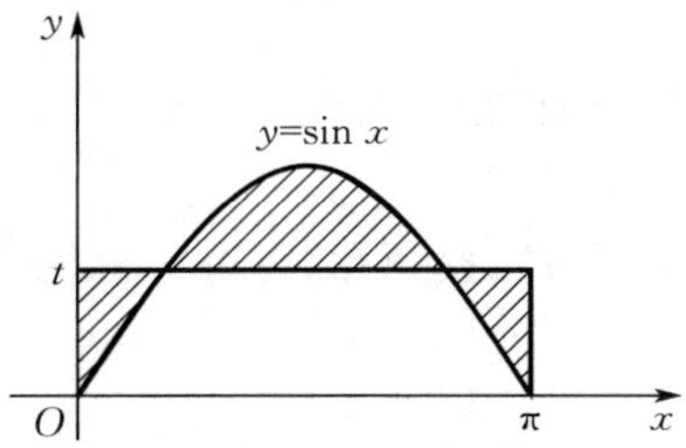


图 7-22

第七章教学课件

# 第八章 常微分方程

**学习要求**

1. **掌握** 微分方程的基本概念、一阶线性微分方程的求解方法(分离变量法和常数变易法).
2. **理解** 二阶常系数齐次线性微分方程 $y''+py'+qy=0$ 解的结构及求解方法.
3. **了解** 可降阶的二阶微分方程 $y''=f(x)$,$y''=f(x,y')$,$y''=f(y,y')$ 的求解方法.
4. **运用** 微分方程的性质,讨论其在生物医药领域的简单应用.

函数是客观事物的内部联系在数量方面的反映,利用函数关系可以对客观事物的规律进行研究,因此寻求变量之间的函数关系,在实践中具有重要意义.在许多问题中,往往不能直接找出所需要的函数关系,但是根据问题所提供的条件,有时可以列出所要找的未知函数及其导数(或微分)所满足的关系式.这样的关系式就是所谓的微分方程,通过解微分方程才能得到所要求的未知函数.因此,微分方程也是描述客观事物的数量关系的一种重要的数学模型,已广泛地应用于医药卫生领域,也是建立医药卫生学数学模型的重要方法之一.

身残志坚、自学成才的华罗庚

微分方程理论是微积分理论的推广,是研究自然科学的必备工具.许多生物医药科研问题的研究都必须利用微分方程理论.本章主要介绍微分方程的基本概念、性质,可分离变量的微分方程、一阶线性微分方程、可降阶的二阶微分方程、二阶常系数齐次线性微分方程的求解问题.

## 第一节 微分方程的基本概念

### 一、引例

**引例 1** 一曲线经过点(1,2),且在该曲线上任意点 $M(x,y)$ 处的切线斜率为 $x$,求该曲线的方程.

**解** 设所求曲线方程为 $y=f(x)$,按题意,可得

$$\frac{\mathrm{d}y}{\mathrm{d}x}=x,$$

两边积分,得

$$y=\int x\mathrm{d}x=\frac{1}{2}x^2+C\quad(C\text{为任意常数}).$$

又因为曲线经过点(1,2)，代入上面的方程，得 $C=\frac{3}{2}$，故所求的曲线方程为

$$y=\frac{1}{2}x^2+\frac{3}{2}.$$

**引例 2**　质量为 $m$ 的物体，假设只受重力影响自由下落，试求该物体下落的距离 $s$ 应满足的微分方程.

**解**　设物体自由下落的距离 $s$ 和时间 $t$ 的关系式为 $s=s(t)$，根据牛顿第二定律，可知

$$m\frac{\mathrm{d}^2s}{\mathrm{d}t^2}=mg,$$

即

$$\frac{\mathrm{d}^2s}{\mathrm{d}t^2}=g,$$

其中，$g$ 为重力加速度.

**引例 3**　通过临床观察，研究人员发现在肿瘤生长初期，肿瘤细胞的增长速度与当时该细胞的数目成正比，比例系数（相对增长率）为 $k$，试建立肿瘤细胞数目在时刻 $t$ 应满足的微分方程.

**解**　设时刻 $t$ 的肿瘤细胞数目为 $n(t)$，根据题意可得如下方程：

$$n'(t)=kn(t).$$

在上面三个引例中，关系式中都含有未知函数的导数，统称为微分方程.

## 二、微分方程的定义

**定义 8-1**　把表示未知函数、未知函数的导数（或微分）与自变量之间关系的方程称为**微分方程**(differential equation). 在微分方程中，若自变量只有一个，则称为**常微分方程**(ordinary differential equation)；若自变量有两个或两个以上，则称为**偏微分方程**(partial differential equation). 本章主要讨论常微分方程，简称微分方程.

**定义 8-2**　在微分方程中，未知函数的导数（或微分）的最高阶数，称为微分方程的**阶**(order).

例如，$\frac{\mathrm{d}y}{\mathrm{d}x}=x$，$n'(t)=kn(t)$ 都是一阶微分方程；$\frac{\mathrm{d}^2s}{\mathrm{d}t^2}=g$，$y''+5y'-3x=0$，$y''^2+5y'^3-3x=0$ 都是二阶微分方程. 设 $x$ 是自变量，$y$ 是 $x$ 的未知函数，$n$ 阶微分方程的一般形式为

$$F[x,y,y',y'',\cdots,y^{(n)}]=0,$$

此时 $y^{(n)}$ 前面的系数不能等于零.

**定义 8-3** 若微分方程中所含的未知函数以及它的导数或微分都是一次有理整式,则称为**线性微分方程**(linear differential equation),否则称为**非线性微分方程**(non-linear differential equation).

例如,$\frac{\mathrm{d}y}{\mathrm{d}x}=x$,$n'(t)=kn(t)$,$\frac{\mathrm{d}^2 s}{\mathrm{d}t^2}=g$,$y''+5y'-3x=0$ 都是线性微分方程;$\frac{\mathrm{d}y}{\mathrm{d}x}+\frac{y}{x}=a(\ln x)y^2$,$(y'')^2+5(y')^3-3x=0$ 都是非线性微分方程.

**定义 8-4** 若一个函数代入微分方程后,使微分方程成为恒等式,则该函数称为微分方程的**解**(solution).若微分方程的解中所含相互独立的任意常数的个数等于微分方程的阶数,则称此解为微分方程的**通解**(general solution);不含有任意常数的解,称为微分方程的**特解**(particular solution).

例如,$y=\frac{1}{2}x^2+C$ 是 $\frac{\mathrm{d}y}{\mathrm{d}x}=x$ 的通解,而 $y=\frac{1}{2}x^2+\frac{3}{2}$ 是 $\frac{\mathrm{d}y}{\mathrm{d}x}=x$ 的一个特解.

**注**:微分方程的解是一个函数,但有时也可能是隐函数.

**定义 8-5** 一般地,特解是由通解确定的.用来确定通解中各任意常数的条件称为**初值条件**(initial value condition).

例如,引例 1 中的点(1,2)就是初值条件.$n$ 阶微分方程的初值条件如下:

$$y\big|_{x=x_0}=y_0,\quad y=y'\big|_{x=x_0}=y_1,\quad \cdots,\quad y^{(n-1)}\big|_{x=x_0}=y_{n-1}.$$

一个微分方程与初值条件组合在一起所构成的问题,称为**初值问题**.

如引例 1 中的

$$\begin{cases}\frac{\mathrm{d}y}{\mathrm{d}x}=x,\\ y\big|_{x=1}=2\end{cases}$$

就是一个初值问题.

**定义 8-6** 微分方程的解的图形为 $xOy$ 平面上的曲线,这些曲线称为微分方程的**积分曲线**(integral curve).

由于通解中含有任意常数,因此它对应于 $xOy$ 平面上的一族曲线,称为**积分曲线族**(integral curve family),满足初值条件的特解就是其中一条特定的积分曲线.

## 思考与练习 8-1

1.试给出下列微分方程的阶数:

(1)$xy'^2+3yy'+x=0$;

(2)$x^2y''-xy'+\sin y=0$;

(3)$xy'''+2y''+x^2y=0$;

(4)$(7x-6y)\mathrm{d}x+(x+y)\mathrm{d}y=0$;

(5)$L\frac{\mathrm{d}p}{\mathrm{d}\theta}+p=\sin^2\theta$;

(6)$y^{(5)}-2y'''+y'+y=0$.

2. 判断下列各题中的函数是不是所给微分方程的解：

(1) $xy' = 2y, y = 5x^2$；

(2) $y'' + y = 0, y = 3\sin x - 4\cos x$；

(3) $y'' - 2y' + y = 0, y = x^2 e^x$；

(4) $y'' - (\lambda_1 + \lambda_2)y' + \lambda_1\lambda_2 y = 0, y = e^{\lambda_1 x} + e^{\lambda_2 x}$.

3. 在下列各题中，确定函数关系式中所含的参数，使函数满足所给初值条件：

(1) $x^2 - y^2 = C, y|_{x=0} = 5$；

(2) $y = (C_1 + C_2 x)e^{2x}, y|_{x=0} = 0, y'|_{x=0} = 1$；

(3) $y = C_1 \sin(x - C_2), y|_{x=\pi} = 1, y'|_{x=\pi} = 0$.

4. 写出由下列条件所确定的微分方程：

(1) 曲线上点 $(x,y)$ 处的切线的斜率等于该点的横坐标的立方；

(2) 用微分方程表示一物理命题：某种气体的压强 $p$ 对于温度 $T$ 的变化率与压强成正比，与温度的平方成反比.

5. 设函数 $y = (1+x)^2 u(x)$ 是方程 $y' - \dfrac{2}{x+1}y = (x+1)^2$ 的通解，求 $u(x)$.

# 第二节　一阶微分方程

一阶微分方程的一般形式为

$$F(x, y, y') = 0, \tag{8-1}$$

若能从中解出 $y'$，则可以得到一阶微分方程的标准形式

$$y' = f(x, y). \tag{8-2}$$

下面介绍几种常见的一阶微分方程及其解法.

## 一、可分离变量的微分方程

若一阶微分方程能够写成

$$y' = f(x, y) = g(x)h(y), \tag{8-3}$$

则称它为**可分离变量的微分方程**(variable separable differential equation).

可分离变量的微分方程是一阶微分方程中最基本的一种类型，求解这类方程可采用分离变量法. 对微分方程(8-3)分离变量，得

$$\frac{dy}{h(y)} = g(x)dx,$$

两边积分，得

$$\int \frac{dy}{h(y)} = \int g(x)dx,$$

设 $H(y)$ 及 $G(x)$ 分别为 $\dfrac{1}{h(y)}$ 和 $g(x)$ 的原函数，于是有

$$H(y) = G(x) + C. \tag{8-4}$$

式(8-4)就是微分方程(8-3)的通解.有时这个解可能是以隐函数形式给出的,称为**隐式解**或**隐式通解**.

**注**:在上述求解的过程中,是假设$h(y)\neq 0$的,若存在一个$y_0$,使得$h(y_0)=0$,则直接将$y=y_0$代入原方程,可知$y=y_0$也是原方程的一个解.由于这种解往往在分离变量时丢失,且有时不容易包含在通解中,即无论让任意常数$C$取何值都得不到这个特解,因此必须另外补上才能得到一阶微分方程的全部解.由此可知,**通解未必是微分方程的全部解**.

**例 8-1** 求微分方程$y'=4x^3y$的通解.

**解** 当$y\neq 0$时分离变量,得

$$\frac{\mathrm{d}y}{y}=4x^3\mathrm{d}x,$$

两边积分,得

$$\int\frac{\mathrm{d}y}{y}=\int 4x^3\mathrm{d}x,$$

$$\ln|y|=x^4+C_1,$$

$$|y|=\mathrm{e}^{x^4+C_1},$$

于是

$$y=\pm\mathrm{e}^{x^4+C_1}=\pm\mathrm{e}^{C_1}\mathrm{e}^{x^4}.$$

易证$y=0$也是原微分方程的解,故可以取$C=\pm\mathrm{e}^{C_1},0$,则所求的通解为

$$y=C\mathrm{e}^{x^4}.$$

**例 8-2** 求微分方程$y'=y^2\sin x$的所有解.

**解** 当$y\neq 0$时分离变量,得

$$y^{-2}\mathrm{d}y=\sin x\mathrm{d}x,$$

两边积分,得

$$-\frac{1}{y}=-\cos x+C,$$

$$y=\frac{1}{\cos x-C}.$$

又$y=0$也是原微分方程的解,但这个解就无法包含在通解中,因此原微分方程的通解为

$$y=\frac{1}{\cos x-C},$$

而它的全部解应该为$y=\dfrac{1}{\cos x-C}$和$y=0$.故通解未必是方程的全部解.

**例 8-3** 设某种流行病通过一封闭性团体内$N$个成人之间的接触而感染传播,则无移除的简单流行病学模型是

$$\frac{\mathrm{d}y}{\mathrm{d}t}=-ky(N-y),$$

其中，$y$ 是 $t$ 时刻的易感人数，$k$ 是感染率. 假设开始时团体内只有一个感染者，求函数 $y$.

**解** 分离变量，得

$$\frac{dy}{y(N-y)}=-k\mathrm{d}t,$$

两边积分，得

$$\frac{1}{N}\ln\frac{y}{N-y}=-kt+C_1,$$

化简，得通解为

$$y=\frac{N}{1+C\mathrm{e}^{kNt}}\quad (C=\mathrm{e}^{-NC_1}).$$

根据题意，初值条件为当 $t=0$ 时，$y=N-1$，代入通解，得

$$C=\frac{1}{N-1},$$

于是所求的函数为

$$y=\frac{N(N-1)}{N-1+\mathrm{e}^{kNt}}.$$

上式也是 $\frac{dy}{dx}=-ky(N-y)$ 的一个满足初值条件的特解.

**例 8-4** 有一放在某介质中的物体(自身不能发热)，其温度降低的速度与物体对介质的温度差成正比. 已知开始时物体的温度为 100 ℃，介质的温度始终是 20 ℃. 经过 20 min，此物体的温度降为 60 ℃，试问该物体的温度随时间变化的规律如何?

**解** 设在 $t$ 时刻物体的温度为 $x=x(t)$，则由题意得

$$-\frac{dx}{dt}=k(x-20)\quad (k\text{ 为比例系数}),$$

分离变量，得

$$\frac{dx}{x-20}=-k\mathrm{d}t,$$

两边积分，得

$$\ln(x-20)=-kt+C_1,$$

即

$$x-20=C\mathrm{e}^{-kt}\quad (C=\mathrm{e}^{C_1}),$$

所以原方程的通解为

$$x=C\mathrm{e}^{-kt}+20,$$

把初值条件 $x|_{t=0}=100$，$x|_{t=20}=60$ 代入，得 $C=80$，$\mathrm{e}^{-k}=\left(\frac{1}{2}\right)^{\frac{1}{20}}$，因此该物体的温度随时间的变化规律为

$$x(t)=80\left(\frac{1}{2}\right)^{\frac{t}{20}}+20.$$

## 二、齐次方程

形如

$$\frac{\mathrm{d}y}{\mathrm{d}x}=f\left(\frac{y}{x}\right)$$

的微分方程,称为**齐次微分方程**,简称**齐次方程**.

对于齐次方程,可通过变量代换,将其化成可分离变量的微分方程.只要令 $u=\frac{y}{x}$,则 $y=xu$,$\frac{\mathrm{d}y}{\mathrm{d}x}=u+x\frac{\mathrm{d}u}{\mathrm{d}x}$,代入原方程,便得可分离变量的微分方程

$$u+x\frac{\mathrm{d}u}{\mathrm{d}x}=f(u),$$

即

$$\frac{\mathrm{d}u}{f(u)-u}=\frac{\mathrm{d}x}{x},$$

两边积分,得

$$\int\frac{\mathrm{d}u}{f(u)-u}=\ln|x|+C,$$

求出积分,再用 $\frac{y}{x}$ 代替 $u$,即得所给齐次方程的通解.

**例 8-5** 求微分方程 $xy\frac{\mathrm{d}y}{\mathrm{d}x}=y^2+x^2\frac{\mathrm{d}y}{\mathrm{d}x}$ 的通解.

**解** 原方程可写成

$$\frac{\mathrm{d}y}{\mathrm{d}x}=\frac{y^2}{xy-x^2}=\frac{\left(\frac{y}{x}\right)^2}{\frac{y}{x}-1},$$

显然是齐次方程.令 $u=\frac{y}{x}$,则 $y=xu$,$\frac{\mathrm{d}y}{\mathrm{d}x}=u+x\frac{\mathrm{d}u}{\mathrm{d}x}$,代入原方程,得

$$u+x\frac{\mathrm{d}u}{\mathrm{d}x}=\frac{u^2}{u-1},$$

即

$$x\frac{\mathrm{d}u}{\mathrm{d}x}=\frac{u^2}{u-1}-u=\frac{u}{u-1},$$

分离变量,得

$$\left(1-\frac{1}{u}\right)\mathrm{d}u=\frac{1}{x}\mathrm{d}x,$$

两边积分,得

$$u-\ln|u|=\ln|x|+C_1,$$

或写成

$$\ln|xu|=u-C_1,$$

将 $u=\frac{y}{x}$ 代入,得

$$\ln|y| = \frac{y}{x} - C_1.$$

由于 $y=0$ 也是原方程的解，故可取 $C=\pm e^{-C_1}$，0，则原方程的通解为

$$y = Ce^{\frac{y}{x}}.$$

## 三、一阶线性微分方程

形如

$$y' + P(x)y = Q(x) \tag{8-5}$$

的微分方程，称为**一阶线性微分方程**(first-order linear differential equation)，其中 $P(x)$，$Q(x)$ 都是 $x$ 的连续函数，$Q(x)$ 称为自由项(或非齐次项).

一阶线性微分方程的特点是方程中 $y$，$y'$ 都是一次的.

若 $Q(x)\equiv 0$，则方程(8-5) 变为

$$y' + P(x)y = 0, \tag{8-6}$$

方程(8-6) 称为**一阶齐次线性微分方程**(first-order homogeneous linear differential equation).

若 $Q(x)\not\equiv 0$，则方程(8-5) 称为**一阶非齐次线性微分方程**(first-order nonhomogeneous linear differential equation)，并称方程(8-6) 为对应于方程(8-5) 的齐次线性微分方程.

显然，一阶齐次线性微分方程(8-6) 是一个可分离变量的微分方程，将其分离变量，得

$$\frac{dy}{y} = -P(x)dx,$$

两边积分，得

$$\ln|y| = -\int P(x)dx + C_1,$$

化简，得方程(8-6) 的通解为

$$y = Ce^{-\int P(x)dx} \quad (C=\pm e^{C_1}).$$

现在来讨论一阶非齐次线性微分方程的解法.

一阶齐次线性微分方程(8-6) 是一阶非齐次线性微分方程(8-5) 的特殊情况，它们的解也应该有一定的联系，即方程(8-6) 的解应该是方程(8-5) 的特殊情况. 现在假设方程(8-5) 的解也具有方程(8-6) 的解的形式，但将常数 $C$ 换成 $x$ 的一个待定函数 $u(x)$. 设 $y=u(x)e^{-\int P(x)dx}$ 是方程(8-5) 的解，则

$$y' = u'(x)e^{-\int P(x)dx} - u(x)P(x)e^{-\int P(x)dx},$$

将 $y$ 及 $y'$ 代入方程(8-5)，得

$$u'(x)e^{-\int P(x)dx} - u(x)P(x)e^{-\int P(x)dx} + P(x)u(x)e^{-\int P(x)dx} = Q(x),$$

化简，得

$$u'(x)=Q(x)e^{\int P(x)dx},$$

于是

$$u(x)=\int Q(x)e^{\int P(x)dx}dx+C,$$

从而有

$$y=e^{-\int P(x)dx}\left[\int Q(x)e^{\int P(x)dx}dx+C\right], \tag{8-7}$$

将上式改写成两项之和,即

$$y=Ce^{-\int P(x)dx}+e^{-\int P(x)dx}\int Q(x)e^{\int P(x)dx}dx.$$

上式就是方程(8-5)的通解.

这种将常数变易为待定函数的方法,称为**常数变易法**.常数变易法是从特殊情况推演到一般情况的一种方法,在医学及其他领域都有广泛应用.

**例 8-6** 求微分方程 $y'-\frac{y}{x}=x^2$ 的通解.

**解** 先求对应的一阶齐次线性微分方程 $y'-\frac{y}{x}=0$ 的通解.分离变量,得

$$\frac{dy}{y}=\frac{1}{x}dx,$$

两边积分,得

$$\ln|y|=\ln|x|+C_1,$$

即

$$y=Cx \quad (C=\pm e^{C_1}),$$

再用常数变易法把 $C$ 换成 $x$ 的待定函数 $u(x)$,即

$$y=u(x)x,$$

则

$$y'=u(x)+xu'(x),$$

代入原方程,得

$$u(x)+xu'(x)-\frac{1}{x}u(x)x=x^2,$$

即

$$u'(x)=x,$$

两边积分,得

$$u(x)=\frac{1}{2}x^2+C,$$

于是原方程的通解为

$$y=\left(\frac{1}{2}x^2+C\right)x.$$

常数变易法是解非齐次线性微分方程的基本方法，要了解它的求解思想. 有时为了方便，也可以直接用一阶线性微分方程的通解公式来求，但此时注意，一定要先把微分方程化为标准形式 $y'+P(x)y=Q(x)$.

**例 8-7** 求微分方程 $y'+2xy=xe^{-x^2}$ 满足初值条件 $y|_{x=0}=1$ 的特解.

**解** 此方程是标准的一阶线性微分方程，其中 $P(x)=2x, Q(x)=xe^{-x^2}$，直接代入式(8-7)，得该方程的通解为

$$y=e^{-\int 2x\mathrm{d}x}\left(\int xe^{-x^2}e^{\int 2x\mathrm{d}x}\mathrm{d}x+C\right)=e^{-x^2}\left(\frac{1}{2}x^2+C\right),$$

把初值条件 $y|_{x=0}=1$ 代入上式，解得 $C=1$，故所求特解为

$$y=e^{-x^2}\left(\frac{1}{2}x^2+1\right).$$

**例 8-8** 一容器中盛有 400 L 盐水，其中含盐 25 kg，现以每分钟 16 L 的速率向容器内注入每升含有 1.5 kg 盐的盐水，并同时以每分钟 8 L 的速率从容器中排出盐水. 由于同时不断搅拌，假设容器中各部分盐水浓度始终保持均匀，求经过 $t$ min 后容器中盐水的含盐量.

**解** 设 $t$ min 后容器中盐水的含盐量为 $x$ kg，故 $x$ 是 $t$ 的函数，即 $x=x(t)$，在 $t$ 到 $t+\mathrm{d}t$ 这段时间间隔内，容器中盐水的含盐量从 $x$ 变到 $x+\mathrm{d}x$，即 $\mathrm{d}x$ 是含盐量的改变量. 由于每分钟注入 16 L 盐水，且每升盐水含盐 1.5 kg，故 $\mathrm{d}t$ 这段时间间隔内增加的含盐量为

$$1.5\cdot 16\mathrm{d}t=24\mathrm{d}t,$$

又由于同时以每分钟 8 L 的速率从容器中排出盐水，故在 $t$ 时刻，容器中盐水的总量为

$$400+16t-8t,$$

每升盐水中的含盐量为

$$\frac{x}{400+16t-8t},$$

因此 $\mathrm{d}t$ 这段时间间隔内容器中盐水减少的含盐量为

$$\frac{x}{400+16t-8t}\cdot 8\cdot \mathrm{d}t=\frac{8x}{400+8t}\mathrm{d}t,$$

于是有

$$\mathrm{d}x=24\mathrm{d}t-\frac{8x}{400+8t}\mathrm{d}t,$$

即

$$\frac{\mathrm{d}x}{\mathrm{d}t}+\frac{x}{50+t}=24,$$

这就是含盐量 $x(t)$ 应满足的微分方程，显然它是一阶非齐次线性微分方程，初值条件为 $x|_{t=0}=25$. 利用常数变易法或通解公式(8-7)，求出通解为

$$x=\frac{12t^2+1\,200t+C}{50+t},$$

由初值条件 $x|_{t=0}=25$，易得 $C=1\,250$，故 $t$ min 后容器中盐水的含盐量为

$$x=\frac{12t^2+1\,200t+1\,250}{50+t}.$$

**注**:例 8-8 中采用的方法称为微小量分析法,它类似于定积分中的微元法.

## *四、伯努利方程

形如

$$\frac{\mathrm{d}y}{\mathrm{d}x}+P(x)y=Q(x)y^n \tag{8-8}$$

的微分方程称为**伯努利**(Bernoulli) **方程**,其中 $n$ 为常数,且 $n\neq 0,1$. 伯努利方程是非线性微分方程,但可通过适当的变量代换,将其化为一阶线性微分方程.

将方程(8-8) 的两边乘 $y^{-n}$,得

$$y^{-n}\frac{\mathrm{d}y}{\mathrm{d}x}+P(x)y^{1-n}=Q(x). \tag{8-9}$$

容易看出,方程(8-9) 左边第一项与$\dfrac{\mathrm{d}(y^{1-n})}{\mathrm{d}x}$只相差一个常数因子 $1-n$,于是令

$$z=y^{1-n},$$

则

$$\frac{\mathrm{d}z}{\mathrm{d}x}=(1-n)y^{-n}\frac{\mathrm{d}y}{\mathrm{d}x}.$$

用$(1-n)$ 乘方程(8-9) 的两边,再通过上述代换便得线性微分方程

$$\frac{\mathrm{d}z}{\mathrm{d}x}+(1-n)P(x)z=(1-n)Q(x).$$

求出这个方程的通解后,以 $y^{1-n}$ 代换 $z$ 便得到伯努利方程的通解.

**例 8-9** 求微分方程$\dfrac{\mathrm{d}y}{\mathrm{d}x}+\dfrac{y}{x}=a\ln x\cdot y^2$ 的通解.

**解** 以 $y^{-2}$ 乘方程的两边,得

$$y^{-2}\frac{\mathrm{d}y}{\mathrm{d}x}+\frac{1}{x}y^{-1}=a\ln x,$$

即

$$-\frac{\mathrm{d}(y^{-1})}{\mathrm{d}x}+\frac{1}{x}y^{-1}=a\ln x.$$

令 $z=y^{-1}$,则上述方程变为

$$\frac{\mathrm{d}z}{\mathrm{d}x}-\frac{1}{x}z=-a\ln x.$$

这是一个线性方程,它的通解为

$$z=x\left[C-\frac{a}{2}(\ln x)^2\right],$$

以 $y^{-1}$ 代替 $z$,得所求方程的通解为

$$yx\left[C-\frac{a}{2}(\ln x)^2\right]=1.$$

## 思考与练习 8-2

1. 求下列可分离变量的微分方程的通解：

(1) $xy' - y\ln y = 0$；

(2) $3x^2 + 5x - 5y' = 0$；

(3) $\sqrt{1-x^2}\,y' = \sqrt{1-y^2}$；

(4) $y' - xy' = a(y^2 + y')$；

(5) $\dfrac{\mathrm{d}y}{\mathrm{d}x} = 10^{x+y}$；

(6) $xy' = 2y$；

(7) $(\mathrm{e}^{x+y} - \mathrm{e}^x)\mathrm{d}x + (\mathrm{e}^{x+y} + \mathrm{e}^y)\mathrm{d}y = 0$.

2. 求下列齐次微分方程的通解：

(1) $x\dfrac{\mathrm{d}y}{\mathrm{d}x} = y\ln\dfrac{y}{x}$；

(2) $(x^2 + y^2)\mathrm{d}x - xy\mathrm{d}y = 0$；

(3) $(x^3 + y^3)\mathrm{d}x - 3xy^2\mathrm{d}y = 0$.

3. 求下列一阶线性微分方程的通解：

(1) $\dfrac{\mathrm{d}y}{\mathrm{d}x} + y = \mathrm{e}^{-x}$；

(2) $y' + y\cos x = \mathrm{e}^{-\sin x}$；

(3) $(x^2 - 1)y' + 2xy - \cos x = 0$；

(4) $\dfrac{\mathrm{d}y}{\mathrm{d}x} + 2xy = 4x$；

(5) $(x-2)\dfrac{\mathrm{d}y}{\mathrm{d}x} = y + 2(x-2)^3$.

4. 求下列伯努利方程的通解：

(1) $\dfrac{\mathrm{d}y}{\mathrm{d}x} + y = y^2(\cos x - \sin x)$；

(2) $\dfrac{\mathrm{d}y}{\mathrm{d}x} - 3xy = xy^2$；

(3) $y' + \dfrac{1}{3}y = \dfrac{1}{3}(1-2x)y^4$；

(4) $y' - y = xy^5$.

5. 在化学动力学中，常用化学反应速率来描述系统的反应规律. 化学反应速率是指反应物浓度减少或生成物浓度增加的速率. 已知在初始时刻 $t = 0$ 时，反应物 A，B 和生成物 C 的浓度分别是 $a$，$b$ 和 $0(a \neq b)$. 反应 $\mathrm{A}+\mathrm{B} \longrightarrow \mathrm{C}$ 称为二级反应. 实验表明，在一定温度下，恒容反应的反应速率与各反应物的浓度的乘积成正比，试求 $t$ 时刻生成物 C 的浓度.

## 第三节 可降阶的二阶微分方程

二阶及二阶以上的微分方程统称为**高阶微分方程**(differential equation of higher order). 一般而言，求解高阶微分方程比较困难，但有些高阶微分方程可以通过变量代换将它化成较低阶的方程来求解，这种类型的方程称为可降阶的方程，相应的求解方法称为**降阶法**. 下面介绍三种容易降阶的二阶微分方程的求解方法.

## 一、$y''=f(x)$ 型微分方程

微分方程

$$y''=f(x)$$

的右边是仅含有自变量 $x$ 的函数,因此,只要通过连续两次积分就可以得到该微分方程的通解.

**例 8-10** 求微分方程 $y''=e^{2x}+\sin 3x$ 的通解.

**解** 先求一次积分,得

$$y'=\int(e^{2x}+\sin 3x)dx=\frac{1}{2}e^{2x}-\frac{1}{3}\cos 3x+C_1,$$

再求一次积分,得

$$y=\int\left(\frac{1}{2}e^{2x}-\frac{1}{3}\cos 3x+C_1\right)dx=\frac{1}{4}e^{2x}-\frac{1}{9}\sin 3x+C_1x+C_2,$$

即得原方程的通解.

**注**:可以用类似的方法求更高阶微分方程 $y^{(n)}=f(x)$ 的通解.

## 二、$y''=f(x,y')$ 型微分方程

微分方程

$$y''=f(x,y')$$

的右边不显含未知函数 $y$. 对于此类方程,可设 $y'=p$,则 $y''=\dfrac{dp}{dx}=p'$,即原方程变为

$$p'=f(x,p),$$

这是一个关于变量 $x,p$ 的一阶微分方程. 设其通解为

$$p=\varphi(x,C_1),$$

而 $p=y'$,因此

$$y'=\varphi(x,C_1),$$

对上式积分,便得到原方程的通解为

$$y=\int\varphi(x,C_1)dx+C_2.$$

**例 8-11** 求微分方程 $(1+x^2)y''=2xy'$ 的通解.

**解** 所给方程是 $y''=f(x,y')$ 型的,设 $y'=p$,代入原方程并分离变量,得

$$\frac{dp}{p}=\frac{2x}{1+x^2}dx,$$

两边积分,得

$$\ln|p|=\ln(1+x^2)+C,$$

即

$$p = y' = \pm e^{C}(1 + x^2),$$

两边再积分,便得原方程的通解为

$$y = C_1(3x + x^3) + C_2 \quad \left(C_1 = \pm \frac{e^C}{3}\right).$$

## 三、$y'' = f(y, y')$ 型微分方程

微分方程

$$y'' = f(y, y')$$

的右边不显含自变量 $x$. 对于此类方程,可设 $y' = p$,并把 $y$ 看成自变量,利用复合函数的求导法则,把 $y''$ 化成对 $y$ 的导数,即

$$y'' = \frac{dp}{dx} = \frac{dp}{dy}\frac{dy}{dx} = p\frac{dp}{dy},$$

代入原方程,得

$$p\frac{dp}{dy} = f(y, p),$$

这是一个关于变量 $y, p$ 的一阶微分方程. 设其通解为

$$y' = p = \varphi(y, C_1),$$

分离变量并积分,便得原方程的通解为

$$\int \frac{dy}{\varphi(y, C_1)} = x + C_2.$$

**例 8-12** 求微分方程 $yy'' - y'^2 = 0$ 的通解.

**解** 原方程显然是 $y'' = f(y, y')$ 型的,故可设 $y' = p$,则 $y'' = p\dfrac{dp}{dy}$,代入原方程,得

$$yp\frac{dp}{dy} = p^2,$$

在 $y \neq 0, p \neq 0$ 时,约去 $p$ 并分离变量,得

$$\frac{dp}{p} = \frac{dy}{y},$$

两边积分,得

$$\ln|p| = \ln|y| + C,$$

即

$$p = C_1 y \quad 或 \quad y' = C_1 y \quad (C_1 = \pm e^C),$$

再分离变量并两边积分,便得原方程的通解为

$$\ln|y| = C_1 x + C_2',$$

即

$$y = C_2 e^{C_1 x},$$

考虑到 $y = 0$ 也是原方程的解,故取 $C_2 = \pm e^{C_2'}, 0$.

## 思考与练习 8-3

1. 求下列微分方程的通解：

(1) $y'' = x + \sin x$；　　(2) $y''' = xe^x$；

(3) $y'' = \frac{1}{1+x^2}$；　　(4) $y'' = 1 + y'^2$；

(5) $y'' = y' + x$；　　(6) $xy'' + y' = 0$；

(7) $yy'' + 2y'^2 = 0$；　　(8) $y^3 y'' - 1 = 0$；

(9) $y'' = \frac{1}{\sqrt{y}}$；　　(10) $y'' = y'^3 + y'$.

2. 求下列微分方程满足所给初值条件的特解：

(1) $y^3 y'' + 1 = 0, y|_{x=1} = 1, y'|_{x=1} = 0$；

(2) $y''' = e^{ax}, y|_{x=1} = y'|_{x=1} = y''|_{x=1} = 0$；

(3) $y'' = 3\sqrt{y}, y|_{x=0} = 1, y'|_{x=0} = 2$；

(4) $y'' + y'^2 = 1, y|_{x=0} = 0, y'|_{x=0} = 0$.

3. 设函数 $f(x)$ 具有二阶连续导数，满足：

$$f'^2(x) = f(x) + \int_0^x [f'(t)]^3 \mathrm{d}t$$

且 $f'(0) = 1$，求 $f(x)$.

# 第四节　二阶常系数齐次线性微分方程

本节将讨论在实际问题中应用较多的高阶线性微分方程，主要讨论二阶线性微分方程，其相关结论可以推广到 $n(n > 2)$ 阶线性微分方程的情形.

形如

$$y'' + P(x)y' + Q(x)y = f(x) \tag{8-10}$$

的微分方程，称为**二阶线性微分方程**(second-order linear differential equation)，其中 $P(x), Q(x), f(x)$ 都是 $x$ 的函数. 若 $f(x) \equiv 0$，即

$$y'' + P(x)y' + Q(x)y = 0, \tag{8-11}$$

则称为**二阶齐次线性微分方程**(second-order homogeneous linear differential equation). 若 $f(x) \not\equiv 0$，式(8-10)称为**二阶非齐次线性微分方程**(second-order nonhomogeneous linear differential equation).

## 一、二阶齐次线性微分方程解的结构

**定理 8-1**(叠加原理)　**若函数** $y_1(x)$ **和** $y_2(x)$ **是微分方程**(8-11)**的两个解，则它们的线性组合**

$$y = C_1 y_1(x) + C_2 y_2(x) \tag{8-12}$$

**也是微分方程(8-11)的解,其中 $C_1$,$C_2$ 均为任意常数.**

**证** 因为函数 $y_1(x)$ 和 $y_2(x)$ 是微分方程(8-11)的两个解,所以有

$$y_1'' + P(x)y_1' + Q(x)y_1 = 0,$$
$$y_2'' + P(x)y_2' + Q(x)y_2 = 0,$$

将 $y = C_1 y_1(x) + C_2 y_2(x)$ 代入微分方程(8-11),得

$$\begin{aligned}&(C_1 y_1 + C_2 y_2)'' + P(x)(C_1 y_1 + C_2 y_2)' + Q(x)(C_1 y_1 + C_2 y_2)\\ &= C_1[y_1'' + P(x)y_1' + Q(x)y_1] + C_2[y_2'' + P(x)y_2' + Q(x)y_2]\\ &= C_1 \times 0 + C_2 \times 0 = 0,\end{aligned}$$

故式(8-12)是微分方程(8-11)的解.

由定理8-1知,只要函数 $y_1(x)$ 和 $y_2(x)$ 是微分方程(8-11)的两个特解,则式(8-12)就是微分方程(8-11)的解,但它是不是微分方程(8-11)的通解呢?**根据二阶微分方程的通解的定义,可知通解中必须含有两个独立的任意常数.**

若函数 $y_1(x)$ 和 $y_2(x)$ 之比为常数,即 $\dfrac{y_1(x)}{y_2(x)} = k$($k$ 为任意常数),则

$$y = C_1 y_1(x) + C_2 y_2(x) = C_1 k y_2(x) + C_2 y_2(x) = (C_1 k + C_2) y_2(x) = C y_2(x)$$

就变成只含有一个任意常数的解,因而这种情况下 $y = C_1 y_1(x) + C_2 y_2(x)$ 就不是微分方程(8-11)的通解.为了更好地说明这个问题,引入下面的重要概念.

**定义 8-7** 设 $y_1(x)$ 与 $y_2(x)$ 为定义在某区间上的两个函数,若存在常数 $k$,使得 $y_1(x) \equiv k y_2(x)$,则称函数 $y_1(x)$ 与 $y_2(x)$ **线性相关**;否则,称它们**线性无关**.

例如,函数 $x^2$ 与 $3x^2$ 线性相关,而函数 $\sin x$ 与 $\cos x$ 线性无关.

**定理 8-2 若函数 $y_1(x)$ 和 $y_2(x)$ 是微分方程(8-11)的两个线性无关的特解,则它们的线性组合**

$$y = C_1 y_1(x) + C_2 y_2(x)$$

**就是微分方程(8-11)的通解,其中 $C_1$,$C_2$ 均为任意常数.**

**注:**由定理8-2可以看出,以后求二阶齐次线性微分方程(8-11)的通解时,只要找出其两个线性无关的特解就可以了.

## 二、二阶常系数齐次线性微分方程解的结构

在式(8-11)中,令 $P(x) = p$,$Q(x) = q$,其中 $p$,$q$ 均为常数,则式(8-11)变成

$$y'' + py' + qy = 0. \tag{8-13}$$

式(8-13)称为**二阶常系数齐次线性微分方程**(second-order homogeneous linear differential equation with constant coefficients).

本节只讨论二阶常系数齐次线性微分方程(8-13)的通解问题.根据二阶齐次线性微分方程解的结构,对于微分方程(8-13),只需求出其两个线性无关的特解就可以写出它的通解.

微分方程(8-13)的特点是:未知函数 $y$ 与其一阶导数 $y'$、二阶导数 $y''$ 分别乘某些常数后,可以合并为0,即 $y$ 与 $y'$,$y''$ 只相差一个常数因子.那么什么函数具有这样的性质呢?由导数知识可知,指数函数 $y = \mathrm{e}^{\lambda x}$($\lambda$ 是常数)就具有这样的性质.因

此,不妨假设微分方程(8-13)有特解 $y=e^{\lambda x}$($\lambda$ 为待定常数),显然 $y'=\lambda e^{\lambda x}$,$y''=\lambda^2 e^{\lambda x}$,代入微分方程(8-13),得

$$e^{\lambda x}(\lambda^2+p\lambda+q)=0,$$

由于 $e^{\lambda x}\neq 0$,所以

$$\lambda^2+p\lambda+q=0. \tag{8-14}$$

由此可知,只要 $\lambda$ 满足方程(8-14),函数 $y=e^{\lambda x}$ 就是微分方程(8-13)的解.此时,把代数方程(8-14)称为微分方程(8-13)的**特征方程**,特征方程(8-14)的根称为**特征根**.于是,求二阶常系数齐次线性微分方程的通解问题就转化为求其特征方程的根的问题,而特征方程(8-14)是一个关于 $\lambda$ 的一元二次代数方程,它的根有三种情形,下面分别进行讨论.

(1) 当 $p^2-4q>0$ 时,特征方程(8-14)有两个不相等的实根 $\lambda_1$ 和 $\lambda_2$,即 $\lambda_1\neq\lambda_2$,此时微分方程(8-13)对应有两个特解 $y_1=e^{\lambda_1 x}$ 和 $y_2=e^{\lambda_2 x}$,又因为

$$\frac{e^{\lambda_1 x}}{e^{\lambda_2 x}}=e^{(\lambda_1-\lambda_2)x}\neq 常数,$$

所以 $y_1$ 和 $y_2$ 线性无关,根据定理 8-2 可知,微分方程(8-13)的通解为

$$y=C_1 e^{\lambda_1 x}+C_2 e^{\lambda_2 x}.$$

**例 8-13** 求微分方程 $y''+5y'-6y=0$ 的通解.

**解** 所给微分方程的特征方程为

$$\lambda^2+5\lambda-6=0,$$

求得它的两个特征根为 $\lambda_1=1,\lambda_2=-6$,于是原方程的通解为

$$y=C_1 e^x+C_2 e^{-6x}.$$

(2) 当 $p^2-4q=0$ 时,特征方程(8-14)有两个相等的实根 $\lambda_1=\lambda_2=\lambda$,此时只得到微分方程(8-13)的一个特解 $y_1=e^{\lambda x}$,还需找一个与 $y_1$ 线性无关的特解 $y_2$,因此,不妨设 $\frac{y_2}{y_1}=u(x)$(不是常数),其中 $u(x)$ 为待定函数,假设 $y_2$ 是微分方程(8-13)的解,则

$$y_2=u(x)y_1=u(x)e^{\lambda x},\quad y_2'=e^{\lambda x}(u'+\lambda u),\quad y_2''=e^{\lambda x}(u''+2\lambda u'+\lambda^2 u),$$

将 $y_2,y_2',y_2''$ 代入微分方程(8-13),得

$$e^{\lambda x}[(u''+2\lambda u'+\lambda^2 u)+p(u'+\lambda u)+qu]=0,$$

因为 $e^{\lambda x}\neq 0$,所以

$$(u''+2\lambda u'+\lambda^2 u)+p(u'+\lambda u)+qu=0,$$

整理,得

$$u''+(2\lambda+p)u'+(\lambda^2+p\lambda+q)u=0,$$

因为 $\lambda$ 是特征方程(8-14)的重根,所以

$$\lambda^2+p\lambda+q=0,\quad 2\lambda+p=0,$$

于是 $u''=0$,解得 $u=Ax+B$,$u$ 只要满足不是常数即可,不妨取 $u=x$,便得 $y_2=xe^{\lambda x}$ 是微分方程(8-13)的一个与 $y_1=e^{\lambda x}$ 线性无关的特解,所以微分方程(8-13)的

通解为

$$y = C_1 y_1 + C_2 y_2 = (C_1 + C_2 x)e^{\lambda x}.$$

**例 8-14**　求微分方程 $y'' + 6y' + 9y = 0$ 的通解.

**解**　所给微分方程的特征方程为

$$\lambda^2 + 6\lambda + 9 = 0,$$

求得它的两个特征根为 $\lambda_1 = \lambda_2 = -3$，于是原方程的通解为

$$y = (C_1 + C_2 x)e^{-3x}.$$

(3) 当 $p^2 - 4q < 0$ 时，特征方程(8-14) 有一对共轭复根 $\lambda_{1,2} = \alpha \pm \beta i (\beta \neq 0)$，此时由于 $\dfrac{y_1}{y_2} = \dfrac{e^{\lambda_1 x}}{e^{\lambda_2 x}} = \dfrac{e^{(\alpha+\beta i)x}}{e^{(\alpha-\beta i)x}} = e^{2\beta i x}$ 不是常数，即 $y_1$ 与 $y_2$ 线性无关，因此可得微分方程(8-13) 的复值函数形式的通解为

$$y = C_1 e^{(\alpha+\beta i)x} + C_2 e^{(\alpha-\beta i)x}.$$

但在实际问题中，为了便于应用，常采用实值函数形式的解，因此，利用欧拉(Euler) 公式 $e^{ix} = \cos x + i\sin x$ 进行如下变换：

$$y_1 = e^{(\alpha+\beta i)x} = e^{\alpha x + \beta i x} = e^{\alpha x}(\cos \beta x + i\sin \beta x),$$
$$y_2 = e^{(\alpha-\beta i)x} = e^{\alpha x - \beta i x} = e^{\alpha x}(\cos \beta x - i\sin \beta x),$$

由定理 8-1 知，函数

$$\overline{y}_1 = \frac{1}{2}(y_1 + y_2) = e^{\alpha x}\cos \beta x,$$

$$\overline{y}_2 = \frac{1}{2i}(y_1 - y_2) = e^{\alpha x}\sin \beta x$$

也是微分方程(8-13) 的解，且 $\overline{y}_1, \overline{y}_2$ 线性无关，则微分方程(8-13) 的实值函数形式的通解为

$$y = e^{\alpha x}(C_1 \cos \beta x + C_2 \sin \beta x).$$

**例 8-15**　求微分方程 $y'' + 4y' + 5y = 0$ 的通解.

**解**　所给微分方程的特征方程为

$$\lambda^2 + 4\lambda + 5 = 0,$$

求得一对共轭复根为 $\lambda_{1,2} = -2 \pm i$，于是原方程的通解为

$$y = e^{-2x}(C_1 \cos x + C_2 \sin x).$$

综合以上讨论，可以给出求二阶常系数齐次线性微分方程(8-13) 通解的步骤如下：

(1) 写出微分方程(8-13) 的特征方程(8-14)；

(2) 求出特征方程(8-14) 的特征根；

(3) 根据特征根的三种情形，按照表 8-1，对应地写出微分方程(8-13) 的通解.

表 8-1

| 特征方程 $\lambda^2+p\lambda+q=0$ 的根 | 微分方程 $y''+py'+qy=0$ 的通解 |
|---|---|
| 两个不等的实根 $\lambda_1\neq\lambda_2$ | $y=C_1e^{\lambda_1x}+C_2e^{\lambda_2x}$ |
| 两个相等的实根 $\lambda_1=\lambda_2=\lambda$ | $y=(C_1+C_2x)e^{\lambda x}$ |
| 一对共轭复根 $\lambda_{1,2}=\alpha\pm\beta i$ | $y=e^{\alpha x}(C_1\cos\beta x+C_2\sin\beta x)$ |

### 思考与练习 8-4

1. 求下列微分方程的通解：

(1) $y''+y'-2y=0$；

(2) $y''-4y'=0$；

(3) $y''+y=0$；

(4) $y''+6y'+13=0$；

(5) $4\dfrac{d^2y}{dt^2}-20\dfrac{dy}{dt}+25y=0$；

(6) $y''-4y'+5y=0$.

2. 求下列微分方程满足所给初值条件的特解：

(1) $y''-4y'+3y=0,y|_{x=0}=6,y'|_{x=0}=10$；

(2) $4y''+4y'+y=0,y|_{x=0}=2,y'|_{x=0}=0$；

(3) $y''-3y'-4y=0,y|_{x=0}=0,y'|_{x=0}=-5$；

(4) $y''+4y'+29y=0,y|_{x=0}=0,y'|_{x=0}=15$；

(5) $y''+25y=0,y|_{x=0}=2,y'|_{x=0}=5$.

## 第五节 微分方程在医药学中的应用

微分方程在医药学中的应用十分广泛，它是建立医药学模型的重要方法之一，下面通过具体例子介绍微分方程在医药学中的应用.

### 一、肿瘤生长的指数模型

在这个数学模型中，要研究的问题是肿瘤生长的体积与时间的关系. 以 $V(t)$ 表示在某一时刻 $t$ 肿瘤的体积，为了建立模型，可假设肿瘤在某时刻的生长率与该时刻肿瘤的体积成正比，即

$$\frac{dV}{dt}=kV,$$

其中 $k$ 是速率常数. 假设当 $t=0$ 时肿瘤的体积为 $V_0$，则初始条件为 $V(0)=V_0$. 解上述方程，得

$$V=V_0e^{kt},\quad t>0.$$

对于一名肿瘤患者，可采用两次拍片的方法测定其速率常数 $k$ 的值. 假设第一次拍片时，测得片上的肿瘤直径为 $d_1$，经过 $T$ 天后，第二次拍片，测得片上的肿瘤直

径为 $d_2$，设两次拍片的时刻分别是 $t_1$ 和 $t_2$，肿瘤的体积分别为 $V_1$ 和 $V_2$，则 $T=t_2-t_1$，由 $V=V_0e^{kt}$ 得

$$V_1=V_0e^{kt_1},\quad V_2=V_0e^{kt_2}.$$

于是

$$\frac{V_2}{V_1}=V_0e^{kt_2-kt_1}=e^{kT},$$

解得

$$k=\frac{1}{T}\ln\frac{V_2}{V_1}.$$

假设两次拍片时患者的肿瘤形状是相似的，因此它们的体积之比等于直径的立方之比，于是

$$k=\frac{1}{T}\ln\frac{d_2^3}{d_1^3}=\frac{3}{T}(\ln d_2-\ln d_1).$$

当肿瘤的体积增加一倍时，其所需的时间称为倍增时间，常记为 $t_d$，由此可得

$$V_0e^{k(t+t_d)}=2V_0e^{kt},$$

即

$$t_d=\frac{\ln 2}{k}=\frac{T\ln 2}{3(\ln d_2-\ln d_1)}.$$

因此，在肿瘤生长的指数模型中，倍增时间是与时刻 $t$ 无关的一个常量；反之，若测得某肿瘤有恒定的倍增时间，则意味着该肿瘤的生长符合上述指数模型.

## 二、刺激-反应模型

**韦伯-费希纳**(Weber-Fechner)**定律**　在心理学中，刺激-反应模型断言，反应 $R$ 关于刺激 $S(S>0)$ 的变化率 $\frac{dR}{dS}$ 是与刺激强度成反比的，即

$$\frac{dR}{dS}=\frac{k}{S},$$

其中，$k$ 是某个正常数. 对上式分离变量，得

$$dR=\frac{k}{S}dS,$$

两边积分，得

$$R=k\ln S+C.$$

现在假设 $S_0$ 是可以持续察觉到的刺激的最低水平，这是阈值或检查阈. 例如，在非常安静的条件下能够持续察觉到的声音的最低水平是放在 7.696 m 远处的钟表发出的滴答声. 如果 $S_0$ 是能够觉察到的声音的最低水平，那么对它的反应是 0 的假设似乎是合理的，即有 $R(S_0)=0$. 把这个条件代入 $R=k\ln S+C$，得

$$0=k\ln S_0+C\Rightarrow C=-k\ln S_0,$$

则

$$R=k\ln S-k\ln S_0=k\ln\frac{S}{S_0}. \tag{8-15}$$

方程(8-15)说明,当刺激增大时,反应也增大.再对方程(8-15)两边求导,得

$$\frac{\mathrm{d}R}{\mathrm{d}S}=\frac{k}{S}. \tag{8-16}$$

方程(8-16)说明,当受到的刺激较大时,变化率$\frac{\mathrm{d}R}{\mathrm{d}S}$变小,即当受到的刺激较大时,反应的变化较小.例如,在仅有一只功率为 50 W 灯泡的室内,若灯泡的功率突然变成了 100 W,人可能会很强地意识到它们的差别,即反应是强烈的.若此后灯泡的功率又变成了 150 W,人的反应就不像它从 50 W 变到 100 W 那样强烈,灯泡的功率再从 150 W 变到 200 W 将会引起更小的反应,如此等等.

## 三、传染病模型

由于人们不能做传染病传播的试验以获取数据,所以通常主要依据机理分析的方法建立模型.下面仅对最简单的无移除传染病模型进行简要介绍.

模型假设:

(1) 在疾病传播期内被考察地区的总人数 $N$ 不变,不妨设开始时只有一个感染者,且感染者不因死亡、痊愈或隔离而移除;

(2) 该疾病通过考察地区的人与人之间的接触而传播,接触机会均等,设感染者的增加率与当时的易感染人数(健康)和已感染人数(病人)的乘积成正比,比例系数为 $\alpha(\alpha>0)$.

设在时刻 $t$ 被考察地区的人群中易感染人数和已感染人数分别为 $S(t)$ 和 $I(t)$,根据上面的假设,可得该问题的数学模型为

$$\begin{cases}\frac{\mathrm{d}I}{\mathrm{d}t}=\alpha S(t)I(t),\\ I(0)=1.\end{cases}$$

因为

$$S(t)+I(t)=N,$$

所以

$$\begin{cases}\frac{\mathrm{d}I}{\mathrm{d}t}=\alpha I(t)[N-I(t)],\\ I(0)=1,\end{cases}$$

用分离变量法,得上述微分方程的通解为

$$\frac{1}{N}\ln\frac{I}{N-I}=\alpha t+C, \tag{8-17}$$

把 $I(0)=1$ 代入方程(8-17),得

$$C=\frac{1}{N}\ln\frac{1}{N-1},$$

整理得

$$I=\frac{N\mathrm{e}^{\alpha Nt}}{N-1+\mathrm{e}^{\alpha Nt}}.$$

## 四、红细胞沉降模型

在血液中，红细胞的比重大约是1.06，血浆的比重大约是1.03，因此，把血液静置于容器中，在重力作用下，红细胞在血液悬浮液中缓慢地沉降，其沉降速率称为红细胞沉降率(ESR)，简称血沉. 设红细胞的质量为 $m$，同体积的血浆的质量为 $m_0$，令 $v$ 表示红细胞向下沉降的速率，按照牛顿第二定律，有

$$m\frac{\mathrm{d}v}{\mathrm{d}t}=mg-m_0g-f. \tag{8-18}$$

方程(8-18)左边是红细胞的质量 $m$ 与其加速度 $\frac{\mathrm{d}v}{\mathrm{d}t}$ 之积，应等于在竖直方向上作用于该细胞的各力的代数和. 其中，$mg$ 是细胞受到的重力；$-m_0g$ 是血浆阻碍细胞下沉的浮力；而 $f$ 是血浆对细胞的阻力，方向向上，故前面要带负号. 从而有

$$\frac{\mathrm{d}v}{\mathrm{d}t}=\frac{m-m_0}{m}g-\frac{f}{m}. \tag{8-19}$$

按照流体力学理论，黏性力 $f$ 与运动速率 $v$ 成正比，设比例系数为 $\lambda$，即 $f=\lambda v$. 而 $m$，$m_0$ 和 $g$ 都是常数，因此方程(8-19)又可以改写成如下形式：

$$\frac{\mathrm{d}v}{\mathrm{d}t}=G-Kv,$$

其中，$G=\frac{m-m_0}{m}g$，$K=\frac{\lambda}{m}$. 这显然是一个关于未知函数 $v$ 的一阶线性微分方程，具体求解过程这里略去.

## 思考与练习 8-5

1. 静脉输入葡萄糖是一种重要的医疗技术. 为了研究这一过程，设 $G(t)$ 是 $t$ 时刻血液中的葡萄糖含量，且设葡萄糖以每分钟 $k$ g 的固定速率输入到血液中. 同时，血液中的葡萄糖还会转化成其他物质或转移到其他地方，其速率与血液中的葡萄糖含量成正比.

(1) 写出描述这一情形的微分方程；

(2) 解该方程；

(3) 确定血液中葡萄糖的平衡含量.

2. 恶性肿瘤是目前威胁人类生命健康的主要杀手，为了定量地研究肿瘤的生长规律，希望建立一个肿瘤生长的数学模型. 通过临床观察，研究人员发现肿瘤细胞的生长有下列规律：

(1) 按照现有手段，肿瘤细胞数目超过 $10^{11}$ 时，临床才可能观察到；

(2) 在肿瘤生长初期，每经过一段时间，肿瘤细胞数目就增加一倍.

根据上面的观察结果，试建立一个数学模型来描述恶性肿瘤的生长规律.

# 习 题 八

1. 填空题：

(1) $x^2y''' + 2xy'^3 + x^3y = x + 1$ 是________阶微分方程；

(2) 一阶线性微分方程 $y' + P(x)y = Q(x)$ 的通解为________；

(3) 与积分方程 $y = \int_{x_0}^{x} f(x,y)\mathrm{d}x$ 等价的微分方程的初值问题为________.

2. 求下列微分方程的通解：

(1) $xy' + y = 2\sqrt{xy}$；

(2) $xy'\ln x + y = ax(\ln x + 1)$；

(3) $\dfrac{\mathrm{d}y}{\mathrm{d}x} = \dfrac{y}{2(\ln y - x)}$；

(4) $y'' + y'^2 + 1 = 0$；

(5) $yy'' - y' - 1 = 0$.

3. 求下列微分方程满足所给初值条件的特解：

(1) $y'' - ay' = 0, y|_{x=0} = 0, y'|_{x=0} = -1$；

(2) $2y'' - \sin 2y = 0, y|_{x=0} = \dfrac{\pi}{2}, y'|_{x=0} = -1$；

(3) $y^3\mathrm{d}x + (x^3 - xy^2)\mathrm{d}y = 0, y|_{x=1} = 1$；

(4) $y'' - 4y' + 13y = 0, y|_{x=0} = 0, y'|_{x=0} = 3$.

4. 设可导函数 $\varphi(x)$ 满足

$$\varphi(x)\cos x + 2\int_0^x \varphi(x)\sin t\mathrm{d}t = x + 1,$$

求 $\varphi(x)$.

5. 已知霍乱弧菌的繁殖速率与其数量成正比. 设开始时霍乱弧菌的数量为 200 个，其倍增时间 $t_d = 30$ min，求 4 h 后霍乱弧菌的数量.

6. 放射性元素铀由于不断地有原子放射出微粒而变成其他元素，铀的含量就不断减少，这种现象叫作衰变. 由原子物理学的知识可知，铀的衰变速度与当时未衰变的铀原子的含量 $M$ 成正比. 已知 $t = 0$ 时铀的含量为 $M_0$，求在衰变过程中铀含量 $M(t)$ 随时间 $t$ 变化的规律.

第八章教学课件

# 附录 1　希腊字母表

| 序号 | 大写 | 小写 | 英文注音 | 中文读音 |
|---|---|---|---|---|
| 1 | $A$ | $\alpha$ | alpha | 阿尔法 |
| 2 | $B$ | $\beta$ | beta | 贝塔 |
| 3 | $\Gamma$ | $\gamma$ | gamma | 伽马 |
| 4 | $\Delta$ | $\delta$ | delta | 德耳塔 |
| 5 | $E$ | $\varepsilon$ | epsilon | 艾普西隆 |
| 6 | $Z$ | $\zeta$ | zeta | 截塔 |
| 7 | $H$ | $\eta$ | eta | 艾塔 |
| 8 | $\Theta$ | $\theta,\vartheta$ | thetə | 西塔 |
| 9 | $I$ | $\iota$ | iotə | 约塔 |
| 10 | $K$ | $\kappa$ | kappa | 卡帕 |
| 11 | $\Lambda$ | $\lambda$ | lambda | 兰布达 |
| 12 | $M$ | $\mu$ | mu | 米尤 |
| 13 | $N$ | $\nu$ | nu | 纽 |
| 14 | $\Xi$ | $\xi$ | xi | 克西 |
| 15 | $O$ | $o$ | omicron | 奥密克戎 |
| 16 | $\Pi$ | $\pi$ | pi | 派 |
| 17 | $P$ | $\rho$ | rho | 洛 |
| 18 | $\Sigma$ | $\sigma$ | sigma | 西格马 |
| 19 | $T$ | $\tau$ | tau | 陶 |
| 20 | $\Upsilon$ | $\upsilon$ | upsilon | 宇普西隆 |
| 21 | $\Phi$ | $\varphi,\varphi$ | phi | 斐 |
| 22 | $X$ | $\chi$ | chi | 喜 |
| 23 | $\Psi$ | $\psi$ | psi | 普西 |
| 24 | $\Omega$ | $\omega$ | omega | 欧米伽 |

# 附录 2　常用三角函数公式

## 一、同角三角函数的关系

1. $\sin^2\alpha+\cos^2\alpha=1$.

2. $\tan\alpha=\dfrac{\sin\alpha}{\cos\alpha}$.

3. $\cot\alpha=\dfrac{\cos\alpha}{\sin\alpha}$.

4. $\tan\alpha\cot\alpha=1$.

5. $\sec\alpha=\dfrac{1}{\cos\alpha}$.

6. $\csc\alpha=\dfrac{1}{\sin\alpha}$.

7. $\sec^2\alpha=1+\tan^2\alpha$.

8. $\csc^2\alpha=1+\cot^2\alpha$.

## 二、和差角公式

9. $\sin(\alpha\pm\beta)=\sin\alpha\cos\beta\pm\cos\alpha\sin\beta$.

10. $\cos(\alpha\pm\beta)=\cos\alpha\cos\beta\mp\sin\alpha\sin\beta$.

11. $\tan(\alpha\pm\beta)=\dfrac{\tan\alpha\pm\tan\beta}{1\mp\tan\alpha\cdot\tan\beta}$.

## 三、倍角公式

12. $\sin 2\alpha=2\sin\alpha\cos\alpha=\dfrac{2\tan\alpha}{1+\tan^2\alpha}$.

13. $\cos 2\alpha=2\cos^2\alpha-1=1-2\sin^2\alpha=\cos^2\alpha-\sin^2\alpha=\dfrac{1-\tan^2\alpha}{1+\tan^2\alpha}$.

14. $\tan 2\alpha=\dfrac{2\tan\alpha}{1-\tan^2\alpha}$.

## 四、半角公式

15. $\sin\dfrac{\alpha}{2}=\pm\sqrt{\dfrac{1-\cos\alpha}{2}}$.

16. $\cos\frac{\alpha}{2}=\pm\sqrt{\frac{1+\cos\alpha}{2}}$.

17. $\tan\frac{\alpha}{2}=\pm\sqrt{\frac{1-\cos\alpha}{1+\cos\alpha}}=\frac{1-\cos\alpha}{\sin\alpha}=\frac{\sin\alpha}{1+\cos\alpha}$.

## 五、和差化积公式

18. $\sin\alpha+\sin\beta=2\sin\frac{\alpha+\beta}{2}\cos\frac{\alpha-\beta}{2}$.

19. $\sin\alpha-\sin\beta=2\cos\frac{\alpha+\beta}{2}\sin\frac{\alpha-\beta}{2}$.

20. $\cos\alpha+\cos\beta=2\cos\frac{\alpha+\beta}{2}\cos\frac{\alpha-\beta}{2}$.

21. $\cos\alpha-\cos\beta=-2\sin\frac{\alpha+\beta}{2}\sin\frac{\alpha-\beta}{2}$.

## 六、积化和差公式

22. $\sin\alpha\cos\beta=\frac{1}{2}[\sin(\alpha+\beta)+\sin(\alpha-\beta)]$.

23. $\cos\alpha\sin\beta=\frac{1}{2}[\sin(\alpha+\beta)-\sin(\alpha-\beta)]$.

24. $\cos\alpha\cos\beta=\frac{1}{2}[\cos(\alpha+\beta)+\cos(\alpha-\beta)]$.

25. $\sin\alpha\sin\beta=-\frac{1}{2}[\cos(\alpha+\beta)-\cos(\alpha-\beta)]$.

# 附录3 简明积分表

## 一、含有 $ax+b$ 的积分

1. $\int \frac{dx}{ax+b}=\frac{1}{a}\ln|ax+b|+C.$

2. $\int (ax+b)^{\mu}dx=\frac{1}{a(\mu+1)}(ax+b)^{\mu+1}+C(\mu\neq -1).$

3. $\int \frac{x}{ax+b}dx=\frac{1}{a^2}(ax+b-b\ln|ax+b|)+C.$

4. $\int \frac{x^2}{ax+b}dx=\frac{1}{a^3}\left[\frac{1}{2}(ax+b)^2-2b(ax+b)+b^2\ln|ax+b|\right]+C.$

5. $\int \frac{dx}{x(ax+b)}=-\frac{1}{b}\ln\left|\frac{ax+b}{x}\right|+C.$

6. $\int \frac{dx}{x^2(ax+b)}=-\frac{1}{bx}+\frac{a}{b^2}\ln\left|\frac{ax+b}{x}\right|+C.$

7. $\int \frac{x}{(ax+b)^2}dx=\frac{1}{a^2}\left(\ln|ax+b|+\frac{b}{ax+b}\right)+C.$

8. $\int \frac{x^2}{(ax+b)^2}dx=\frac{1}{a^3}\left(ax+b-2b\ln|ax+b|-\frac{b^2}{ax+b}\right)+C.$

9. $\int \frac{dx}{x(ax+b)^2}=\frac{1}{b(ax+b)}-\frac{1}{b^2}\ln\left|\frac{ax+b}{x}\right|+C.$

## 二、含有 $\sqrt{ax+b}$ 的积分

10. $\int \sqrt{ax+b}\,dx=\frac{2}{3a}\sqrt{(ax+b)^3}+C.$

11. $\int x\sqrt{ax+b}\,dx=\frac{2}{15a^2}(3ax-2b)\sqrt{(ax+b)^3}+C.$

12. $\int x^2\sqrt{ax+b}\,dx=\frac{2}{105a^3}(15a^2x^2-12abx+8b^2)\sqrt{(ax+b)^3}+C.$

13. $\int \frac{x}{\sqrt{ax+b}}dx=\frac{2}{3a^2}(ax-2b)\sqrt{ax+b}+C.$

14. $\int \frac{x^2}{\sqrt{ax+b}}dx=\frac{2}{15a^3}(3a^2x^2-4abx+8b^2)\sqrt{ax+b}+C.$

15. $\int \frac{\mathrm{d}x}{x\sqrt{ax+b}} = \begin{cases} \frac{1}{\sqrt{b}}\ln\left|\frac{\sqrt{ax+b}-\sqrt{b}}{\sqrt{ax+b}+\sqrt{b}}\right| + C & (b>0), \\ \frac{2}{\sqrt{-b}}\arctan\sqrt{\frac{ax+b}{-b}} + C & (b<0). \end{cases}$

16. $\int \frac{\mathrm{d}x}{x^2\sqrt{ax+b}} = -\frac{\sqrt{ax+b}}{bx} - \frac{a}{2b}\int \frac{\mathrm{d}x}{x\sqrt{ax+b}}.$

17. $\int \frac{\sqrt{ax+b}}{x}\mathrm{d}x = 2\sqrt{ax+b} + b\int \frac{\mathrm{d}x}{x\sqrt{ax+b}}.$

18. $\int \frac{\sqrt{ax+b}}{x^2}\mathrm{d}x = -\frac{\sqrt{ax+b}}{x} + \frac{a}{2}\int \frac{\mathrm{d}x}{x\sqrt{ax+b}}.$

## 三、含有 $x^2 \pm a^2$ 的积分

19. $\int \frac{\mathrm{d}x}{x^2+a^2} = \frac{1}{a}\arctan\frac{x}{a} + C.$

20. $\int \frac{\mathrm{d}x}{(x^2+a^2)^n} = \frac{x}{2(n-1)a^2(x^2+a^2)^{n-1}} + \frac{2n-3}{2(n-1)a^2}\int \frac{\mathrm{d}x}{(x^2+a^2)^{n-1}}.$

21. $\int \frac{\mathrm{d}x}{x^2-a^2} = \frac{1}{2a}\ln\left|\frac{x-a}{x+a}\right| + C.$

## 四、含有 $ax^2+b(a>0)$ 的积分

22. $\int \frac{\mathrm{d}x}{ax^2+b} = \begin{cases} \frac{1}{\sqrt{ab}}\arctan\sqrt{\frac{a}{b}}x + C & (b>0), \\ \frac{1}{2\sqrt{-ab}}\ln\left|\frac{\sqrt{a}x-\sqrt{-b}}{\sqrt{a}x+\sqrt{-b}}\right| + C & (b<0). \end{cases}$

23. $\int \frac{x}{ax^2+b}\mathrm{d}x = \frac{1}{2a}\ln|ax^2+b| + C.$

24. $\int \frac{x^2}{ax^2+b}\mathrm{d}x = \frac{x}{a} - \frac{b}{a}\int \frac{\mathrm{d}x}{ax^2+b}.$

25. $\int \frac{\mathrm{d}x}{x(ax^2+b)} = \frac{1}{2b}\ln\frac{x^2}{|ax^2+b|} + C.$

26. $\int \frac{\mathrm{d}x}{x^2(ax^2+b)} = -\frac{1}{bx} - \frac{a}{b}\int \frac{1}{ax^2+b}\mathrm{d}x.$

27. $\int \frac{\mathrm{d}x}{x^3(ax^2+b)} = \frac{a}{2b^2}\ln\frac{|ax^2+b|}{x^2} - \frac{1}{2bx^2} + C.$

28. $\int \frac{\mathrm{d}x}{(ax^2+b)^2} = \frac{x}{2b(ax^2+b)} + \frac{1}{2b}\int \frac{1}{ax^2+b}\mathrm{d}x.$

## 五、含有 $ax^2+bx+c(a>0)$ 的积分

29. $\int \frac{\mathrm{d}x}{ax^2+bx+c} = \begin{cases} \frac{2}{\sqrt{4ac-b^2}}\arctan\frac{2ax+b}{\sqrt{4ac-b^2}}+C & (b^2<4ac), \\ \frac{1}{\sqrt{b^2-4ac}}\ln\left|\frac{2ax+b-\sqrt{b^2-4ac}}{2ax+b+\sqrt{b^2-4ac}}\right|+C & (b^2>4ac). \end{cases}$

30. $\int \frac{x}{ax^2+bx+c}\mathrm{d}x = \frac{1}{2a}\ln|ax^2+bx+c| - \frac{b}{2a}\int\frac{\mathrm{d}x}{ax^2+bx+c}.$

## 六、含有 $\sqrt{x^2+a^2}(a>0)$ 的积分

31. $\int \frac{\mathrm{d}x}{\sqrt{x^2+a^2}} = \operatorname{arsh}\frac{x}{a}+C_1 = \ln(x+\sqrt{x^2+a^2})+C.$

32. $\int \frac{\mathrm{d}x}{\sqrt{(x^2+a^2)^3}} = \frac{x}{a^2\sqrt{x^2+a^2}}+C.$

33. $\int \frac{x}{\sqrt{x^2+a^2}}\mathrm{d}x = \sqrt{x^2+a^2}+C.$

34. $\int \frac{x}{\sqrt{(x^2+a^2)^3}}\mathrm{d}x = -\frac{1}{\sqrt{x^2+a^2}}+C.$

35. $\int \frac{x^2}{\sqrt{x^2+a^2}}\mathrm{d}x = \frac{x}{2}\sqrt{x^2+a^2}-\frac{a^2}{2}\ln(x+\sqrt{x^2+a^2})+C.$

36. $\int \frac{x^2}{\sqrt{(x^2+a^2)^3}}\mathrm{d}x = -\frac{x}{\sqrt{x^2+a^2}}+\ln(x+\sqrt{x^2+a^2})+C.$

37. $\int \frac{\mathrm{d}x}{x\sqrt{x^2+a^2}} = \frac{1}{a}\ln\frac{\sqrt{x^2+a^2}-a}{|x|}+C.$

38. $\int \frac{\mathrm{d}x}{x^2\sqrt{x^2+a^2}} = -\frac{\sqrt{x^2+a^2}}{a^2x}+C.$

39. $\int \sqrt{x^2+a^2}\,\mathrm{d}x = \frac{x}{2}\sqrt{x^2+a^2}+\frac{a^2}{2}\ln(x+\sqrt{x^2+a^2})+C.$

40. $\int \sqrt{(x^2+a^2)^3}\,\mathrm{d}x = \frac{x}{8}(2x^2+5a^2)\sqrt{x^2+a^2}+\frac{3}{8}a^4\ln(x+\sqrt{x^2+a^2})+C.$

41. $\int x\sqrt{x^2+a^2}\,\mathrm{d}x = \frac{1}{3}\sqrt{(x^2+a^2)^3}+C.$

42. $\int x^2\sqrt{x^2+a^2}\,\mathrm{d}x = \frac{x}{8}(2x^2+a^2)\sqrt{x^2+a^2}-\frac{a^4}{8}\ln(x+\sqrt{x^2+a^2})+C.$

43. $\int \frac{\sqrt{x^2+a^2}}{x}\mathrm{d}x = \sqrt{x^2+a^2}+a\ln\frac{\sqrt{x^2+a^2}-a}{|x|}+C.$

44. $\int \frac{\sqrt{x^2+a^2}}{x^2}\mathrm{d}x = -\frac{\sqrt{x^2+a^2}}{x}+\ln(x+\sqrt{x^2+a^2})+C.$

## 七、含有 $\sqrt{x^2-a^2}$ $(a>0)$ 的积分

45. $\int \frac{dx}{\sqrt{x^2-a^2}} = \frac{x}{|x|}\text{arch}\frac{|x|}{a} + C_1 = \ln|x+\sqrt{x^2-a^2}| + C.$

46. $\int \frac{dx}{\sqrt{(x^2-a^2)^3}} = -\frac{x}{a^2\sqrt{x^2-a^2}} + C.$

47. $\int \frac{x}{\sqrt{x^2-a^2}}dx = \sqrt{x^2-a^2} + C.$

48. $\int \frac{x}{\sqrt{(x^2-a^2)^3}}dx = -\frac{1}{\sqrt{x^2-a^2}} + C.$

49. $\int \frac{x^2}{\sqrt{x^2-a^2}}dx = \frac{x}{2}\sqrt{x^2-a^2} + \frac{a^2}{2}\ln|x+\sqrt{x^2-a^2}| + C.$

50. $\int \frac{x^2}{\sqrt{(x^2-a^2)^3}}dx = -\frac{x}{\sqrt{x^2-a^2}} + \ln|x+\sqrt{x^2-a^2}| + C.$

51. $\int \frac{dx}{x\sqrt{x^2-a^2}} = \frac{1}{a}\arccos\frac{a}{|x|} + C.$

52. $\int \frac{dx}{x^2\sqrt{x^2-a^2}} = \frac{\sqrt{x^2-a^2}}{a^2x} + C.$

53. $\int \sqrt{x^2-a^2}\,dx = \frac{x}{2}\sqrt{x^2-a^2} - \frac{a^2}{2}\ln|x+\sqrt{x^2-a^2}| + C.$

54. $\int \sqrt{(x^2-a^2)^3}\,dx = \frac{x}{8}(2x^2-5a^2)\sqrt{x^2-a^2} + \frac{3}{8}a^4\ln|x+\sqrt{x^2-a^2}| + C.$

55. $\int x\sqrt{x^2-a^2}\,dx = \frac{1}{3}\sqrt{(x^2-a^2)^3} + C.$

56. $\int x^2\sqrt{x^2-a^2}\,dx = \frac{x}{8}(2x^2-a^2)\sqrt{x^2-a^2} - \frac{a^4}{8}\ln|x+\sqrt{x^2-a^2}| + C.$

57. $\int \frac{\sqrt{x^2-a^2}}{x}dx = \sqrt{x^2-a^2} - a\arccos\frac{a}{|x|} + C.$

58. $\int \frac{\sqrt{x^2-a^2}}{x^2}dx = -\frac{\sqrt{x^2-a^2}}{x} + \ln|x+\sqrt{x^2-a^2}| + C.$

## 八、含有 $\sqrt{a^2-x^2}$ $(a>0)$ 的积分

59. $\int \frac{dx}{\sqrt{a^2-x^2}} = \arcsin\frac{x}{a} + C.$

60. $\int \frac{dx}{\sqrt{(a^2-x^2)^3}} = \frac{x}{a^2\sqrt{a^2-x^2}} + C.$

61. $\int \frac{x}{\sqrt{a^2-x^2}}dx = -\sqrt{a^2-x^2} + C.$

62. $\int \frac{x}{\sqrt{(a^2-x^2)^3}}dx = \frac{1}{\sqrt{a^2-x^2}} + C.$

63. $\int \frac{x^2}{\sqrt{a^2-x^2}}dx = -\frac{x}{2}\sqrt{a^2-x^2} + \frac{a^2}{2}\arcsin\frac{x}{a} + C.$

64. $\int \frac{x^2}{\sqrt{(a^2-x^2)^3}}dx = \frac{x}{\sqrt{a^2-x^2}} - \arcsin\frac{x}{a} + C.$

65. $\int \frac{dx}{x\sqrt{a^2-x^2}} = \frac{1}{a}\ln\frac{a-\sqrt{a^2-x^2}}{|x|} + C.$

66. $\int \frac{dx}{x^2\sqrt{a^2-x^2}} = -\frac{\sqrt{a^2-x^2}}{a^2x} + C.$

67. $\int \sqrt{a^2-x^2}\,dx = \frac{x}{2}\sqrt{a^2-x^2} + \frac{a^2}{2}\arcsin\frac{x}{a} + C.$

68. $\int \sqrt{(a^2-x^2)^3}\,dx = \frac{x}{8}(5a^2-2x^2)\sqrt{a^2-x^2} - \frac{3}{8}a^4\arcsin\frac{x}{a} + C.$

69. $\int x\sqrt{a^2-x^2}\,dx = -\frac{1}{3}\sqrt{(a^2-x^2)^3} + C.$

70. $\int x^2\sqrt{a^2-x^2}\,dx = \frac{x}{8}(2x^2-a^2)\sqrt{a^2-x^2} + \frac{a^4}{8}\arcsin\frac{x}{a} + C.$

71. $\int \frac{\sqrt{a^2-x^2}}{x}dx = \sqrt{a^2-x^2} + a\ln\frac{a-\sqrt{a^2-x^2}}{|x|} + C.$

72. $\int \frac{\sqrt{a^2-x^2}}{x^2}dx = -\frac{\sqrt{a^2-x^2}}{x} - \arcsin\frac{x}{a} + C.$

## 九、含有 $\sqrt{\pm ax^2+bx+c}\ (a>0)$ 的积分

73. $\int \frac{dx}{\sqrt{ax^2+bx+c}} = \frac{1}{\sqrt{a}}\ln|2ax+b+2\sqrt{a}\sqrt{ax^2+bx+c}| + C.$

74. $\int \sqrt{ax^2+bx+c}\,dx = \frac{2ax+b}{4a}\sqrt{ax^2+bx+c}$

$+\frac{4ac-b^2}{8\sqrt{a^3}}\ln|2ax+b+2\sqrt{a}\sqrt{ax^2+bx+c}| + C.$

75. $\int \frac{x}{\sqrt{ax^2+bx+c}}dx = \frac{1}{a}\sqrt{ax^2+bx+c} - \frac{b}{2\sqrt{a^3}}\ln|2ax+b+2\sqrt{a}\sqrt{ax^2+bx+c}| + C.$

76. $\int \frac{dx}{\sqrt{c+bx-ax^2}} = \frac{1}{\sqrt{a}}\arcsin\frac{2ax-b}{\sqrt{b^2+4ac}} + C.$

77. $\int \sqrt{c+bx-ax^2}\,dx = \frac{2ax-b}{4a}\sqrt{c+bx-ax^2} + \frac{b^2+4ac}{8\sqrt{a^3}}\arcsin\frac{2ax-b}{\sqrt{b^2+4ac}} + C.$

78. $\int \frac{x\,dx}{\sqrt{c+bx-ax^2}} = -\frac{1}{a}\sqrt{c+bx-ax^2} + \frac{b}{2\sqrt{a^3}}\arcsin\frac{2ax-b}{\sqrt{b^2+4ac}} + C.$

## 十、含有 $\sqrt{\pm\frac{x-a}{x-b}}$ 或 $\sqrt{(x-a)(b-x)}$ 的积分

79. $\int \sqrt{\frac{x-a}{x-b}}dx = (x-b)\sqrt{\frac{x-a}{x-b}} + (b-a)\ln(\sqrt{|x-a|} + \sqrt{|x-b|}) + C.$

80. $\int \sqrt{\frac{x-a}{b-x}}\,dx = (x-b)\sqrt{\frac{x-a}{b-x}} + (b-a)\arcsin\sqrt{\frac{x-a}{b-x}} + C.$

81. $\int \frac{dx}{\sqrt{(x-a)(b-x)}} = 2\arcsin\sqrt{\frac{x-a}{b-a}} + C(a<b).$

82. $\int \sqrt{(x-a)(b-x)}\,dx = \frac{2x-a-b}{4}\sqrt{(x-a)(b-x)}$

$$+ \frac{(b-a)^2}{4}\arcsin\sqrt{\frac{x-a}{b-a}} + C(a<b).$$

## 十一、含有三角函数的积分

83. $\int \sin x\,dx = -\cos x + C.$

84. $\int \cos x\,dx = \sin x + C.$

85. $\int \tan x\,dx = -\ln|\cos x| + C.$

86. $\int \cot x\,dx = \ln|\sin x| + C.$

87. $\int \sec x\,dx = \ln\left|\tan\left(\frac{\pi}{4}+\frac{x}{2}\right)\right| + C = \ln|\sec x + \tan x| + C.$

88. $\int \csc x\,dx = \ln\left|\tan\frac{x}{2}\right| + C = \ln|\csc x - \cot x| + C.$

89. $\int \sec^2 x\,dx = \tan x + C.$

90. $\int \csc^2 x\,dx = -\cot x + C.$

91. $\int \sec x\tan x\,dx = \sec x + C.$

92. $\int \csc x\cot x\,dx = -\csc x + C.$

93. $\int \sin^2 x\,dx = \frac{x}{2} - \frac{1}{4}\sin 2x + C.$

94. $\int \cos^2 x\,dx = \frac{x}{2} + \frac{1}{4}\sin 2x + C.$

95. $\int \sin^n x\,dx = -\frac{1}{n}\sin^{n-1}x\cos x + \frac{n-1}{n}\int \sin^{n-2}x\,dx.$

96. $\int \cos^n x\,dx = \frac{1}{n}\cos^{n-1}x\sin x + \frac{n-1}{n}\int \cos^{n-2}x\,dx.$

97. $\int \frac{dx}{\sin^n x} = -\frac{1}{n-1}\cdot\frac{\cos x}{\sin^{n-1}x} + \frac{n-2}{n-1}\int \frac{dx}{\sin^{n-2}x}.$

98. $\int \frac{dx}{\cos^n x} = \frac{1}{n-1}\cdot\frac{\sin x}{\cos^{n-1}x} + \frac{n-2}{n-1}\int \frac{dx}{\cos^{n-2}x}$

99. $\int \cos^m x\sin^n x\,dx = \frac{1}{m+n}\cos^{m-1}x\sin^{n+1}x + \frac{m-1}{m+n}\int \cos^{m-2}x\sin^n x\,dx$

$$=-\frac{1}{m+n}\cos^{m+1}x\sin^{n-1}x+\frac{n-1}{m+n}\int\cos^{m}x\sin^{n-2}x\mathrm{d}x.$$

100. $\int\sin ax\cos bx\,\mathrm{d}x=-\frac{1}{2(a+b)}\cos(a+b)x-\frac{1}{2(a-b)}\cos(a-b)x+C.$

101. $\int\sin ax\sin bx\,\mathrm{d}x=-\frac{1}{2(a+b)}\sin(a+b)x+\frac{1}{2(a-b)}\sin(a-b)x+C.$

102. $\int\cos ax\cos bx\,\mathrm{d}x=\frac{1}{2(a+b)}\sin(a+b)x+\frac{1}{2(a-b)}\sin(a-b)x+C.$

103. $\int\frac{\mathrm{d}x}{a+b\sin x}=\frac{2}{\sqrt{a^2-b^2}}\arctan\frac{a\tan\frac{x}{2}+b}{\sqrt{a^2-b^2}}+C(a^2>b^2).$

104. $\int\frac{\mathrm{d}x}{a+b\sin x}=\frac{2}{\sqrt{b^2-a^2}}\ln\left|\frac{a\tan\frac{x}{2}+b-\sqrt{b^2-a^2}}{a\tan\frac{x}{2}+b+\sqrt{b^2-a^2}}\right|+C(a^2<b^2).$

105. $\int\frac{\mathrm{d}x}{a+b\cos x}=\frac{2}{a+b}\sqrt{\frac{a+b}{a-b}}\arctan\left(\sqrt{\frac{a-b}{a+b}}\tan\frac{x}{2}\right)+C(a^2>b^2).$

106. $\int\frac{\mathrm{d}x}{a+b\cos x}=\frac{1}{a+b}\sqrt{\frac{a+b}{b-a}}\ln\left|\frac{\tan\frac{x}{2}+\sqrt{\frac{a+b}{b-a}}}{\tan\frac{x}{2}-\sqrt{\frac{a+b}{b-a}}}\right|+C(a^2<b^2).$

107. $\int\frac{\mathrm{d}x}{a^2\cos^2x+b^2\sin^2x}=\frac{1}{ab}\arctan\left(\frac{b}{a}\tan x\right)+C.$

108. $\int\frac{\mathrm{d}x}{a^2\cos^2x-b^2\sin^2x}=\frac{1}{2ab}\ln\left|\frac{b\tan x+a}{b\tan x-a}\right|+C.$

109. $\int x\sin ax\,\mathrm{d}x=\frac{1}{a^2}\sin ax-\frac{1}{a}x\cos ax+C.$

110. $\int x^2\sin ax\,\mathrm{d}x=-\frac{1}{a}x^2\cos ax+\frac{2}{a^2}x\sin ax+\frac{2}{a^3}\cos ax+C.$

111. $\int x\cos ax\,\mathrm{d}x=\frac{1}{a^2}\cos ax+\frac{1}{a}x\sin ax+C.$

112. $\int x^2\cos ax\,\mathrm{d}x=\frac{1}{a}x^2\sin ax+\frac{2}{a^2}x\cos ax-\frac{2}{a^3}\sin ax+C.$

## 十二、含有反三角函数的积分(其中 $a>0$)

113. $\int\arcsin\frac{x}{a}\mathrm{d}x=x\arcsin\frac{x}{a}+\sqrt{a^2-x^2}+C.$

114. $\int x\arcsin\frac{x}{a}\mathrm{d}x=\left(\frac{x^2}{2}-\frac{a^2}{4}\right)\arcsin\frac{x}{a}+\frac{x}{4}\sqrt{a^2-x^2}+C.$

115. $\int x^2\arcsin\frac{x}{a}\mathrm{d}x=\frac{x^3}{3}\arcsin\frac{x}{a}+\frac{1}{9}(x^2+2a^2)\sqrt{a^2-x^2}+C.$

116. $\int\arccos\frac{x}{a}\mathrm{d}x=x\arccos\frac{x}{a}-\sqrt{a^2-x^2}+C.$

117. $\int x\arccos\frac{x}{a}dx=\left(\frac{x^2}{2}-\frac{a^2}{4}\right)\arccos\frac{x}{a}-\frac{x}{4}\sqrt{a^2-x^2}+C.$

118. $\int x^2\arccos\frac{x}{a}dx=\frac{x^3}{3}\arccos\frac{x}{a}-\frac{1}{9}(x^2+2a^2)\sqrt{a^2-x^2}+C.$

119. $\int \arctan\frac{x}{a}dx=x\arctan\frac{x}{a}-\frac{a}{2}\ln(a^2+x^2)+C.$

120. $\int x\arctan\frac{x}{a}dx=\frac{1}{2}(a^2+x^2)\arctan\frac{x}{a}-\frac{a}{2}x+C.$

121. $\int x^2\arctan\frac{x}{a}dx=\frac{x^3}{3}\arctan\frac{x}{a}-\frac{a}{6}x^2+\frac{a^3}{6}\ln(a^2+x^2)+C.$

## 十三、含有指数函数的积分

122. $\int a^x dx=\frac{1}{\ln a}a^x+C.$

123. $\int e^{ax}dx=\frac{1}{a}e^{ax}+C.$

124. $\int xe^{ax}dx=\frac{1}{a^2}(ax-1)e^{ax}+C.$

125. $\int x^n e^{ax}dx=\frac{1}{a}x^n e^{ax}-\frac{n}{a}\int x^{n-1}e^{ax}dx.$

126. $\int xa^x dx=\frac{x}{\ln a}a^x-\frac{1}{(\ln a)^2}a^x+C.$

127. $\int x^n a^x dx=\frac{1}{\ln a}x^n a^x-\frac{n}{\ln a}\int x^{n-1}a^x dx.$

128. $\int e^{ax}\sin bx\,dx=\frac{1}{a^2+b^2}e^{ax}(a\sin bx-b\cos bx)+C.$

129. $\int e^{ax}\cos bx\,dx=\frac{1}{a^2+b^2}e^{ax}(b\sin bx+a\cos bx)+C.$

130. $\int e^{ax}\sin^n bx\,dx=\frac{1}{a^2+b^2n^2}e^{ax}\sin^{n-1}bx(a\sin bx-nb\cos bx)+\frac{n(n-1)b^2}{a^2+b^2n^2}\int e^{ax}\sin^{n-2}bx\,dx.$

131. $\int e^{ax}\cos^n bx\,dx=\frac{1}{a^2+b^2n^2}e^{ax}\cos^{n-1}bx(a\cos bx+nb\sin bx)+\frac{n(n-1)b^2}{a^2+b^2n^2}\int e^{ax}\cos^{n-2}bx\,dx.$

## 十四、含有对数函数的积分

132. $\int \ln x\,dx=x\ln x-x+C.$

133. $\int\frac{dx}{x\ln x}=\ln|\ln x|+C.$

134. $\int x^n\ln x\,dx=\frac{1}{n+1}x^{n+1}\left(\ln x-\frac{1}{n+1}\right)+C.$

135. $\int(\ln x)^n dx=x(\ln x)^n-n\int(\ln x)^{n-1}dx.$

136. $\int x^m(\ln x)^n dx=\frac{1}{m+1}x^{m+1}(\ln x)^n-\frac{n}{m+1}\int x^m(\ln x)^{n-1}dx.$

## 十五、含有双曲函数的积分

137. $\int \operatorname{sh} x\,\mathrm{d}x = \operatorname{ch} x + C.$

138. $\int \operatorname{ch} x\,\mathrm{d}x = \operatorname{sh} x + C.$

139. $\int \operatorname{th} x\,\mathrm{d}x = \ln \operatorname{ch} x + C.$

140. $\int \operatorname{sh}^2 x\,\mathrm{d}x = -\frac{x}{2} + \frac{1}{4}\operatorname{sh} 2x + C.$

141. $\int \operatorname{ch}^2 x\,\mathrm{d}x = \frac{x}{2} + \frac{1}{4}\operatorname{sh} 2x + C.$

## 十六、定积分

142. $\int_{-\pi}^{\pi} \cos nx\,\mathrm{d}x = \int_{-\pi}^{\pi} \sin nx\,\mathrm{d}x = 0.$

143. $\int_{-\pi}^{\pi} \cos mx \sin nx\,\mathrm{d}x = 0.$

144. $\int_{-\pi}^{\pi} \cos mx \cos nx\,\mathrm{d}x = \begin{cases} 0, & m \neq n, \\ \pi, & m = n. \end{cases}$

145. $\int_{-\pi}^{\pi} \sin mx \sin nx\,\mathrm{d}x = \begin{cases} 0, & m \neq n, \\ \pi, & m = n. \end{cases}$

146. $\int_{0}^{\pi} \sin mx \sin nx\,\mathrm{d}x = \int_{0}^{\pi} \cos mx \cos nx\,\mathrm{d}x = \begin{cases} 0, & m \neq n, \\ \frac{\pi}{2}, & m = n. \end{cases}$

147. $I_n = \int_{0}^{\frac{\pi}{2}} \sin^n x\,\mathrm{d}x = \int_{0}^{\frac{\pi}{2}} \cos^n x\,\mathrm{d}x,$

$$I_n = \frac{n-1}{n} I_{n-2}$$

$$= \begin{cases} \frac{n-1}{n} \cdot \frac{n-3}{n-2} \cdot \cdots \cdot \frac{4}{5} \cdot \frac{2}{3}\ (n\text{ 为大于 1 的正奇数}), & I_1 = 1, \\ \frac{n-1}{n} \cdot \frac{n-3}{n-2} \cdot \cdots \cdot \frac{3}{4} \cdot \frac{1}{2} \cdot \frac{\pi}{2}\ (n\text{ 为正偶数}), & I_0 = \frac{\pi}{2}. \end{cases}$$

# 习题参考答案

## 第　一　章

### 思考与练习 1-1

1.(1) 正确；(2) 不正确.

2.$y=\dfrac{x-6}{5}(x\in\mathbf{R})$.

### 思考与练习 1-2

1.偶函数.

2.是周期函数，$T=2$.

### 思考与练习 1-3

1.(1) $y=\arcsin u, u=\ln v, v=x+1$；(2) $\left[\dfrac{1}{\mathrm{e}}-1, \mathrm{e}-1\right]$.

2.函数图形如下：

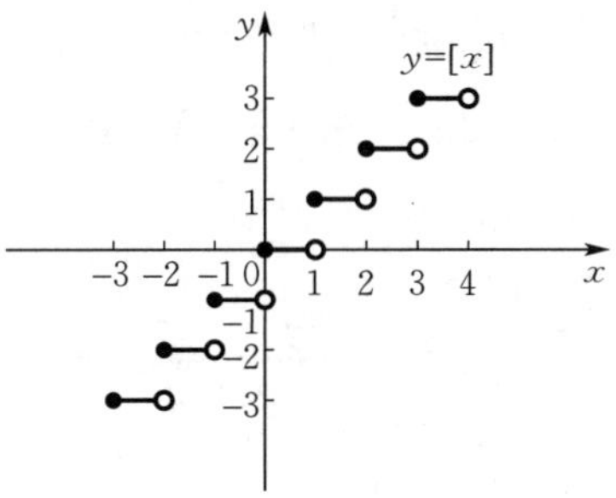


### 思考与练习 1-4

1.略(答案不唯一).

2.(1) 函数单调增加；

(2) 本模型对实验设计和模型拟合有启发性(答案不唯一).

### 习题一

1.函数 $f(x)=\ln(\arcsin x)^2$ 的定义域为 $[-1,0)\cup(0,1]$，函数 $g(x)=2\ln(\arcsin x)$ 的定义域为 $(0,1]$；不是同一个函数.

2.$f(0)=0^2+1=1, f(-1)=-1-1=-2, f(2)=2^2+1=5$.

函数图形如下：

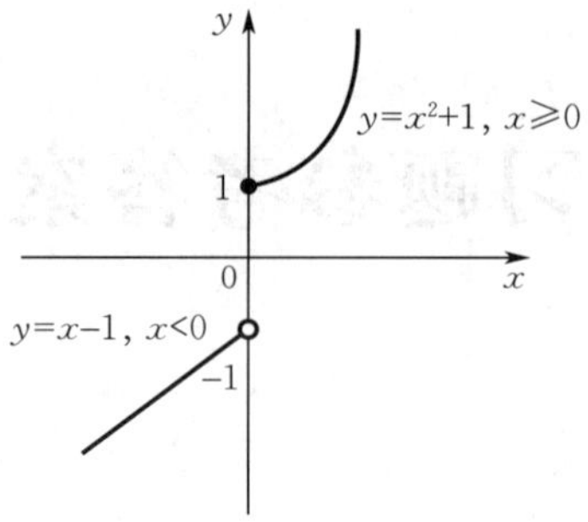


3. $f[g(x)]=\dfrac{\dfrac{1}{\sqrt{1+x^2}}}{\sqrt{1+\left(\dfrac{1}{\sqrt{1+x^2}}\right)^2}}=\dfrac{1}{\sqrt{2+x^2}}$, $g[f(x)]=\dfrac{1}{\sqrt{1+\left(\dfrac{x}{\sqrt{1+x^2}}\right)^2}}=\sqrt{\dfrac{1+x^2}{1+2x^2}}$.

4. $y=\begin{cases}-\sqrt{1-x^2}, & 0\leqslant x<1,\\ \sqrt{x-1}, & 1\leqslant x\leqslant 5.\end{cases}$

5. $f^{-1}(x+1)=\dfrac{1}{1-(x+1)}=-\dfrac{1}{x}, x\neq 0$.

6. 单调增加.

7. (1) 奇函数； (2) 偶函数.

8. (1) 奇函数； (2) 偶函数； (3) 奇函数.

9. (1) 非奇非偶函数； (2) 偶函数； (3) 奇函数.

10. (1) 周期函数, $T=\pi$； (2) 周期函数, $T=2$； (3) 不是周期函数.

11. (1) 函数由简单函数 $y=\cos u, u=2x$ 复合而成；

(2) 函数由简单函数 $y=e^u, u=\dfrac{1}{x}$ 复合而成；

(3) 函数由简单函数 $y=\sqrt{u}, u=\ln v, v=\arctan w, w=x^2$ 复合而成.

12. $[0, e-1]$.

# 第　二　章

## 思考与练习 2-1

1. $\delta=0.5$.

2. $X=\sqrt{397}$.

3. (1) 通项为$\dfrac{1}{n!}$,极限为 0； (2) 通项为$\dfrac{2n+1}{n}$,极限为 2；

(3) 通项为$\dfrac{(-1)^n}{n}$,极限为 0； (4) 通项为 $1-\left(\dfrac{2}{3}\right)^n$,极限为 1.

*4. 略.

5. $\lim\limits_{x\to 1}f(x)$ 不存在.

6. 略.

*7. 略.

8. $\lim\limits_{n\to\infty} x_n = 0, N = 10\ 000$.

9. 略.

10. 略.

11. (1) 不正确； (2) 不正确； (3) 正确； (4) 不正确； (5) 不正确； (6) 不正确； (7) 不正确. 理由略.

12. (1) 无穷小量； (2) 无穷大量； (3) 无穷小量； (4) 无穷小量； (5) 无穷大量； (6) 无穷小量.

13. 略.

14. (1)3； (2)6； (3)$\infty$.

*15. 当 $x \to \infty$ 时，$e^{\frac{1}{x}}$ 的极限存在，为 1；但当 $x \to 0$ 时，$e^{\frac{1}{x}}$ 的极限不存在.

## 思考与练习 2-2

1. (1) $\frac{1}{15}$； (2) $\frac{1}{4}$； (3)$\infty$； (4) $-\frac{2}{3}$； (5)$3x^2$； (6)6； (7) $\frac{3}{2}$； (8) $\frac{2}{3}$； (9) $\frac{1}{2}$； (10)0； (11)2； (12) $\frac{1}{2}$； (13)3； (14) $\frac{1}{2}$.

2. (1)0； (2)0； (3) $\frac{3}{2}$； (4)1.

3. $\lim\limits_{x\to 0} f(x)$ 不存在，$\lim\limits_{x\to 1} f(x) = 2$，$\lim\limits_{x\to -\infty} f(x)$ 不存在，$\lim\limits_{x\to +\infty} f(x) = 0$.

4. $k = -3$.

5. $a = 4, b = -16$.

## 思考与练习 2-3

1. (1)1； (2) $\frac{3}{4}$； (3) $-\frac{1}{3}$； (4) $\frac{1}{k}$； (5) $\frac{1}{2}$； (6)2； (7) $\sqrt{2}$； (8) $\frac{2}{3}$.

2. (1)$e^{-k}$； (2)$e^{-2}$； (3)$e^6$； (4)e； (5)$\sqrt[3]{e}$； (6)$e^3$.

3. $c = \frac{1}{2}\ln 3$.

4. 略.

5. (1) 前者是后者的低阶无穷小量； (2) 两者是等价无穷小量；
(3) 两者是同阶无穷小量，但非等价无穷小量； (4) 前者是后者的高阶无穷小量.

6. (1)6； (2)2； (3)3； (4) $-\frac{1}{2}$； (5)6； (6)ln 5.

7. 略.

8. 略.

9. 15 590.23 元.

## 思考与练习 2-4

1. (1) 函数 $f(x)$ 在 $(-\infty, -1) \cup (-1, +\infty)$ 内连续，图形略；

(2) 函数 $f(x)$ 在 $(-\infty,0)\cup(0,+\infty)$ 内连续,图形略.

2.(1)$x=0$ 是函数 $f(x)$ 的第一类跳跃间断点,$x=1$ 是函数 $f(x)$ 的第一类可去间断点,$x=-1$ 是函数 $f(x)$ 的第二类无穷间断点;

(2)$x=0$ 是函数 $f(x)$ 的第一类可去间断点,$x=1$ 是函数 $f(x)$ 的第二类无穷间断点;

(3)$x=0$ 是函数 $f(x)$ 的第一类跳跃间断点;

(4)$x=0$ 是函数 $f(x)$ 的第一类可去间断点,$x=1$ 是函数 $f(x)$ 的第一类跳跃间断点,$x=2k(k\neq 0,k\in\mathbf{Z})$ 是函数 $f(x)$ 的第二类无穷间断点;

(5)$x=\pm 1$ 是函数 $f(x)$ 的第一类跳跃间断点.

3.(1)$a=-2$; (2)$a=\dfrac{1}{\mathrm{e}}$; (3)$a=2$.

4.若函数 $f(x)$ 在点 $x_0$ 处连续,则函数 $|f(x)|$,$f^2(x)$ 在点 $x_0$ 处也连续.反之不然.例如 $f(x)=\begin{cases}1, & x\geqslant 0,\\ -1, & x<0.\end{cases}$ 显然,函数 $|f(x)|$,$f^2(x)$ 在 $x=0$ 处连续,但函数 $f(x)$ 在 $x=0$ 处并不连续.

5.(1)$(-\infty,2)\cup(2,+\infty)$; (2)$(-\infty,0)\cup(0,1)\cup(1,+\infty)$.

6.(1) $\dfrac{1}{2}$; (2)$\cos a$; (3)$\ln\dfrac{6+\sqrt{72+\pi^2}}{6}$; (4)1; (5)$\mathrm{e}^{-2}$; (6) $\dfrac{2\ln 2}{3\ln 3}$;

(7) $\dfrac{3}{2}$; (8) $\sqrt{(ab)^3}$.

7.(1)$a=1,b=0$; (2)$a=1,b=2$.

8.提示:(1) 令 $f(x)=\mathrm{e}^x-x-2$,利用零点定理证明;

(2) 令 $f(x)=x-a\sin x-b$,利用零点定理证明;

(3) 利用零点定理证明.

9.略.

10.不正确.例如,函数 $f(x)=\begin{cases}\mathrm{e}, & 0<x\leqslant 1,\\ -2, & x=0\end{cases}$ 在区间(0,1)内连续,$f(0)\cdot f(1)=-2\mathrm{e}<0$,但函数 $f(x)$ 在区间(0,1)内无零点.

**习题二**

1.(1) $\dfrac{1}{2\sqrt{3}}$; (2) 二,无穷; (3) $-1$; (4)0; (5)0.

2.(1)D; (2)B; (3)A; (4)B; (5)B.

3.1.

4.略.

5.(1) 因为 $n<1+\sqrt[3]{2}+\sqrt[3]{3}+\cdots+\sqrt[3]{n}<n\cdot\sqrt[3]{n}$,所以

$$\frac{n}{n\sqrt{n}}<\frac{1}{n\sqrt{n}}(1+\sqrt[3]{2}+\sqrt[3]{3}+\cdots+\sqrt[3]{n})<\frac{n\cdot\sqrt[3]{n}}{n\sqrt{n}},$$

而 $\lim\limits_{n\to\infty}\dfrac{n}{n\sqrt{n}}=0$,$\lim\limits_{n\to\infty}\dfrac{n\cdot\sqrt[3]{n}}{n\sqrt{n}}=0$,所以 $\lim\limits_{n\to\infty}\dfrac{1}{n\sqrt{n}}(1+\sqrt[3]{2}+\sqrt[3]{3}+\cdots+\sqrt[3]{n})=0$.

(2) 因为$\frac{3}{x}-1\leqslant\left[\frac{3}{x}\right]\leqslant\frac{3}{x}$，所以当 $x>0$ 时，$3-x\leqslant x\left[\frac{3}{x}\right]\leqslant 3$；当 $x<0$ 时，$3-x\geqslant x\left[\frac{3}{x}\right]\geqslant 3$，于是$\lim\limits_{x\to 0}x\left[\frac{3}{x}\right]=3$.

6. (1)1；(2)0；(3)0；(4) $\frac{1}{2}$；(5) $\frac{1}{2}$；(6)5.

7. (1)$a=0,b\neq 1$；(2)$a\neq 1,b=\mathrm{e}$.

8. 因函数 $f(x)$ 在闭区间$[a,b]$上连续，$a<x_1<x_2<\cdots<x_n<b$，$[x_1,x_n]\subset[a,b]$，从而函数 $f(x)$ 在闭区间$[x_1,x_n]$上连续，函数 $f(x)$ 在闭区间$[x_1,x_n]$上一定有最大值 $M$ 和最小值 $m$，所以 $\forall x_i\in[x_1,x_n]$，有 $m\leqslant f(x_i)\leqslant M,i=1,2,\cdots,n$. 将这 $n$ 个式子相加并除以 $n$，得 $m\leqslant\frac{f(x_1)+f(x_2)+\cdots+f(x_n)}{n}\leqslant M$，由介值定理得，存在 $\xi\in[x_1,x_n]$，使得$\frac{f(x_1)+f(x_2)+\cdots+f(x_n)}{n}=f(\xi)$.

9. 提示：令 $F(x)=f(x+\pi)-f(x)$，在$[0,\pi]$上利用零点定理.

10. $f(x)=x^2+2x-3$.

# 第　三　章

## 思考与练习 3-1

1. 2.

2. 12 m/s.

3. (1)3；(2)2.

4. (1)$5x^4$；(2) $\frac{3}{5}x^{-\frac{2}{5}}$；(3) $-\frac{1}{2\sqrt{x^3}}$；(4) $-\frac{1}{6}x^{-\frac{7}{6}}$.

5. 切线方程为$\frac{\sqrt{2}}{2}x-y+\frac{\sqrt{2}}{2}-\frac{\sqrt{2}}{8}\pi=0$；法线方程为$\sqrt{2}x+y-\frac{\sqrt{2}}{2}-\frac{\sqrt{2}}{4}\pi=0$.

6. 切线方程为 $x-y-1=0$；法线方程为 $x+y-1=0$.

7. 函数 $f(x)$ 在 $x=1$ 处连续，在 $x=1$ 处不可导.

8. $a=2,b=-1$.

提示：可导一定连续，左导数等于右导数，左极限等于右极限.

## 思考与练习 3-2

1. (1)$y'=15x^2+\frac{1}{x^2}$；　(2)$y'=3+\frac{5}{2\sqrt{x}}+\frac{2}{x^3}$；

(3)$y'=3x^2+3^x\ln 3-3\mathrm{e}^x$；　(4)$y'=\sec^2 x+2\sec x\tan x$；

(5)$y'=\cos x-x\sin x$；　(6)$y'=2x\ln x+x$；

(7)$y'=\mathrm{e}^x(x^2+2x-1)$；　(8)$y'=\frac{1}{(1+2x)^2}$；

(9)$y'=\frac{1-\ln x}{x^2}$；　(10)$y'=\frac{1+\sin x+\cos x}{(1+\cos x)^2}$；

(11) $y'=\dfrac{x\cos x-\sin x}{x^2}$;

(12) $y'=x^2(3\ln x\cos x+\cos x-x\ln x\sin x)$.

2. (1) $y'|_{x=0}=\dfrac{1}{3}$; (2) $f'\left(\dfrac{\pi}{2}\right)=e^{\frac{\pi}{2}}$.

3. $CM-M^2$.

4. (1) $y'=15(3x+4)^4$; (2) $y'=-2\sin 2x$;

(3) $y'=(4x+1)e^{2x^2+x}$; (4) $y'=\dfrac{2x+1}{1+x+x^2}$;

(5) $y'=-3x^2\csc^2 x^3$; (6) $y'=6\sin(3x+1)\cos(3x+1)$;

(7) $y'=-\dfrac{x}{\sqrt{a^2-x^2}}$; (8) $y'=\dfrac{e^x}{1+e^{2x}}$;

(9) $y'=\dfrac{|x|}{x^2\sqrt{x^2-1}}$; (10) $y'=\dfrac{1}{x\cdot\ln x\cdot\ln(\ln x)}$.

5. (1) $y'=2x\sin\dfrac{1}{x}-\cos\dfrac{1}{x}$; (2) $y'=2x\cos x^2\sin^2 x+\sin x^2\sin 2x$;

(3) $y'=\sec x$; (4) $y'=-\dfrac{1}{(1+x)\sqrt{2x(1-x)}}$;

(5) $y'=e^{2x}(2\cos 3x-3\sin 3x)$; (6) $y'=e^{\cos x}(\cos x-\sin^2 x)$;

(7) $y'=\dfrac{1}{2(x+1)\sqrt{2x+1}}$;

(8) $y'=10^{x\tan 2x}\cdot\ln 10\cdot(\tan 2x+2x\sec^2 2x)$;

(9) $y'=\dfrac{2\sqrt{x}+1}{4\sqrt{x}\cdot\sqrt{x+\sqrt{x}}}$; (10) $y'=\dfrac{1}{\sqrt{x}(1-x)}$.

6. (1) $3x^2f'(x^3)$; (2) $\sin 2x[f'(\sin^2 x)-f'(\cos^2 x)]$.

7. (1) $-\dfrac{3x}{4y}$; (2) $\dfrac{-5-ye^{xy}}{xe^{xy}-3y^2}$;

(3) $\dfrac{e^y}{1-xe^y}$; (4) $\dfrac{x+y}{x-y}$.

8. 1.

9. (1) $(1+x^2)^{\tan x}\left[\sec^2 x\ln(1+x^2)+\dfrac{2x\tan x}{1+x^2}\right]$;

(2) $\left(\dfrac{x}{1+x}\right)^x\left(\ln\dfrac{x}{1+x}+\dfrac{1}{1+x}\right)$;

(3) $\dfrac{1}{3}\cdot\sqrt[3]{\dfrac{3x-2}{(5-2x)(x-1)}}\cdot\left(\dfrac{3}{3x-2}+\dfrac{2}{5-2x}-\dfrac{1}{x-1}\right)$;

(4) $\dfrac{(2x+3)^4\sqrt{x-6}}{\sqrt[3]{x+1}}\cdot\left[\dfrac{8}{2x+3}+\dfrac{1}{2(x-6)}-\dfrac{1}{3(x+1)}\right]$.

10. (1) $4t$; (2) $-\dfrac{\sqrt{1+\theta}}{\sqrt{1-\theta}}$;

(3) $\dfrac{\cos t-\sin t}{\cos t+\sin t}$; (4) $t$.

11. (1) $y''=6(2x^2-2x+1)$; (2) $y''=2\cos x-x\sin x$;

(3) $y''=-2e^{-x}\cos x$; (4) $y''=-\dfrac{1}{(1-x^2)\sqrt{1-x^2}}$;

(5) $y''=2\sec^2 x\tan x$; (6) $y''=\dfrac{6x^2-2}{(1+x^2)^3}$;

(7) $y''=2\arctan x+\dfrac{2x}{1+x^2}$; (8) $y''=-\dfrac{x}{(a^2+x^2)^{\frac{3}{2}}}$.

12. (1) $2f'(x^2)+4x^2f''(x^2)$; (2) $\dfrac{f''(x)f'(x)-[f'(x)]^2}{f^2(x)}$.

13. (1) $y^{(n)}=2^n\cdot n!$; (2) $y^{(n)}=(x+n)e^x$;

(3) $y^{(n)}=(-1)^n\dfrac{n!}{(1+x)^{n+1}}$;

(4) 当 $n=1$ 时，$y'=\ln x+1$；当 $n\geqslant 2$ 时，$y^{(n)}=(-1)^n\dfrac{(n-2)!}{x^{n-1}}$.

14. (1) 提示：$\dfrac{x}{x^2-3x+2}=\dfrac{2}{x-2}-\dfrac{1}{x-1}$,

$y^{(n)}=(-1)^n\cdot n!\cdot\left[\dfrac{1}{(x-1)^{n+1}}-\dfrac{2}{(x-2)^{n+1}}\right]$;

(2) 提示：$\sin^2 x=\dfrac{1-\cos 2x}{2}$,

$y^{(n)}=-2^{n-1}\cdot\cos\left(2x+n\cdot\dfrac{\pi}{2}\right)$.

## 思考与练习 3-3

1. (1) $\left(2x+\dfrac{1}{2\sqrt{x}}+\dfrac{2}{x^3}\right)dx$; (2) $(\sin 2x+2x\cos 2x)dx$;

(3) $\left(-\dfrac{x}{\sqrt{1-x^2}}\right)dx$; (4) $\csc x\,dx$;

(5) $\dfrac{1}{4\sqrt{\arcsin\sqrt{x}}\cdot\sqrt{1-x}\cdot\sqrt{x}}dx$; (6) $e^x(x^2+2x)dx$;

(7) $-\dfrac{2x}{x^4+1}dx$; (8) $2(e^{2x}-e^{-2x})dx$.

2. $dy=-\dfrac{2xy^2+y\sin(xy)}{x\sin(xy)+2x^2y}dx$.

3. $dy=\dfrac{2xy}{2y^2+1}dx$.

4. (1) $\dfrac{x^3}{3}+C$; (2) $-\dfrac{1}{x}+C$;

(3) $\dfrac{1}{3}e^{3x}+C$; (4) $\dfrac{1}{2}\sin 2x+C$;

(5) $\ln(1+x)+C$;　　(6) $\frac{1}{5}\tan 5x+C$;

(7) $\frac{1}{2}\arctan\frac{x}{2}+C$;　　(8) $\ln(\ln x)+C$.

### 思考与练习 3-4

1. (1) 1.001; (2) 9.986 7; (3) 0.874 7; (4) 0.05.

2. 正方体体积增量的精确值为 30.301 $\mathrm{cm}^3$,近似值为 30 $\mathrm{cm}^3$.

3. 绝对误差为 13.502 $\mathrm{cm}^2$,相对误差为 0.93%.

4. 直径的相对误差不超过 0.33%.

### 习题三

1. (1) $\frac{\pi}{2}$; (2) 2; (3) 1; (4) $\frac{1}{2}$; (5) $(n-1)!$; (6) $2^x(\ln 2)^n$; (7) (1,0);

(8) $\frac{x\cos x-\sin x}{x^2}\mathrm{d}x$; (9) $1+\sqrt{2}$; (10) $-\pi$.

2. (1) D; (2) C; (3) C; (4) B; (5) B; (6) A; (7) C; (8) B.

3. (1) $y'=(3x+5)^2(5x+4)^4(120x+161)$;　(2) $y'=\sin x\ln(\tan x)$;

(3) $y'=\arcsin\frac{x}{2}$;　　(4) $y'=x^{\sin x}\left(\cos x\ln x+\frac{\sin x}{x}\right)$.

4. $\mathrm{e}^{f(x)}[\mathrm{e}^x f'(\mathrm{e}^x)+f(\mathrm{e}^x)f'(x)]$.

5. $x-y=0$.

6. 略.

7. (1) $\frac{n!}{3}\cdot(-1)^n\cdot\left[\frac{1}{(x-1)^{n+1}}-\frac{1}{(x+2)^{n+1}}\right]$; (2) $2^{n-1}\cdot\cos\left(2x+n\cdot\frac{\pi}{2}\right)$.

8. 17.28 s.

9. 0.067 g.

10. 0.05%.

## 第　四　章

### 思考与练习 4-1

1. 令 $f(x)=(x-1)(x-3)(x-5)(x-6)=0$,得 $x=1,x=3,x=5,x=6$,即 $f(1)=f(3)=f(5)=f(6)=0$. 由于函数 $f(x)$ 在实数集 $\mathbf{R}$ 上连续、可导,故在区间 $[1,3]$,$[3,5]$,$[5,6]$ 上分别都满足罗尔定理的条件,因此,在区间 $(1,3)$ 内至少存在一点 $\xi_1$,使得 $f'(\xi_1)=0$;在区间 $(3,5)$ 内至少存在一点 $\xi_2$,使得 $f'(\xi_2)=0$;在区间 $(5,6)$ 内至少存在一点 $\xi_3$,使得 $f'(\xi_3)=0$.

又由于 $f'(x)=0$ 是三次方程,最多有三个实根,故方程 $f'(x)=0$ 仅有三个实根 $\xi_1,\xi_2,\xi_3$,它们所在的区间分别为 $(1,3)$,$(3,5)$,$(5,6)$.

2. 函数 $f(x)$ 在 $[1,\mathrm{e}]$ 上连续，在 $(1,\mathrm{e})$ 内可导. 由于 $f'(x)=\frac{1}{x}$，当取 $x=\mathrm{e}-1\in(1,\mathrm{e})$ 时，有 $f'(x)=\frac{1}{\mathrm{e}-1}$.

又 $\frac{f(\mathrm{e})-f(1)}{\mathrm{e}-1}=\frac{1-0}{\mathrm{e}-1}=\frac{1}{\mathrm{e}-1}$，因此在区间 $(1,\mathrm{e})$ 内存在 $\xi=\mathrm{e}-1$，使得 $f'(\xi)=\frac{1}{\mathrm{e}-1}=\frac{f(\mathrm{e})-f(1)}{\mathrm{e}-1}$，即验证了函数 $f(x)=\ln x$ 在 $[1,\mathrm{e}]$ 上对拉格朗日中值定理的正确性.

3. 函数 $f(x)$ 及 $g(x)$ 都在 $[0,1]$ 上连续，在 $(0,1)$ 内可导. 由于 $f'(x)=2x$，$g'(x)=1$，当取 $x=\frac{1}{2}\in(0,1)$ 时，有 $\frac{f'(x)}{g'(x)}=1$.

又 $\frac{f(1)-f(0)}{g(1)-g(0)}=\frac{1-0}{2-1}=1$，因此在区间 $(0,1)$ 内存在 $\xi=\frac{1}{2}$，使得 $\frac{f'(\xi)}{g'(\xi)}=\frac{1}{2}=\frac{f(1)-f(0)}{g(1)-g(0)}$，即验证了函数 $f(x)=x^2$，$g(x)=x+1$ 在区间 $[0,1]$ 上对柯西中值定理的正确性.

4. 使用反证法证明. 假设方程 $x^3-3x+5=0$ 在区间 $[0,1]$ 上有两个不同的实根，分别记为 $\xi_1$ 和 $\xi_2$，不妨设 $\xi_1<\xi_2$，令函数 $f(x)=x^3-3x+5$，则 $f(\xi_1)=f(\xi_2)$.

由于函数 $f(x)$ 在 $[\xi_1,\xi_2]$ 上连续，在 $(\xi_1,\xi_2)$ 内可导，根据罗尔定理，可知在 $(\xi_1,\xi_2)\subset[0,1]$ 内至少存在一点 $\xi$，使得 $f'(\xi)=0$，而 $f'(x)=3x^2-3<0$，$x\in(0,1)$，矛盾！故假设不成立，即得证.

5. 令函数 $f(x)=\ln x$，函数 $f(x)$ 在 $[a,b]$ 上连续，在 $(a,b)$ 内可导，根据拉格朗日中值定理，在 $(a,b)$ 内至少存在一点 $\xi$，使得 $f'(\xi)=\frac{f(b)-f(a)}{b-a}$，即 $\frac{1}{\xi}=\frac{\ln b-\ln a}{b-a}$，从而 $\xi=\frac{b-a}{\ln\frac{b}{a}}$.

由于 $a<\xi<b$，即 $a<\frac{b-a}{\ln\frac{b}{a}}<b$，故 $\frac{b-a}{b}<\ln\frac{b}{a}<\frac{b-a}{a}$.

6. 令函数 $f(x)=\arctan x$，函数 $f(x)$ 在 $[0,h]$ 上连续，在 $(0,h)$ 内可导，根据拉格朗日中值定理，在 $(0,h)$ 内至少存在一点 $\xi$，使得 $f'(\xi)=\frac{f(h)-f(0)}{h-0}$，即 $\frac{1}{1+\xi^2}=\frac{\arctan h-\arctan 0}{h-0}$，从而 $\arctan h=\frac{h}{1+\xi^2}$.

由于 $0<\xi<h$，故 $\frac{h}{1+h^2}<\arctan h<h$.

## 思考与练习 4-2

1. (1) $\frac{3}{2}$； (2)2； (3)3； (4)0； (5) $+\infty$； (6) $\frac{1}{2}$； (7) $\frac{1}{2}$； (8) $\frac{1}{2}$； (9)1； (10) $\mathrm{e}^a$； (11)0； (12)e.

2. $\lim\limits_{x\to\infty}\frac{x+\sin x}{x}=\lim\limits_{x\to\infty}\left(1+\frac{1}{x}\sin x\right)=1$，但若使用洛必达法则，则 $\lim\limits_{x\to\infty}\frac{x+\sin x}{x}=$

$\lim\limits_{x\to\infty}\dfrac{1+\cos x}{1}$，由于求导后$\lim\limits_{x\to\infty}\cos x$不存在，函数 $\cos x$ 是振荡的，故不能使用洛必达法则.

### 思考与练习 4-3

1. $10+11(x-1)+7(x-1)^2+(x-1)^3$.

2. $(x-1)-\dfrac{1}{2}(x-1)^2+\dfrac{1}{3}(x-1)^3-\cdots+\dfrac{(-1)^{n-1}}{n}(x-1)^n+o[(x-1)^n]$.

3. $x+x^2+\dfrac{x^3}{2!}+\cdots+\dfrac{x^n}{(n-1)!}+\dfrac{(\theta x+n+1)e^{\theta x}}{(n+1)!}x^{n+1}$，$0<\theta<1$.

4. 取 $n=12$，$e\approx 2.718\,281\,828$.

5. 1.041 39.

6. $\dfrac{1}{3}$.

### 思考与练习 4-4

1. (1) 单调增加区间为 $(-\infty,-1)$，$(3,+\infty)$，单调减少区间为 $[-1,3]$；

(2) 单调增加区间为 $(-\infty,0)$，单调减少区间为 $[0,+\infty)$；

(3) 单调增加区间为 $\left(-\infty,-\dfrac{2}{\sqrt{3}}\right)$，$\left(\dfrac{2}{\sqrt{3}},+\infty\right)$，单调减少区间为 $\left[-\dfrac{2}{\sqrt{3}},0\right)$，$\left(0,\dfrac{2}{\sqrt{3}}\right]$；

(4) 单调增加区间为 $(0,+\infty)$，单调减少区间为 $(-1,0]$.

2. (1) 极大值为 $f(1)=9$，极小值为 $f(3)=5$；

(2) 极大值为 $f(0)=0$，极小值为 $f\left(\dfrac{2}{5}\right)=-\dfrac{3}{25}\cdot\sqrt[3]{20}$.

3. (1) 最大值为 $f(3)=11$，最小值为 $f(2)=-14$；

(2) 最大值为 $f\left(\dfrac{3}{4}\right)=\dfrac{5}{4}$，最小值为 $f(-5)=-5+\sqrt{6}$.

4. 曲线的凹区间为 $\left(-\dfrac{1}{2},+\infty\right)$，凸区间为 $\left(-\infty,-\dfrac{1}{2}\right)$，拐点为 $\left(-\dfrac{1}{2},\dfrac{65}{6}\right)$.

5. 铅直渐近线为 $x=1$，斜渐近线为 $y=3x+1$.

### 习题四

1. 水平渐近线为 $y=1$，铅直渐近线为 $x=0$.

2. $\dfrac{1}{3}$.

3. $\dfrac{7}{12}$.

4. (1) $\cos a$；　(2) 1；　(3) $-\dfrac{1}{4}$；　(4) 1；　(5) 0；　(6) $\dfrac{3}{2}$；　(7) 1；　(8) $e^{-\frac{2}{\pi}}$.

5. (1) 单调增加区间为 $(-\infty,0)$，$(2,+\infty)$，单调减少区间为 $(0,2]$，极小值为 $f(2)=3$；

(2) 凹区间为 $(-\infty,0)$，$(0,+\infty)$，函数的图形没有拐点；

(3) 铅直渐近线为 $x=0$，斜渐近线为 $y=x$.

(4) 函数图形如下：

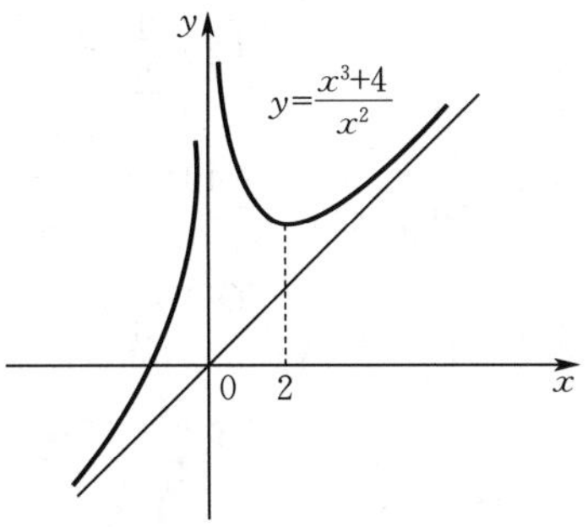


6. 令函数 $f(x)=x^n$，$f(x)$ 在 $[a,b]$ 上连续，在 $(a,b)$ 内可导，根据拉格朗日中值定理，在 $(a,b)$ 内至少存在一点 $\xi$，使得 $f'(\xi)=\frac{f(b)-f(a)}{b-a}$，即 $n\xi^{n-1}=\frac{b^n-a^n}{b-a}$，从而 $n\xi^{n-1}(b-a)=b^n-a^n$.

由于 $a<\xi<b$，故 $na^{n-1}(b-a)<b^n-a^n<nb^{n-1}(b-a)$.

7. 令函数 $g(x)=\ln x$，$g(x)$ 在 $[a,b]$ 上连续，在 $(a,b)$ 内可导，根据柯西中值定理，在 $(a,b)$ 内至少存在一点 $\xi$，使得 $\frac{f(b)-f(a)}{g(b)-g(a)}=\frac{f'(\xi)}{g'(\xi)}$，即 $\frac{f(b)-f(a)}{\ln b-\ln a}=\frac{f'(\xi)}{\frac{1}{\xi}}$，故 $f(b)-f(a)=\xi f'(\xi)\ln\frac{b}{a}$.

8. 令函数 $f(x)=\ln(1+x)-x+\frac{x^2}{2}$，求导，得 $f'(x)=\frac{1}{1+x}-1+x=\frac{x^2}{1+x}>0$ 恒成立，故 $f(x)$ 在 $(0,+\infty)$ 内单调增加.

又因为 $f(0)=0$，所以 $f(x)=\ln(1+x)-x+\frac{x^2}{2}>0$，即 $\ln(1+x)>x-\frac{x^2}{2}$.

9. $a=2$，函数在 $x=\frac{\pi}{3}$ 处取得极大值 $\sqrt{3}$.

10. $a=-\frac{3}{2}$，$b=\frac{9}{2}$.

11. 当小正方形的边长为 $\frac{a}{6}$ 时，盒子的容积达到最大值 $\frac{2}{27}a^3$.

12. 最大值 $y(1.6818)=1.1180$.

# 第五章

## 思考与练习 5-1

1. (1) 是； (2) 是； (3) 不是； (5) 是.

2. $y=x^2+1$.

## 思考与练习 5-2

(1) $\frac{4}{7}x^{\frac{7}{4}}+C$；

(2) $\frac{1}{2}x^2-2x+3\ln|x|-\frac{1}{x}+C$；

(3) $\frac{1}{2}x^2+2x+\ln|x|+C$；

(4) $\tan x-6\arctan x-\sin x+C$；

(5) $\frac{2}{3}x^{\frac{3}{2}}+4x+C$；

(6) $\frac{1}{3}x^3-x+\arctan x+C$；

(7) $\arctan x-\frac{1}{2x}+C$；

(8) $-\cot x-2x+C$；

(9) $-\cot x-x+C$；

(10) $\frac{1}{2}(\tan x+x)+C$.

## 思考与练习 5-3

1.(1) $\frac{1}{8}(2+x)^8+C$；

(2) $\frac{1}{3}\sin(3x+4)+C$；

(3) $\frac{2}{3}\sqrt{3x+4}+C$；

(4) $-\ln|4-x|+C$；

(5) $\frac{3}{8}(2+x^2)^{\frac{4}{3}}+C$；

(6) $\frac{1}{5}(\ln x)^5+C$；

(7) $\ln[\ln(\ln x)]+C$；

(8) $-\cos e^x+C$；

(9) $\frac{1}{4}\arctan^4 x+C$；

(10) $\frac{3^{\arcsin x}}{\ln 3}+C$.

2.(1) $2\sin\sqrt{x}+C$；

(2) $\frac{6}{5}(1-x)^{\frac{5}{3}}-3(1-x)^{\frac{2}{3}}+C$；

(3) $\arcsin x-\frac{x}{1+\sqrt{1-x^2}}+C$；

(4) $\frac{x}{\sqrt{1-x^2}}+\frac{x}{2}\sqrt{1-x^2}-\frac{3}{2}\arcsin x+C$；

(5) $2\sqrt{1+e^x}+\ln\left|\frac{\sqrt{1+e^x}-1}{\sqrt{1+e^x}+1}\right|+C$；

(6) $\frac{1}{5}(1+x^2)^{\frac{5}{2}}-\frac{1}{3}(1+x^2)^{\frac{3}{2}}+C$.

## 思考与练习 5-4

(1) $-\frac{1}{3}x\cos 3x+\frac{1}{9}\sin 3x+C$；

(2) $-e^{-x}(x+1)+C$；

(3) $\frac{1}{6}x^6\ln x-\frac{1}{36}x^6+C$；

(4) $x\ln(x+\sqrt{1+x^2})-\sqrt{1+x^2}+C$；

(5) $x^2\sin x+2x\cos x-2\sin x+C$；

(6) $\frac{1}{6}x^3+\frac{1}{2}x^2\sin x+x\cos x-\sin x+C$；

(7) $2e^{\sqrt{x}}(\sqrt{x}-1)+C$；

(8) $-\frac{1}{4}x\cos 2x+\frac{1}{8}\sin 2x+C$；

(9) $\frac{1}{2}e^x-\frac{1}{5}e^x\sin 2x-\frac{1}{10}e^x\cos 2x+C$；

(10) $\frac{1}{2}x^2\left(\ln^2 x-\ln x+\frac{1}{2}\right)+C$.

## 习题五

1.(1) $\frac{3x}{3x^2-1}$；

(2) $(x^3-3x^2+6x-6)e^x+C$.

2.(1)C； (2)B； (3)D.

3.(1) $\frac{1}{2}e^{2x}-e^{x}+x+C$；

(2)$\arctan 2x+C$；

(3) $-\frac{\ln^2 x}{x}-\frac{2\ln x}{x}-\frac{2}{x}+C$；

(4)$\ln|x+\sin x|+C$；

(5) $\frac{1}{3}\tan^3 x-\tan x+x+C$；

(6) $\frac{1}{a^2+b^2}e^{ax}(a\sin bx-b\cos bx)+C$；

(7) $\frac{2}{9}\left[\frac{\sqrt{(25+3x)^3}}{3}-25\sqrt{25+3x}\right]+C$；

(8)$e^{\sin x}(x-\sec x)+C$.

# 第 六 章

## 思考与练习 6-1

1.(1)$4\int_0^1\sqrt{1-x^2}\,dx$； (2) $\int_0^2 x^2\,dx$.

2.(1)2； (2) $\frac{\pi}{4}$； (3)0； (4)1.

3.(1) $\int_1^2 x^2\,dx<\int_1^2 x^3\,dx$；

(2) $\int_0^1 e^x\,dx>\int_0^1 e^{-x}\,dx$；

(3) $\int_1^2 \ln^2 x\,dx<\int_1^2 \ln x\,dx$；

(4) $\int_0^{\frac{\pi}{2}}\sin x\,dx<\int_0^{\frac{\pi}{2}}x\,dx$.

4.(1)$0\leqslant\int_0^2 x^2\,dx\leqslant 8$；

(2)$e-1\leqslant\int_1^e(\ln^2 x+1)\,dx\leqslant 2(e-1)$；

(3)$0\leqslant\int_0^{\frac{\sqrt{3}}{3}}x\arctan x\,dx\leqslant\frac{\pi}{18}$；

(4)$2e^{-\frac{1}{4}}\leqslant\int_0^2 e^{x^2-x}\,dx\leqslant 2e^2$.

## 思考与练习 6-2

1.(1)$\ln x^2$； (2)$-\sin x$； (3)$\tan t$； (4)$-\frac{\tan x}{e^{y^2}}$.

2.(1)0； (2)$-\frac{1}{6}$.

3.(1)4； (2)21； (3)$e^2-e$； (4)$\ln\frac{1+e}{2}$； (5)$2(3-\arctan 3)$； (6)$2(2-\ln 3)$；

(7)$1-\frac{\pi}{4}$； (8)$\ln\frac{2+\sqrt{3}}{1+\sqrt{2}}$； (9) $\frac{\sqrt{2}}{8}\pi+\frac{\sqrt{2}}{2}-1$； (10)$-2$； (11)2； (12) $\frac{1}{2}(e^{\frac{\pi}{2}}-1)$.

4.(1)0； (2) $\frac{\pi^3}{12}$.

## 思考与练习 6-3

(1)1； (2) $\frac{\pi}{4}+\frac{1}{2}\ln 2$； (3) 发散； (4)1； (5) 发散； (6)1.

## 习题六

1.不可以，原因略.

2. 略.

3. $a=0,b=2$,最大值为$\frac{4}{3}$.

4. 略.

5. (1)6;　(2)$-3$.

6. $y'|_{x=0}=0,y'|_{x=\frac{\pi}{4}}=1$.

7. 略.

8. $x=0,x=2$.

9. (1) $\frac{3}{8}$;　(2) $\frac{1}{3}$;　(3)$1+\ln\frac{2}{1+\mathrm{e}}$;　(4)$2\sqrt{2}-2$;　(5) $\frac{3}{4}\pi$;　(6) $\frac{1}{6}$;

(7) $\frac{1}{4}(\mathrm{e}^2+1)$;　(8) $\frac{\pi}{4}-\frac{1}{2}\ln 2$;　(9)$\pi$;　(10)2.

# 第　七　章

## 思考与练习 7-1

1. 将实际问题转换成定积分定义中的"分割、近似代替、求和、取极限"的方法称为微元法.

微元法的关键是要正确地写出所求量 $A$ 的微元.

遇到一个实际问题时,首先选择变量 $x$ 为积分变量,并确定其变化区间$[a,b]$,再判断所求的量 $A$ 是否具有"可加性";这时不必按定积分的定义去做,只要将$[a,b]$分为任意个小区间,任取具有代表性的一个$[x,x+\mathrm{d}x]$,找到函数 $f(x)$,求出相应于此小区间上 $A$ 的部分量 $\Delta A$ 的近似值 $\Delta A\approx f(x)\mathrm{d}x$,记作 $\mathrm{d}A=f(x)\mathrm{d}x$,称 $\mathrm{d}A$ 为 $A$ 的微元,再判断 $\mathrm{d}A$ 与 $\Delta A$ 之差是比 $\mathrm{d}x$ 高阶的无穷小量,那么以微元 $\mathrm{d}A$ 作为被积表达式,在$[a,b]$上作定积分即得 $A=\int_a^b f(x)\mathrm{d}x$.

2. 略.

3. A,E 不能用定积分计算;B,C,D 能用定积分计算.

4. (1) $\frac{1}{3}$;　(2)$\mathrm{e}-1$.

5. 略.

## 思考与练习 7-2

1. (1) $\frac{1}{6}$;　(2) $\frac{1}{2}(\mathrm{e}^2-3)$;　(3) $\frac{2}{3}(2-\sqrt{2})$;　(4)$4\sqrt{2}$;　(5) $\frac{32}{3}$;　(6) $\frac{32}{3}$.

2. $\frac{9}{2}$.

3. $\frac{\mathrm{e}}{2}$.

4. $\frac{8}{3}$.

5. $\frac{9}{2}$.

6. $\dfrac{23}{3}$.

7. $3\pi a^2$.

8. $\dfrac{3}{8}\pi a^2$.

9. $S(a)=\dfrac{1}{12}\left(a+\dfrac{1}{4a}\right)^3$；当 $a=\dfrac{1}{2}$ 时，$S_{\min}=\dfrac{1}{12}\left(a+\dfrac{1}{4a}\right)^3\Bigg|_{a=\frac{1}{2}}=\dfrac{1}{12}$.

## 思考与练习 7-3

1. (1) $\pi\displaystyle\int_a^b f^2(x)\mathrm{d}x, 2\pi\int_a^b |xf(x)|\mathrm{d}x$； (2) 平行截面面积为已知的； (3) $4\pi x_0^2$.

2. (1) $V_x=\dfrac{128\pi}{7}, V_y=\dfrac{64\pi}{5}$； (2) $V_y=\dfrac{3\pi}{10}$； (3) $V_x=\dfrac{\pi}{2}$； (4) $V_x=160\pi^2$.

3. $\dfrac{32}{105}\pi a^3$.

4. $V_x=\dfrac{\pi^2}{4}, V_y=\dfrac{\pi^3}{4}-2\pi$.

5. $S=\dfrac{15}{2}-2\ln 2, V=\dfrac{81}{2}\pi$.

6. $\dfrac{6-2\mathrm{e}}{3}\pi$.

7. $2\pi^2a^2b$.

8. $\dfrac{4\sqrt{3}}{3}$.

9. (1) $a=\dfrac{\sqrt{2}}{2}$ 时，$S_1+S_2$ 取得最小值，最小值为 $S_1+S_2=\dfrac{2-\sqrt{2}}{6}$； (2) $\dfrac{\sqrt{2}}{60}\pi$.

## 思考与练习 7-4

1. $\dfrac{13\sqrt{13}-8}{27}$.

2. $\sqrt{5}-\sqrt{2}-\ln\dfrac{\sqrt{5}+1}{2}+\ln(1+\sqrt{2})$.

3. 设正弦线的弧长为 $s_1$，则

$$s_1=\int_0^{2\pi}\sqrt{1+y'^2}\,\mathrm{d}x=\int_0^{2\pi}\sqrt{1+a^2\cos^2 x}\,\mathrm{d}x=2\int_0^{\pi}\sqrt{1+a^2\cos^2 x}\,\mathrm{d}x;$$

设椭圆的周长为 $s_2$，则

$$s_2=\int_0^{2\pi}\sqrt{x'^2+y'^2}\,\mathrm{d}t,$$

根据椭圆的对称性知

$$s_2=2\int_0^{\pi}\sqrt{\sin^2 t+(1+a^2)\cos t^2}\,\mathrm{d}t$$

$$=2\int_0^{\pi}\sqrt{1+a^2\cos^2 t}\,\mathrm{d}t$$

$$= 2\int_0^{\pi} \sqrt{1+a^2\cos^2 x}\,\mathrm{d}x = s_1.$$

故原结论成立.

4. $\sqrt{2}(\mathrm{e}^{\frac{\pi}{2}}-1)$.

5. 17 638.7 kJ.

6. 1.65 N.

7. $\dfrac{k(b-a)^2}{2a}$.

8. $\dfrac{k}{12}b^4\left[\text{提示:有效药量 } D=\int_0^b f(t)\mathrm{d}t\right]$.

9. 9.

## 习题七

1. (1)$S_1=2\pi+\dfrac{4}{3}, S_2=6\pi-\dfrac{4}{3}$； (2)$S=\dfrac{3}{2}-\ln 2$； (3)$S=\mathrm{e}+\dfrac{1}{\mathrm{e}}-2$； (4)$S=b-a$.

2. $S=\dfrac{9}{4}$.

3. (1)$2\pi a x_0^2$； (2)$\dfrac{57}{10}\pi$； (3)$95\pi$.

4. $\dfrac{32}{5}\pi, 8\pi$.

5. (1)$\dfrac{8}{27}(10\sqrt{10}-1)$； (2)$1+\dfrac{1}{\sqrt{2}}\ln(1+\sqrt{2})$； (3)$2a\pi^2$.

6. 0.18$k$ J.

7. 1 742 J.

8. $F_x=-\dfrac{Gm\mu l}{a\sqrt{a^2+l^2}}, F_y=m\mu G\left(\dfrac{1}{a}-\dfrac{1}{\sqrt{a^2+l^2}}\right)$.

9. $\dfrac{2Gm\mu}{R}\sin\dfrac{\varphi}{2}$.

10. (1) $\dfrac{1}{6}\rho g a h^2$($\rho$ 为水的密度)； (2) 压力增加了 1 倍.

11. $(9\pi-2):(3\pi+2)$.

12. (1)$V(a)=\dfrac{a^2}{(\ln a)^2}\pi$； (2)$a=\mathrm{e}$ 时,$V(a)$ 最小,最小值为 $V(\mathrm{e})=\mathrm{e}^2\pi$.

13. (1)$V(t)=\pi^2t^2-4\pi t+\dfrac{1}{2}\pi^2$； (2)$t=\dfrac{2}{\pi}$ 时,$V(t)$ 最小,最小值为$\dfrac{1}{2}\pi^2-4$.

# 第 八 章

## 思考与练习 8-1

1. (1) 一阶； (2) 二阶； (3) 三阶； (4) 一阶； (5) 一阶； (6) 五阶.

2. (1) 是； (2) 是； (3) 不是； (4) 是.

3.(1)$C=-25$； (2)$C_1=0, C_2=1$； (3)$C_1=1, C_2=\frac{1}{2}\pi$.

4.(1) $\frac{dy}{dx}=x^3$； (2) $\frac{dp}{dT}=k\frac{p}{T^2}$,其中 $k$ 是比例系数.

5.$u(x)=x+C$.

## 思考与练习 8-2

1.(1)$y=e^{Cx}$； (2)$y=\frac{1}{5}x^3+\frac{1}{2}x^2+C$； (3)$\arcsin y=\arcsin x+C$； (4) $\frac{1}{y}=a\ln|x+a-1|+C$； (5) $10^x+10^{-y}=C$； (6)$y=Cx^2$； (7)$(e^x+1)(e^y-1)=C$.

2.(1)$\ln\frac{y}{x}=Cx+1$ 或 $y=xe^{Cx+1}$； (2)$y^2=x^2(2\ln|x|+C)$； (3)$x^3-2y^3=Cx$.

3.(1)$y=(x+C)e^{-x}$； (2)$y=(x+C)e^{-\sin x}$； (3)$y=\frac{\sin x+C}{x^2-1}$； (4)$y=2+Ce^{-x^2}$；
(5)$y=(x-2)^3+C(x-2)$.

4.(1) $\frac{1}{y}=-\sin x+Ce^x$； (2) $\frac{3}{2}x^2+\ln\left|1+\frac{3}{y}\right|=C$； (3) $\frac{1}{y^3}=Ce^x-1-2x$；
(4) $\frac{1}{y^4}=-x+\frac{1}{4}+Ce^{-4x}$.

5.$\frac{b-x}{a-x}=\frac{b}{a}e^{(b-a)kt}$ 或 $x=\frac{ab(e^{bkt}-e^{akt})}{be^{bkt}-ae^{akt}}$.

## 思考与练习 8-3

1.(1)$y=\frac{1}{6}x^3-\sin x+C_1x+C_2$； (2)$y=(x-3)e^x+C_1x^2+C_2x+C_3$；
(3)$y=x\arctan x-\frac{1}{2}\ln(1+x^2)+C_1x+C_2$； (4)$y=-\ln|\cos(x+C_1)|+C_2$；
(5)$y=C_1e^x-\frac{1}{2}x^2-x+C_2$； (6)$y=C_1\ln|x|+C_2$；
(7)$y^3=C_1x+C_2$； (8)$C_1y^2-1=(C_1x+C_2)^2$；
(9)$x+C_2=\pm\left[\frac{2}{3}(\sqrt{y}+C_1)^{\frac{3}{2}}-2C_1\sqrt{C_1+\sqrt{y}}\right]$；(10)$y=\arcsin(C_2e^x)+C_1$.

2.(1)$y=\sqrt{2x-x^2}$；
(2)$y=\frac{1}{a^3}e^{ax}-\frac{e^a}{2a}x^2+\frac{e^a}{a^2}(a-1)x+\frac{e^a}{2a^3}(2a-a^2-2)$；
(3)$y=\left(\frac{1}{2}x+1\right)^4$；
(4)$y=\ln(e^x+e^{-x})-\ln 2$.

3.$f(x)=2\ln\left|\sec\left(\frac{x}{2}+\frac{\pi}{4}\right)\right|+1-\ln 2$.

## 思考与练习 8-4

1.(1)$y=C_1e^x+C_2e^{-2x}$； (2)$y=C_1+C_2e^{4x}$；
(3)$y=C_1\cos x+C_2\sin x$； (4)$y=e^{-3x}(C_1\cos 2x+C_2\sin 2x)$；

(5) $y=(C_1+C_2t)e^{\frac{5}{2}t}$;

(6) $y=e^{2x}(C_1\cos x+C_2\sin x)$.

2. (1) $y=4e^x+2e^{3x}$;

(2) $y=(2+x)e^{-\frac{x}{2}}$;

(3) $y=e^{-x}-e^{4x}$;

(4) $y=3e^{-2x}\sin 5x$;

(5) $y=2\cos 5x+\sin 5x$.

**思考与练习 8-5**

1. (1) $\frac{dG}{dt}=k-aG$,其中 $a$ 为常数,且 $a>0$;

(2) $G(t)=\frac{k}{a}+Ce^{-at}$,设 $G(0)$ 表示最初血液中葡萄糖的含量,由 $G(0)=\frac{k}{a}+C$,从而 $C=G(0)-\frac{k}{a}$,则 $G(t)=\frac{k}{a}+\left[G(0)-\frac{k}{a}\right]e^{-at}$;

(3) 当 $t\to\infty$ 时,$e^{-at}\to 0$,故 $G(t)\to\frac{k}{a}$,所以血液中葡萄糖的平衡含量为 $\frac{k}{a}$.

2. $n(t)=10^{11}e^{\frac{t}{T}\ln 2}=10^{11}\cdot 2^{\frac{t}{T}}$.

**习题八**

1. (1) 三; (2) 略; (3) $y'=f(x,y)$, $y|_{x=x_0}=0$.

2. (1) $x-\sqrt{xy}=C$;

(2) $y=ax+\frac{C}{\ln x}$;

(3) $x=Cy^{-2}+\ln y-\frac{1}{2}$;

(4) $y=\ln|\cos(x+C_1)|+C_2$;

(5) $y=\frac{1}{2C_1}(e^{C_1x+C_2}+e^{-C_1x-C_2})$.

3. (1) $y=-\frac{1}{a}\ln(ax+1)$;

(2) $y=2\arctan e^x$;

(3) $x^2(1+2\ln|y|)-y^2=0$;

(4) $y=e^{2x}\sin 3x$.

4. $\varphi(x)=\cos x+\sin x$.

5. 51 200 个.

6. $M(t)=M_0e^{-\lambda t}$.

# 参 考 文 献

[1] 李华平,薛颖,游诗远.高等数学:上册[M].沈阳:东北大学出版社,2022.
[2] 同济大学数学系.高等数学:上册[M].7版.北京:高等教育出版社,2014.
[3] 秦侠,魏杰.医药高等数学[M].3版.合肥:中国科学技术大学出版社,2020.
[4] 同济大学数学科学学院.高等数学:上册[M].8版.北京:高等教育出版社,2023.
[5] 朱士信,唐烁.高等数学:上册[M].2版.北京:高等教育出版社,2020.
[6] 钱微微,林剑鸣.医药高等数学[M].6版.北京:科学出版社,2021.
[7] 东北师范大学数学系微分方程教研室.常微分方程[M].北京:高等教育出版社,2005.
[8] 张庆国,汪宏喜,徐丽.高等数学:农林类[M].2版.北京:科学出版社,2019.
[9] 秦侠,吕丹.医用高等数学[M].7版.北京:人民卫生出版社,2018.
[10] 刘迎洲,张庆国.高等数学[M].北京:高等教育出版社,2012.
[11] 刘春扬,张喜红.医用高等数学[M].2版.北京:中国医药科技出版社,2022.